工业和信息化部"十四五"规划教材

智能控制技术

第 3 版

韦 巍 夏杨红 编著

机械工业出版社

智能控制作为控制理论发展的第三个阶段，是人工智能、认知科学、模糊数学、生物控制论、学习理论等在控制论的交叉与结合。本书总结了近些年来智能控制的研究成果，详细阐述了智能控制的基本概念、工作原理和设计方法。本书的主要内容包括：智能控制的基本概念、模糊控制的理论基础、模糊控制系统、人工神经元网络模型、神经网络控制论、智能控制的集成技术、深度学习和强化学习。本书在深入系统地介绍智能控制设计理论和应用方法的同时，还给出了一些设计实例和MATLAB算法例程。

本书选材新颖、系统性强、通俗易懂，突出理论联系实际，并配有一定数量的习题、思考题和上机实验题，适合初学者学习智能控制的基本理论和方法。本书可作为高等院校自动化、电气工程及其自动化、计算机科学与技术、电子信息工程等专业高年级本科生的教材，也可供相关专业的工程技术人员阅读和参考。

本书配有教学课件、习题答案，欢迎选用本书作教材的教师登录www.cmpedu.com 注册后下载，或加微信13910750469 索取。

图书在版编目（CIP）数据

智能控制技术/韦巍，夏杨红编著. —3 版. —北京：机械工业出版社，2023.8（2025.1 重印）
工业和信息化部"十四五"规划教材
ISBN 978-7-111-73701-8

Ⅰ.①智… Ⅱ.①韦…②夏… Ⅲ.①智能控制-高等学校-教材 Ⅳ.①TP273

中国国家版本馆 CIP 数据核字（2023）第 155459 号

机械工业出版社（北京市百万庄大街22 号　邮政编码100037）
策划编辑：吉　玲　　　　　　责任编辑：吉　玲
责任校对：牟丽英　张　薇　　封面设计：张　静
责任印制：任维东
唐山三艺印务有限公司印刷
2025 年 1 月第 3 版第 4 次印刷
184mm×260mm · 12.75 印张 · 322 千字
标准书号：ISBN 978-7-111-73701-8
定价：43.00 元

电话服务　　　　　　　　　　　网络服务
客服电话：010-88361066　　　机 工 官 网：www.cmpbook.com
　　　　　010-88379833　　　机 工 官 博：weibo.com/cmp1952
　　　　　010-68326294　　　金 书 网：www.golden-book.com
封底无防伪标均为盗版　　　机工教育服务网：www.cmpedu.com

前 言

　　本书是在普通高等学校机电类"九五"规划教材《智能控制技术》的基础上改编的。《智能控制技术》自1999年出版以来，经过2015年的再版，至今已印刷25次，被100余所高校选为智能控制类课程的教材。《智能控制技术》选材新颖、体系完整、逻辑清晰、深入浅出、通俗易懂，既能适应智能控制初学者的要求，也为智能控制领域的研究者提供坚实和宽广的基础理论知识，出版20余年来，一直得到广大教师和学生的认可和好评，同时许多读者也提出了很多宝贵的意见和建议，为本书的编写提供了丰富的资源，打下坚实的基础。

　　本书继承了《智能控制技术》（第2版）的优点，在其基础上，根据工业和信息化部"十四五"规划教材的要求，补充介绍了智能控制领域最新的研究成果"深度学习"和"强化学习"。深度学习（Deep Learning，DL）模拟人脑多层神经网络，它的发展得益于人工神经网络技术的进步。深度学习是通过多层的网络结构和非线性变换，组合低层特征，形成抽象的、易于区分的高层表示，以发现数据的分布式特征表示。它在图像处理、语音理解、智慧医疗、智能机器人等方面取得了广泛的应用。强化学习（Reinforcement Learning，RL）是通过最大化智能体从环境中获得的累计奖赏值，从而通过学习得到完成目标的最优策略。强化学习作为机器学习领域另一个研究热点，已经广泛应用于工业制造、仿真模拟、机器人控制、优化与调度、游戏博弈等领域。作为智能控制更高层级的控制方法，模拟人脑学习控制思想实现对更高级行为的控制是智能控制未来发展的方向。为此，本书介绍了深度学习和强化学习的相关基础理论与方法，并给出了一些电力系统方面的应用实例，供读者参考。

　　本书共分8章，建议总教学时长为40~52学时。第一章到第六章由浙江大学韦巍教授编著，第七章和第八章由浙江大学夏杨红特聘研究员编著。第一章绪论建议2学时。第二章模糊控制的理论基础建议8学时。第三章模糊控制系统建议6~8学时。第四章人工神经网络模型建议6~8学时。第五章神经网络控制论建议6~8学时。第六章智能控制的集成技术建议4~6学时。第七章深度学习建议4~6学时。第八章强化学习建议4~6学时。标题中带有"*"的章节为选讲内容。

　　本书承蒙湖南大学王耀南院士的精心指导，也得到了上海大学陈伯时教授、浙江大学蒋静坪教授的指导和帮助，在此表示衷心感谢。本书在编写过程中，参阅和引用了国内外许多专家的研究成果，在此深表谢意。

　　由于编著者的学术水平和教学经验有限，书中难免会有不妥之处，恳请广大读者和同行专家批评指正。

编著者

于浙江大学求是园

目 录

第一章

绪　论

第一节　智能控制的发展过程

一、智能控制问题的提出

自从 1932 年奈奎斯特（H. Nyquist）发表反馈放大器的稳定性论文以来，控制理论学科的发展已走过 90 多年的历程，其中 20 世纪 40 年代中~50 年代末是经典控制理论的成熟和发展阶段，20 世纪 60~70 年代是现代控制理论的形成和发展阶段。经典控制理论主要研究的对象是单变量常系数线性系统，它只适用于单输入-单输出控制系统。经典控制理论的数学模型一般采用传递函数表示，分析和设计方法主要是基于根轨迹法和频率法，其主要贡献在于将 PID 调节器成功且广泛地应用于常系数单输入-单输出线性控制系统中。到了 20 世纪 50 年代末，经典控制理论已经成熟。进入 60 年代以后，由于数字计算机技术的发展为解决复杂多维系统的控制提供了技术支撑，因此在此期间，以庞特里亚金的极大值原理、贝尔曼（Bellman）的动态规划、卡尔曼（Kalman）的线性滤波和估计理论为基石的现代控制理论得到了迅速发展，并形成了以最优控制（二次型最优控制、H° 控制等）、系统辨识和最优估计、自适应控制等为代表的现代控制理论分析和设计方法。系统分析的对象已转向多输入-多输出线性控制系统。现代控制理论的数学模型主要是状态空间描述法。随着研究的对象和系统越来越复杂，如智能机器人系统、复杂生物化学过程控制等，仅仅借助于数学模型描述和分析的传统控制理论已难以解决复杂系统的控制问题，尤其是在具有如下特点的一类现代控制工程中：

（1）**不确定性系统**　传统的控制理论都是基于数学模型的控制，这里的模型包括控制对象和干扰模型。传统控制通常认为模型是已知的或经过辨识可以得到的，对于不确定性系统，传统控制虽然也有诸如自适应控制和鲁棒控制等，但一般仅限于系统参数在一定范围内缓慢变化的情况，其优化控制的范围是很有限的。

（2）**高度非线性系统**　传统的控制理论主要是面向线性系统，其对于具有高度非线性的控制对象，虽然也有一些非线性控制方法可供使用，但总的来说，非线性控制理论还很不成熟，有些方法又过于复杂，无法得到广泛的应用。

（3）**复杂任务的控制要求**　在传统的控制系统中，输入信息比较单一，其控制的任务一般是要求输出量为定值（调节系统），或者要求输出量跟随期望的运动轨迹（跟踪系统）。而现代复杂系统要以各种形式（视觉、听觉等）将周围环境信息作为系统的输入信息，对这些信息的处理和融合，传统控制理论的方法已难以奏效，尤其是对于复杂的控制任务，诸如复杂工业过程控制系统、计算机集成制造系统（CIMS）、航天航空控制系统、社会经济管理系统、环保及能源系统等，传统的控制理论都无能为力。

综上所述，复杂的控制系统普遍表现出系统的数学模型难以通过传统的数学工具来描述。因此，采用数学工具或计算机仿真技术的传统控制理论已经无法解决此类系统的控制问题。然而，人们在生产实践中看到，许多复杂生产过程难以实现的目标控制，可以通过熟练的操作工人、技术人员或专家的操作获得满意的控制效果。那么，有效地将熟练的操作工人、技术人员或专家的经验知识和控制理论结合起来去解决复杂系统的控制问题，就是智能控制原理研究的目标所在。智能控制的概念主要是针对控制对象及其环境、目标和任务的不确定性和复杂性提出来的。一方面由于实现了大规模复杂系统的控制需要，另一方面由于现代计算机技术、人工智能和微电子学等学科的高速发展，使控制的技术工具发生了革命性的变化。可以说，一个智能化的工业时代已经到来。这一时代的明显标志就是智能自动化，而"智能控制"作为智能自动化的基础应运而生，则是其历史的必然。

智能控制的研究工作最初是以机器人控制为背景提出来的。近几年来，随着研究工作的相对深入，智能控制应用重点已从机器人控制问题向复杂工业过程控制、智能电网、智能交通、智慧城市等领域发展。同时，随着人工智能、计算机网络和云计算等技术的发展，智能控制理论的应用也会越来越广泛。

二、智能控制的发展

智能控制是新兴的理论和技术，是一门边缘交叉学科。它为解决那些用传统方法难以解决的复杂系统提供了有效的控制理论和方法。智能控制的发展得益于许多学科，其中包括人工智能、现代自适应控制、最优控制、神经元网络、模糊逻辑、学习理论、生物控制和激励学习等。以上每一个学科均从不同侧面部分地反映了智能控制的理论和方法。同时，智能控制又是一门尚不成熟的学科。智能控制的技术是随着数字计算机、人工智能等技术研究的发展而发展起来的。智能控制的概念最早是由美国普渡大学的著名学者、美籍华人 K. S. Fu（傅京逊）教授提出的，他在 1965 年发表的论文中首先提出把人工智能的启发式推理规则用于学习系统，为控制技术迈向智能化揭开了崭新的一页。接着，J. M. Mendel 于 1966 年提出了"人工智能控制"的新概念。1967 年，Leondes 和 Mendel 首次使用了"智能控制（Intelligent Control）"一词，并把记忆、目标分解等技术应用于学习控制系统。1971 年，傅京逊教授又从发展学习控制的角度首次提出了"智能控制"这一新兴学科，并在参考文献［5］中归纳了三种类型的智能控制系统：

（1）人作为控制器的控制系统　由于人具有识别、决策和控制等能力，因此对于不同的控制任务、对象及环境情况，人作为控制器的控制系统，具有自学习、自适应和自组织的功能，能自动采取不同的控制策略以适应不同的情况。

（2）人机结合作为控制器的控制系统　在这样的系统中，机器完成那些连续进行的并需快速计算的常规控制任务，人则完成任务分配、决策、监控等任务。

（3）无人参与的自主控制系统　最典型的例子是自主机器人，这时的自主式控制器需要完成问题求解和规划、环境建模、传感信息分析和低层的反馈控制等任务。它实际上是一个多层的智能控制系统。

G. N. Saridis 对智能控制的发展也做出了重要贡献。他在 1977 年出版了《随机系统的自组织控制》一书，其后又发表了一篇综述文章"走向智能控制的实现"。在这两篇著作中，他从控制理论发展的观点，论述了从通常的反馈控制到最优控制、随机控制，再到自适应控制、自学习控制、自组织控制，并最终向智能控制发展的过程。

在智能控制的发展中，另一位学者 K. J. Astrom 也作出了重要贡献。他在"专家控制"这一著名文章中，将人工智能中的专家系统技术引入控制系统，组成了另一种类型的智能控制系统。借助于专家系统技术，将常规的 PID 控制、最小方差控制、自适应控制等不同方法有机地结合在一起，能根据不同情况分别采取不同的控制策略，也可以结合许多逻辑控制的功能，如起停控制、自动切换、越限报警以及故障诊断等。这种专家控制的方法已有许多成功应用的实例。

至此，智能控制新学科形成的条件逐渐成熟。1985 年 8 月，IEEE（电气电子工程师学会）在美国纽约召开了"第一届智能控制学术讨论会"，来自美国各地的 60 位从事自动控制、人工智能和运筹学研究的专家学者参加了这次学术讨论会。会上大家集中讨论了智能控制原理和智能控制系统的结构。这次会议之后不久，在 IEEE 控制系统学会内成立了 IEEE 智能控制专业委员会。1987 年 1 月，在美国费城由 IEEE 控制系统学会和计算机学会联合召开了"智能控制国际会议"。这是有关智能控制的第一次国际会议，来自美国、欧洲、日本、中国以及其他发展中国家的 150 位代表出席了这次学术盛会。提交大会报告和分组宣读的 60 多篇论文以及专题讨论显示出智能控制的长足进展；同时也说明了由于许多新技术问题的出现以及相关技术的发展，需要重新考虑控制领域和相近学科的现状。这次会议是一个里程碑，它表明智能控制作为一门独立学科，正式在国际上形成起来。在我国智能控制也受到了广泛的重视，中国自动化学会（CAA）于 1993 年、1997 年、2000 年、2002 年、2004 年分别在北京、西安、合肥、上海、杭州组织召开了 5 届"全球华人智能控制与智能自动化大会（CWCI-CIA）"，成立的学术团体有中国人工智能学会、中国人工智能学会智能机器人专业委员会和中国自动化学会智能自动化专业委员会等。智能控制作为一门独立的新学科也在我国建立起来，并且已经被广泛应用于工业、农业、服务业，以及军事、航空等众多领域。

近年来，模糊控制作为一种新颖的智能控制方式越来越受到人们的重视。如果说，传统的控制是从被控对象的数学结构上去考虑进行控制的，那么，模糊控制则是从人类智能活动的角度和基础上去考虑，并实施控制的。1965 年，美国加州大学自动控制系专家扎德（L. A. Zadeh）在《信息与控制》杂志上先后发表了《模糊集》（*Fuzzy Sets*）和《模糊集与系统》（*Fuzzy Sets & System*）两篇论文，奠定了模糊集理论和应用研究的基础。1968 年扎德首次公开发表其"模糊算法"，1973 年发表了语言与模糊逻辑相结合的系统建立方法，1974 年伦敦大学 E. H. Mamdani 博士首次尝试利用模糊逻辑，成功地开发了世界上第一台模糊控制的蒸汽发动机。可以认为：1965—1974 年是模糊控制发展的第一阶段，即模糊数学发展和成形阶段；1974—1979 年为模糊控制发展的第二阶段，这是产生简单控制器的阶段；1979 年至今是发展高性能模糊控制的第三阶段。1979 年 T. J. Procky 和 E. H. Mamdani 共同提出了自学习概念，使系统性能大为改善。1983 年日本富士电机开创了日本的第一项应用——水净化处理。之后，富士电机致力于模糊逻辑元件的开发和研究，并于 1987 年在仙台地铁线采用了模糊逻辑控制技术。1989 年又把模糊控制消费品推向高潮，使得日本逐渐成为这项技术的主导国家之一。今天，模糊逻辑控制技术已经应用到相当广泛的领域之中。模糊控制正是试图模仿人类所具有的模糊决策和推理功能来解决复杂问题的控制难点。

神经网络控制是智能控制的重要分支，是基于结构模拟人脑生理结构而形成的智能控制和辨识方法。随着人工神经网络应用研究的不断深入，新的神经网络控制模型在不断推出。自从 1943 年 McCulloch 和 Pitts 提出形式神经元数学模型以来，神经网络的研究就开始了它的艰难历程。20 世纪 50 年代至 80 年代是神经网络研究的萧条期，此时，专家系统和人工智能技术发展相当迅速，但仍有不少学者致力于神经网络模型的研究。如 Albus 在 1975年提出的 CMAC 神经网络模型，利用人脑记忆模型建立了一种分布式的联想查表系统，Grossberg 在 1976 年提出的自共振理论解决了无导师指导下的模式分类。到了 20 世纪 80年代，人工神经网络进入了发展期。1982 年，Hopfield 提出了 HNN 模型，解决了回归网络的学习问题。1986 年 PDP 小组的研究人员提出的多层前向传播神经网络 BP 学习算法，实现了有导师指导下的网络学习，为神经网络应用开辟了广阔的前景。神经网络在许多方面试图模拟人脑的功能，并不依赖于精确的数学模型，因而显示出强大的自学习和自适应功能。

近 30 年来，智能控制作为一门新兴的理论技术得到了迅速发展，其专家控制、学习控制、混沌控制、遗传优化控制、多智能体理论等大量新颖的智能控制方法都取得了长足的进步。可以预见，随着系统理论、人工智能和计算机技术的发展，智能控制必将出现更大的发展，并在实际中获得广泛的应用。

第二节　智能控制的主要方法

智能控制已不是一个学科所能覆盖的，应结合多学科的知识来解决复杂系统的控制问题，这一点已得到专家们的共识。基于这种认识，人们将各种学科大胆地应用于智能控制中，引出了许多新理论和新方法。下面就几个最主要的智能控制方法作简单的介绍。

一、专家系统和专家控制

专家系统是美国斯坦福大学 E. A. Feigenban 于 1965 年开创的人工智能研究的新领域。20 世纪 80 年代专家系统的概念和方法被引入控制领域，形成了专家控制，它是智能控制的一个重要部分。专家控制是将专家系统的理论和技术与控制理论和方法有机地结合起来，在未知环境下模仿专家的智能，实现对系统的有效控制。从本质上来看，专家系统是通过获取表示知识和结果的规则库来实现的。规则的最简单形式是 IF-THEN 结构。一般的专家控制系统由三部分组成：其一是控制机制，它决定控制过程的策略，即控制哪一个规则被激活、什么时候被激活等；其二是推理机制，它实现知识之间的逻辑推理以及与知识库的匹配；其三是知识库，包括事实、判断、规则、经验以及数学模型。专家系统的迅速发展为人工智能学科的研究注入了强有力的生机，为人工智能走向实用奠定了基础。然而，专家系统还有许多问题有待进一步研究探讨，主要有：①专家经验知识的获取问题，如何获取专家知识是主要"瓶颈"之一；②动态知识的获取问题，专家控制系统与一般的专家系统不同，是一个动态系统，如何在控制过程中自动更新和扩充知识，并满足实时控制的快速准确性需求是非常关键的；③专家控制系统的稳定性分析是另一个研究难题，它涉及的对象具有不确定性或非线性，它实现的控制基于知识模型，采用启发式逻辑和模糊逻辑，专家控制系统本质是非线性的，目前的稳定性分析方法很难直接用于专家控制系统。因此，单一依靠专家系统的控制已无法满足实时性、灵活性、自适应性等的要求。专家系统的混合控制技术正引起各国专家的关注，如神经网络专家系统、专家模糊控制等。

二、模糊控制

由于模糊控制主要是模仿人类的控制经验而不是依赖控制对象模型，因此模糊控制器实现了人类的某些智慧和能力，它也是智能控制的一个重要分支。

模糊控制主要研究那些在现实生活中广泛存在的、定性的、模糊的、非精确的信息系统的控制问题。这方面的工作首先是从扎德建立的模糊集理论开始的。模糊集理论是介于逻辑计算和数值计算之间的数学工具，它形式上利用规则进行逻辑推理，但其逻辑值取值可以在0与1之间连续变化，采取数值方法而非符号方法进行处理。模糊控制是基于模糊集理论的新颖控制方法，它有三个基本组成部分：模糊化、模糊决策、精确化计算。模糊控制的工作过程可简单地描述为：首先将信息模糊化，然后经模糊推理规则得到模糊控制输出，再将模糊指令进行精确化计算，最终输出控制值。

由于模糊控制不需要精确的数学模型，因此它是解决不确定性系统控制的一种有效途径。模糊控制对信息进行简单的模糊处理会导致被控系统控制精度的降低和动态品质变差，为了提高系统的精度就必然要增加量化等级，从而导致规则的迅速增多，因此影响规则库的最佳生成，且增加系统复杂性和推理时间。所以混合模糊控制的思想已引起大家重视。例如，模糊PID调节器、模糊专家系统、自适应自学习模糊控制、模糊神经网络控制等。

模糊控制虽然在很多方面取得了较大进展，但在理论方面还有众多问题需要研究。主要表现如下：

1）适合于解决工程上普遍适用的稳定性分析方法、稳定性评价方法和可控性评价方法。

2）模糊控制规则设计方法的研究，包括模糊集合隶属函数的设定方法、量化等级、规则的最小实现、规则和隶属度函数的自动生成等问题。

3）模糊控制器参数的最优调整理论的确定及修正推理规则的学习方式。

4）模糊动态系统的辨识方法。

5）模糊预测系统的设计方法和提高计算速度的算法。

综上分析，模糊控制既具有广泛的应用前景，又具有许多待开发和研究的理论问题。因此，可以说模糊控制是智能控制不可缺少的一个组成部分。

三、神经元网络控制

神经元控制是模拟人脑神经中枢系统智能活动的一种控制方式。由于它具有适应能力和学习能力，因此适合用作智能控制的研究工具。从本质上看，神经网络是一种不依赖模型的自适应函数估计器，而通常的函数估计器则依赖于数学模型。当给定的样本不是原来训练的样本时，神经网络也能给出合适的输出，即它具有泛化能力。

神经元网络通过神经元以及相互连接的权值，初步实现了生物神经系统的部分功能。神经元网络具有非线性映射能力、并行计算能力、自学习能力以及强鲁棒性等优点，已广泛地应用于控制领域，尤其是非线性系统领域。一般说来，按神经元网络在系统中的作用不同划分，有两种功能模式：神经元网络建模和神经元网络控制。神经元网络具有可以逼近非线性

6

函数的能力，因此它可以用来建立非线性系统的动态模型。神经元网络建模主要是利用对象的先验知识（即输入/输出数据），经过误差校正反馈，修整网络权值，最终得到一个具有输入/输出对应关系的函数模型。虽然神经元网络对非线性系统建模起到重要的作用，但是还存在很多需进一步研究的问题，如对不同的非线性对象神经元网络模型的选取及其结构的确定问题、被辨识系统的充分激励问题、带噪声系统的辨识问题、辨识算法的快速性和收敛性问题等。神经元网络控制就是利用神经网络这一工具构成的控制系统。

神经元网络在控制系统中所起的作用可大致分为四大类：第一类是在基于模型的各种控制结构中充当对象的模型；第二类是充当控制器；第三类是在控制系统中起优化计算的作用；第四类是与其他智能控制，如专家系统、模糊控制相结合，为其提供非参数化对象模型、推理模型等。神经元网络控制系统用于控制非线性对象时，由于神经元网络的自学习、自适应性使其与线性系统的自适应控制系统有许多相同之处，因此有一些结论可以平移。但是，由于从线性系统到非线性系统有着本质的差异，要解决非线性系统自适应控制的问题，如稳定性问题、结构问题、鲁棒性问题等，要比线性系统难得多，因此在神经元网络的控制中，存在的潜在研究问题也相当多。无疑，神经元网络控制是一个挑战性很强的领域。由于它可能是处理非线性不确定系统的有效途径，因此，近年来受到了国内外学者们的高度重视。

四、学习控制

学习控制是智能控制的一部分。学习是人类的主要智能之一，学习控制正是模拟人类自身各种优良控制调节机制的一种尝试。Tsypkin 曾对学习下过一个定义，即作为一种过程，它通过重复各种输入信号，并从外部校正该系统，使系统对特定输入具有特定响应。学习控制系统是一个能在其运行过程中逐步获得被控过程及环境的非预知信息，积累控制经验，并在一定评价标准下进行估值、分类、决策和不断改善系统品质的自动控制系统。

学习控制根据系统工作对象的不同可分为两大类：一类是对具有可重复性的被控对象利用控制系统的先前经验，寻求一个理想的控制输入，而这个寻求的过程就是对被控对象反复训练的过程，这种学习控制又称为迭代学习控制；另一类是自学习控制系统，它不要求被控过程必须是重复性的，能通过在线实时学习，自动获取知识，并将所学的知识用来不断地改善具有未知特征过程的控制性能。尽管学习控制已被研究了多年，但与实际要求还相距较远。学习控制的主要缺点是在线学习能力差、学习速度较慢，跟不上实时控制要求。

智能优化是学习控制的重要组成部分。尽管各个智能优化算法的原理不同，但是它们都是根据所需要优化问题的目标函数来寻找最优解。传统优化算法是根据目标函数的数学等特征来寻找最优解的，而智能优化算法是根据自然生活现象来模拟目标函数以寻找最接近最优解的优化解。智能优化算法的迭代过程必须包括以下三个步骤：第一步，在目标函数的可行范围以事先定好的寻找优化解的策略来寻找一组初始解；第二步，继续在目标函数的可行范围内按照原来的策略继续寻找优化解；第三步，判断结束条件是否满足，当满足的时候，在所有解中选出最优解，如果不满足，则返回第二步继续执行直至结束条件满足。

目前智能优化方法包括遗传学习算法、蚁群算法、粒子群算法、模拟退火算法、免疫学习算法等。

第三节　智能控制系统的构成原理

一、智能控制系统的结构

由于智能控制尚处于发展阶段，关于什么是智能控制系统目前还没有非常明确且一致的定义。但可以这样说，智能控制系统是实现某种控制任务的一种智能系统。所谓智能系统是指具备一定智能行为的系统，具体地说，若对于一个问题的激励输入，系统具备一定的智能行为，它能够产生合适的求解问题响应，这样的系统便称为智能系统。对于智能系统，激励输入是任务要求和反馈的传感信息等，产生的响应则是合适的决策和控制作用。

从系统的角度看，智能行为是一种从输入到输出的映射关系。这种映射关系并不能用常规的数学方法来精确地加以描述，因此它可以看成一种不依赖于模型的自适应估计。例如一个钢琴家弹奏一支优美的乐曲，这是一种很高级的智能行为，其输入是乐谱，输出是手指的动作和力度。显然输入和输出之间存在某种映射关系，这种映射关系可以定性地加以说明，但却难以用数学的方法来精确地加以描述，也不可能由别人来精确地加以复现。

按照智能控制系统的定义，其典型的原理结构可由七部分组成，包括执行器、传感器、感知信息处理单元、认知、通信接口、规划与控制和广义对象。"执行器"是系统的输出，对外界对象发生作用。一个智能系统可以有许多甚至成千上万个执行器，为了完成给定的目标和任务，对它们必须进行协调。执行器有电动机、定位器、阀门、电磁线圈、变送器等。"传感器"产生智能系统的输入，它可以是关节位置传感器、力传感器、视觉传感器、距离传感器、触觉传感器等。传感器用来监测外部环境和系统本身的状态。传感器向"感知信息处理"单元提供输入。感知信息处理单元将传感器得到的原始信息加以处理，并与内部环境模型产生的期望值进行比较。感知信息处理单元在时间和空间上综合观测值与期望值之间的异同，以检测发生的事件，识别环境的特征、对象和关系。"认知"主要用来接收和储存信息、知识、经验和数据，对它们进行分析、推理，并作出行动的决策，送至规划和控制部分。"通信接口"除建立人机之间的联系外，还建立系统各模块之间的联系。"规划与控制"是整个系统的核心，它根据给定的任务要求、反馈的信息以及经验知识，进行自动搜索、推理决策、动作规划，最终产生具体的控制作用。"广义对象"包括通常意义下的控制对象和外部环境。例如在智能机器人系统中，机器人的手臂、被操作物体以及所处环境，统称为广义对象。智能控制系统典型的原理结构如图1-1所示。

从智能控制系统的功能模块结构观点出发，Saridis提出了分层递阶结构的智能控制系统，其结构如图1-2所示。其中，"执行级"一般需要比较准确的模型，以实现具有一定精度要求的控制任务；"协调级"用来协调执行级的动作，它不需要精确的模型，但需要具备学习功能以便在再现的控制环境中改善性能，并能接收上一级的模糊指令和符号语言；"组织级"将操作人员的自然语言翻译成机器语言，进行组织决策和规划任务，并直接干预低层的操作。对于"执行级"，识别的功能在于获得不确定的参数值或监督系统参数的变化；对于"协调级"，识别的功能在于根据"执行级"送来的测量数据和"组织级"送来的指令产生合适的协调作用；对于"组织级"，识别的功能在于翻译定性的命令和其他输入。这种分层递阶的智能控制系统具有两个明显的特点：

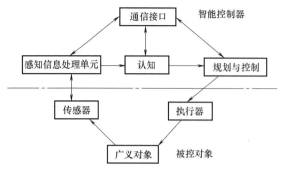

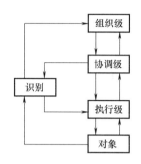

图 1-1　智能控制系统典型的原理结构　　　图 1-2　智能控制系统的分层递阶结构

1）对控制而言，自上而下的信息精度越来越高。

2）对识别而言，自下而上信息反馈越来越粗略，相应的智能程度也越来越高。

这种分层递阶的智能控制系统已经成功地应用于机器人、智能交通、智能电网等领域。

二、智能控制系统的特点

智能控制系统具备以下特点：

1）智能控制系统一般具有以知识表示的非数学广义模型和以数学模型表示的混合控制过程。它适用于含有复杂性、不完全性、模糊性、不确定性和不存在已知算法的生产过程。

2）智能控制系统具有分层信息处理和决策机构。它实际上是对人的神经结构和专家决策机构的一种模仿。

3）智能控制系统具有非线性和变结构的特点。

4）智能控制系统具有多目标优化能力。

5）智能控制系统能够在复杂环境下学习。

从功能和行为上分析，智能控制系统应该具备以下一个或多个功能：

1）自适应（Self-Adaptation）功能：与传统的自适应控制相比，这里所说的自适应功能具有更广泛的含义，它包括更高层次的适应性。所谓的智能行为实质上是一种从输入到输出的映射关系，它可以看成是不依赖于模型的自适应估计，因此具有很好的适应性能。即使是在系统的某一部分出现故障时，系统也能正常工作，体现了它的很强的适应性。

2）自学习（Self-Recognition）功能：一个系统，如能对一个过程或其环境的未知特征所固有的信息进行学习，并将得到的经验用于进一步估计、分类、决策或控制，从而使系统的性能得以改善，那么便称该系统具有自学习功能。

3）自组织（Self-Organization）功能：对于复杂的任务和多传感信息具有自行组织和协调的功能。该组织行为还表现为系统具有相应的主动性和灵活性，即智能控制器可以在任务要求的范围内自行决策，自主采取行动；而当出现多目标冲突时，各控制器可在一定限制条件下自行解决这些冲突。

4）自诊断（Self-Diagnosis）功能：对于智能控制系统表现为系统自身的故障检测能力。

5）自修复（Self-Repairing）功能：是指当智能控制系统检测到自身部件的故障行为时，系统将自动启动相关程序替换故障模块，甚至可以通过自身对程序和模块的修复，实现控制系统在无人干预下恢复正常的能力。

三、智能控制系统研究的数学工具

传统的控制理论主要采用微分方程、状态方程及复变函数等作为研究的数学工具,这些工具本质都是数值计算的方法;人工智能主要采用符号处理、一阶谓词逻辑等作为研究的数学工具。显然,两者有着根本的区别。而智能控制研究的数学工具则是上述两者的交叉和结合,它主要有以下几种形式:

(1)符号推理与数值计算的结合　例如专家控制,它的上层是专家系统,采用人工智能中的符号推理方法;下层是传统意义下的控制系统,采用数值计算方法。

(2)离散事件系统与连续时间系统分析的结合　例如在 CIMS(计算机集成制造系统)中,上层任务的分配和调度、零件的加工和传输等均可用离散事件系统理论来进行分析和设计;下层的控制(如机床和机器人的控制)则采用常规的连续时间系统分析方法。

(3)模糊集合理论　模糊集合理论形式上是利用规则进行逻辑推理,但其逻辑取值可在 0 与 1 之间连续变化,其处理的方法是基于数值而不是基于符号。

(4)神经元网络理论　神经元网络通过许多简单关系来实现复杂的函数。神经元网络本质上是一个非线性动力学系统,但它并不依赖于模型,因此可以看成是一种介乎逻辑推理和数值计算之间的工具和方法。

(5)优化理论　学习控制系统时常通过对系统性能的评判来修改系统的结构和参数。利用优化理论来解决智能控制系统中的结构和参数设计是常用分析方法,也是智能控制系统设计的精髓。

智能控制是一门交叉学科,傅京逊教授称它是人工智能与自动控制的交叉。以后 Saridis 又加入了运筹学,即认为智能控制是人工智能、自动控制和运筹学三者的交叉。图 1-3 形象地说明了这种交叉。

当然对于其他类型的智能控制系统,如基于专家系统的控制、神经元控制、模糊控制等,它们仍然是多学科的交叉,只是它们所涵盖的学科不尽相同罢了。智能控制系统的研究领域相当广泛,每个领域都有各自特有的感兴趣的研究课题。

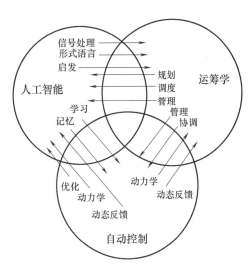

图 1-3　智能控制的交叉

这些研究领域包括智能机器人控制、智能过程控制、智能调度与决策、专家控制系统、语言控制、康复智能控制器、智能仪器、智能电网和智能交通等。值得指出的是,这些智能控制的子领域并非完全独立,它们的智能特性也不是互不相关的。

智能控制作为一门新兴学科,还没有形成一个统一的完整的理论体系。智能控制研究所面临的最迫切的问题是:对于一个给定的系统如何进行系统的分析和设计。专家预测,把复杂环境建模的严格数学方法研究,同人工智能中的新兴学科分支"计算智能"的理论方法研究紧密地结合起来,有望导致新的智能控制体系结构的产生和发展。而且这种研究将在"自上而下"和"自下而上"两个方向工作的交汇处取得突破性的进展,使智能控制系统的研究出现崭新的局面,而不是停留在监控级用一个简单的基于规则的控制将基础级的常规控制系统松散地耦合起来的水平。这里"自上而下"的含义是指由高层控制的思想、观念和理论入手向下层发展，在简化条件下建造仿真或实验系统来研究智能控制的基本概念和验证控制算法。"自下而上"的含义是指从建立"感知-行为"的直接映射入手向上层发展，同样是在简化条件下去研究各种新的分布式智能控制体系结构及其相应的控制算法。所以，智能控制理论要发展到如经典控制理论和现代控制理论那么完整，还需要相当多的艰苦工作。

综上分析，智能控制理论研究的领域相当广泛，且存在的问题也相当多。可以说智能控制的基础理论体系目前还处于比较模糊的阶段。限于作者的水平，不可能将众多智能控制研究的内容作全面的介绍，本书的目的是将智能控制研究中的一部分比较成熟的又有一定数学基础支持的有关内容（模糊控制理论、神经元网络控制理论）介绍给大家，并在书的最后对目前智能控制研究的动向作一个简单介绍。

习题和思考题

1-1　智能控制技术是如何发展起来的？它与经典控制有什么差异性？

1-2　智能控制系统由哪几部分组成？每个部分的作用是什么？

1-3　智能控制系统的特点是什么？

1-4　智能控制与常规控制相比较有什么不同？在什么场合下应该选用智能控制策略？

第二章

模糊控制的理论基础

第一节　模糊控制概述

一、模糊控制的发展

以往各种传统控制方法都是建立在被控对象精确数学模型基础之上的。随着系统复杂程度的提高以及一些难以建立精确数学模型的被控对象的出现，人们感到传统的控制方法已难以对此类复杂系统进行控制，并期望探索出一种简便灵活的描述手段和处理方法。结果发现，一个依靠传统控制理论似乎难以实现的控制系统，却可由一名操作人员凭着丰富的实践经验得到满意的控制结果。骑自行车就是一个例子。任何一个经过训练的人都可以骑车自如地穿过人群，却难以对这种极为复杂的动力学问题使用精确的数学模型进行控制。这个例子给人们带来了启示，即吸收人脑的这种特点，模拟人类的思维方法，把自然语言植入计算机内核，使计算机具有智能和活性，是计算智能的重要发展方向。模糊逻辑控制（Fuzzy Logic Control）就是使计算机具有智能和活性的一种新颖的智能控制方法。

模糊控制是以模糊集合论作为它的数学基础的，它的诞生以 L. A. Zadeh 于 1965 年提出模糊集理论为标志。模糊控制经历了 50 多年的研究和发展已经逐步完善，尤其在其应用领域更是成果辉煌。自从 1974 年 E. H. Mamdani 首先利用模糊数学理论进行蒸汽机和锅炉控制的研究得到成功应用以后，模糊控制的研究和应用就一直十分活跃。例如：1977 年英国的 Pipps 等人采用模糊控制对十字路口的交通管理进行实验，车辆的平均等待时间减少了 7%；1980 年 Tong 等人将模糊控制用于污水处理过程控制，取得较好的效果；1983 年，日本学者 Shuta Murakami 研制了一种基于语言真值推理的模糊逻辑控制器，并成功地用于汽车速度的自动控制。20 世纪 90 年代以来，模糊控制的领域更加广泛，除了以往的工业过程应用以外，各种商业民用场合也开始大量采用模糊控制技术，如模糊控制洗衣机、模糊控制微波炉、模糊控制空调、地铁运行的模糊控制、机器人模糊控制等。事实证明，模糊控制系统的应用对于那些测量数据不确切、要处理的数据量过大以致无法判断它们的兼容性以及一些复杂可变的被控对象等场合是有益的。与传统控制器依赖于系统行为参数的控制器设计方法不同，模糊控制器的设计依赖于操作者的经验。在传统控制器中，参数或控制输出的调整是根据对由一组微分方程描述的过程模型的状态分析和综合来进行的，而模糊控制器参数或控制输出的调整是从过程函数的逻辑模型产生的规则来进行的。改善模糊控制性能的最有效方法是优化模糊控制规则。由于通常模糊控制规则的获取是通过将人的操作经验转化为模糊语言形式，因此它带有相当的主观性。可以说，没有哪一种特定的方法是最优的，每一种规则控制方式都有其优缺点。

二、模糊控制的特点

模糊控制是建立在人工经验基础上的。对于一名熟练的操作人员，他并非需要了解被控对象精确的数学模型，而是凭借其丰富的实践经验，采取适当的对策来巧妙地控制一个复杂过程。如果把这些熟练操作人员的经验加以总结和描述，并用语言表达出来，它就是一种定性的、不精确的控制规则。如果通过模糊数学将其定量化并转化为模糊控制算法，这就是模糊控制理论。模糊控制器在 20 世纪 80 年代发展相当迅速，应主要归结于以下的特点：

1）无须知道被控对象的数学模型。控制系统的设计依据操作人员的控制经验和操作数据，而无须知道被控系统的数学模型。

2）是一种反映人类智慧思维的智能控制。模糊控制采用人类思维中的模糊量，如"高""中""低""大""小"等，控制量由模糊推理导出，这些模糊量和模糊推理是人类通常智能活动的体现。控制过程具有较强的鲁棒性，无论被控对象是线性的还是非线性的，都能有效地执行。

3）易被人们所接受。模糊控制的核心是控制规则，模糊控制中的知识表示、模糊规则和模糊推理是基于专家知识或熟练操作者的成熟经验。这些规则是以人类语言表示的，应用的是语言变量，而不是数学变量，更容易被一般人所接受和理解，如"衣服较脏，则投入洗涤剂较多，洗涤时间较长"。

4）推理过程采用"不精确推理"。推理过程模拟人脑的思维方式，能够处理复杂甚至"病态"的系统。

5）构造容易。用单片机等来构造模糊控制器，其结构与一般的数字控制系统无异，模糊控制算法用软件实现，也可以用离线查表法得到，控制实时性明显提升。

模糊控制从诞生到现在经历了近 60 年时间，已在很多领域取得了很好的研究成果，展示了其强大的生命力。但是模糊控制系统还有许多理论和设计问题亟待解决，这些问题主要有：①要揭示模糊控制器的实质和工作机理，解决稳定性和鲁棒性理论分析的问题，从理论分析和数学推导的角度揭示和证明模糊控制系统的鲁棒性优于传统控制策略；②信息简单的模糊处理将导致系统的控制精度降低和动态品质变差；③模糊控制的设计尚缺乏系统性，无法定义控制目标。

三、模糊控制的定义

模糊控制具有如此明显的优点，那么模糊控制到底研究哪些内容呢？下面先介绍模糊控制的定义。模糊控制定义是这样描述的：模糊控制器的输出是通过观察过程状态和一些如何控制过程规则的推理得到的。模糊逻辑控制器的这一定义主要是基于以下三个概念：测量信息的模糊化、推理机制和输出模糊集的精确化。测量信息的模糊化是将实测物理量转化为在该语言变量相应论域内不同语言值的模糊子集。推理机制使用数据库和规则库，它的作用是根据当前的系统状态信息来决定模糊控制的输出子集。模糊集的精确化计算是将推理机制得到的模糊控制量转化为一个清晰、确定的输出控制量的过程。一个典型的模糊控制系统结构如图 2-1 所示。

模糊控制技术的迅速发展也离不开相关技术的发展。这些相关技术包括：

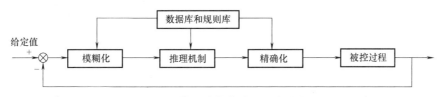

图 2-1　典型的模糊控制系统结构

13

1）模糊控制系统的核心处理单元。目前模糊控制系统的核心处理单元主要有三种：一是传统的单片机或微型机；二是模糊单片处理芯片；三是可编程门阵列芯片。

2）模糊信息与精确信息的转换技术。模糊信息与精确信息转换技术目前主要采用 A-D、D-A 转换技术。

3）模糊控制的软技术。软技术主要包括系统的仿真软件，如 Neuralogix 公司的产品等。

这些模糊控制的技术随着大规模集成电路技术、计算机技术、工艺技术的发展而不断成熟起来。虽然模糊控制技术的应用已取得了惊人的成就，但与常规控制技术相比仍然显得很不成熟，至今尚未建立有效的方法来分析和设计模糊控制系统，尤其在模糊控制系统的稳定性、能控性和学习能力方面，还存在许多问题有待解决。

综上分析，模糊控制是一种更人性化的方法，用模糊逻辑处理和分析现实世界的问题，其结果往往更符合人的要求，而且用模糊控制更能容忍噪声干扰和元器件的变化，使系统适应性更好。由于模糊控制具有众多的优点，其应用领域更加广泛，应用前景更加开阔。

第二节　模糊集合论基础

一、模糊集合的概念

模糊控制是以模糊集合论作为它的数学基础。那么，什么是模糊集合，它是怎样描述和定义的，又有哪些运算，这些问题都是学习与掌握模糊控制技术的基础。下面，在讨论模糊集合论之前先简单回顾一下经典集合论。19 世纪末，德国数学家乔·康托（George Contor，1845~1918）创立的集合论已经成为现代数学的基础。集合一般指具有某种属性的、确定的、彼此间可以区别的事物全体。这里事物的涵义是广泛的，它可以是具体的东西，也可以是抽象的概念。在经典集合论中，一个事物要么属于该集合，要么不属于该集合，两者必居其一，没有模棱两可的情况。这表明经典集合论所表达概念的内涵和外延都必须是明确的。人们把所考虑的对象限制在一个特定的集合，比如一个班级、自然数等，称这个集合为基本集合或论域，通常用大写英文字母 U 表示。U 中的一部分成为 U 的子集，常用大写英文字母 A 表示，U 中的对象称为元素，通常用小写英文字母 u 表示。一个集合 U 如果是由有限个元素组成，则称为有限集合。有限集合 U 所含不同元素的数目称为该集合 U 的基数，记为 $|U|$ 或 $\#U$。不是有限集合的集合称为无限集合。集合既可以是连续的也可以是离散的。集合至少可以用五种不同方式来表示。

（1）列举法　将集合的元素全部列出的方法。对于有一定规则的元素表征可以用"…"来简记。它只适用于元素有限的集合。例如电气学院 15 级电机与电器学科硕士生、电气学院 15 级电力系统自动化学科硕士生、电气学院 15 级控制理论与控制工程学科硕士生、电气学院 15 级电力电子与电力传动学科硕士生、电气学院 15 级理论电工学科硕士生就构成了电气学院 15 级硕士生这样一个集合，可以表示为：

电气学院 15 级硕士生＝{电气学院 15 级电机与电器学科硕士生、电气学院 15 级电力系统自动化学科硕士生、电气学院 15 级控制理论与控制工程学科硕士生、电气学院 15 级电力电子与电力传动学科硕士生、电气学院 15 级理论电工学科硕士生}

（2）定义法 适用于有很多元素而不能一一列举的集合，这是用集合中的共性来描述集合的方法。例如 $U=\{u\mid u$ 为自然数且 $u<5\}$ 表示小于 5 的自然数集合。

（3）归纳法 通过一个递推公式来描述一个集合。给出集合中的一个元素和一个规则，集合中的其他元素可以借助这个规则找到。例如 $U=\{u_{i+1}=u_i+1,\ i=1,\ 2,\ u_1=1\}$。

（4）特征函数表示法 它是利用经典集合论非此即彼的明晰性来表示集合的，因为某一集合中的元素要么属于这个集合，要么就不属于这个集合，二者必居其一。例如，小于 10 的数构成偶数的集合可表示成：

若小于 10 的数 u 属于偶数的集合 U，集合 U 就可以通过特征函数 $T_U(u)$ 来表示，即：

$$T_U(u)=\begin{cases}1 & u\in U \\ 0 & u\notin U\end{cases} \tag{2-1}$$

（5）通过某些集合的运算来表示的集合 例如两个集合的交运算形成一个新的集合。

【例 2-1】 设集合 U 是由 1 到 10 的十个自然数组成，试用上述前三种方法写出该集合的表达式。

解

1）列举法　$U=\{1,\ 2,\ 3,\ 4,\ 5,\ 6,\ 7,\ 8,\ 9,\ 10\}$

2）定义法　$U=\{u\mid u$ 为自然数且 $1\leqslant u\leqslant 10\}$

3）归纳法　$U=\{u_{i+1}=u_i+1,\ i=1,\ 2,\ \cdots,\ 9,\ u_1=1\}$

从上述分析可知，经典集合论中任意一个元素与任意一个集合之间的关系，只是"属于"或"不属于"，两者必居其一而且只居其一。它描述的是有明确分界线的元素的组合，在处理清晰的、确定性的问题时达到了高度的严密性和精确性。然而，用它来处理模糊性概念时就显得无能为力。大家知道，在思维中每一个概念都有一定的内涵和外延。概念的内涵是指一个概念所包含的区别于其他概念的全体本质属性，概念的外延是指符合某概念的对象的全体。比如"人"这个概念的外延是世界上所有人的全体，而内涵就是区别于其他动物的本质属性的全体。从集合论的角度看，内涵就是集合的定义，外延就是组成集合的所有元素。经典集合的内涵和外延都是明确的。例如，"男人"和"女人"这样一对集合是有明确的分界线的。然而，在人们的思维中，存在许多没有明确外延的概念，即模糊概念，如"速度的快慢""年龄的大小""温度的高低"等模糊概念，没有明确的外延。因此，模糊概念无法用经典集合论来描述。那么，怎样描述一个模糊概念呢？模糊集合提供了一种处理此类现象的有效方法。与传统的经典集合对事物只用"1""0"简单地表示"属于"或"不属于"分类不同，模糊集合是把它扩展成用 0~1 之间连续变化值来描述元素的属于程度。这个 0~1 之间连续变化值又称作"隶属度（Degree of Membership）"。这就是说，有些元素可以同时部分真和部分假。这样，人的自然语言或概念就可以用这种新的数学工具来描述和处理了。下面以人对室温（0~40℃）的感觉为例，来说明如何用模糊集合表示人对各种事物和现象形成的概念。在一般情况下，大部分人把 15~25℃ 的室温称作"舒适"的温度，而把 15℃ 以下称为"冷"，25℃ 以上称为"热"。若用经典集合论来定义，则小于 15℃

的温度哪怕是 14.9℃ 也只能属于"冷"（如图 2-2a 所示），显然这与人的感觉是不一致的。因此需寻求另外一种数学的表示方式，这就是模糊集合论所要解决的问题。若用模糊集合论来定义如上这种情况，就是用具有 0~1 之间变化的隶属度的特征函数来描述某一模糊元素，模糊集合中的特征函数就称作隶属度函数（如图 2-2b 所示）。在模糊逻辑中，小的温度变化只会引起系统性能的逐渐变化。这样 14.9℃ 和 15℃ 属于同一集合的程度是很接近的。那么模糊集合是如何定义的呢？模糊集合的定义实际上是将经典集合论中的特征函数表示扩展到用隶属度函数来表示。

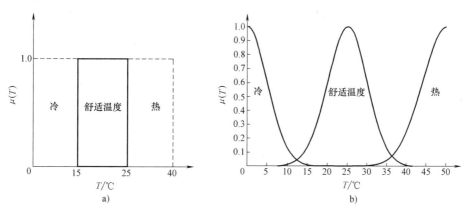

图 2-2　经典集合和模糊集合对温度的定义

a）经典集合对温度的定义　b）模糊集合对温度的定义

设 U 为一个可能是离散或连续的集合，用 $\{u\}$ 表示，U 被称为论域（Universe of Discourse），u 表示论域 U 的元素。论域 U 是所讨论问题的任意一个子集。如果任意一个元素都属于这一集合 U，则称为全集。

定义 2-1　模糊集合（Fuzzy Sets）：论域 U 中的模糊集合 F 用一个在闭区间 $[0,1]$ 上取值的隶属度 μ_F 来表示，即

$$\mu_F : U \to [0,1]$$

$\mu_F(u) = 1$，表示 u 完全属于 F；

$\mu_F(u) = 0$，表示 u 完全不属于 F；

$0 < \mu_F(u) < 1$，表示 u 部分属于 F。

μ_F 是用来说明 u 隶属于 F 的程度。$\mu_F(u)$ 值的大小反映了 u 对于模糊集合 F 的从属程度。$\mu_F(u)$ 值接近于 1，表示 u 从属于 F 的程度很高；$\mu_F(u)$ 值接近于 0，表示 u 从属于 F 的程度很低。模糊集合可看成是隶属度值只取 0 和 1 的普通集合的推广。论域 U 中的模糊集合 F 可以用元素 u 和它的隶属度来表示

$$F = \{(u, \mu_F(u)) \mid u \in U\} \tag{2-2}$$

若 U 为连续域，则可写成

$$F = \int_U \mu_F / u$$

注意，这里的"$\int$"不表示"积分"，只是借用来表示集合的一种方法；符号"/"不表示"除号"，只是表示变量取值为 u 时的隶属度函数为 μ_F。

【例 2-2】 设 F 表示远远大于 0 的实数集合，求：F 的隶属度函数。

解

$$\mu_F(x) = \begin{cases} 0 & x \leqslant 0 \\ \dfrac{1}{1 + \dfrac{100}{x^2}} & x > 0 \end{cases} \tag{2-3}$$

可以算出 $\mu_F(5) = 0.2$，$\mu_F(10) = 0.5$，$\mu_F(20) = 0.8$，表示 5 属于远远大于零的程度只有 0.2，这也意味着 5 还算不上是远远大于零的数。

若 U 为离散域，即论域 U 是有限集合时，模糊集合可以有以下三种表示法：

（1）扎德表示法 即

$$F = \sum_{i=1}^{n} \mu_F(u_i) / u_i$$

注意，这里的 $\sum$ 不表示"求和"，只是借用来表示集合的一种方法。符号"/"也不表示分数，只是表示元素 u_i 与它对 F 的隶属度的对应关系。

【例 2-3】 考虑论域 $U = \{0, 1, 2, \cdots, 10\}$ 和模糊集 F "接近于 0 的整数"。求：模糊数 F 的离散隶属度函数的扎德表示法。

解

$$F = 1.0/0 + 0.9/1 + 0.75/2 + 0.5/3 + 0.2/4 + 0.1/5$$

（2）序偶表示法

$$F = \{(u_1, \mu(u_1)), (u_2, \mu(u_2)), \cdots, (u_n, \mu(u_n))\} \tag{2-4}$$

对于例 2-3 可写成

$$F = \{(0, 1.0), (1, 0.9), (2, 0.75), (3, 0.5), (4, 0.2), (5, 0.1)\}$$

（3）矢向量表示法

$$F = \{\mu(u_1), \mu(u_2), \cdots, \mu(u_n)\} \tag{2-5}$$

此时元素 u 应该按次序排列，隶属度值为零的项不能省略。对于例 2-3 可写成

$$F = \{1.0, 0.9, 0.75, 0.5, 0.2, 0.1\}$$

二、模糊集合的运算

对于模糊集合，元素与集合之间不存在属于或不属于的明确关系，但是集合与集合之间还是存在相等、包含以及与经典集合论一样的一些集合运算如并、交、补等。下面分别引入这些定义。

定义 2-2 论域 U 中的模糊子集的全体，称为 U 中的模糊幂集，记作 $F(U)$，即

$$F(U) = \{A \mid \mu_A : U \rightarrow [0, 1]\}$$

对于任一 $u \in U$，若 $\mu_A = 0$，则称 A 为空集 $\varnothing$；若 $\mu_A = 1$，则称 $A = U$，称为全集。

定义 2-3 设 A、B 是论域 U 的模糊集，即 A、$B \in F(U)$，若对于任一 $u \in U$，都有 $\mu_A(u) \leqslant \mu_B(u)$，则称模糊集合 A 包含于模糊集合 B，或称 A 是 B 的子集，记作 $A \subseteq B$。若对任一 $u \in U$，均有 $\mu_A(u) = \mu_B(u)$，则称模糊集合 A 与模糊集合 B 相等，记作 $A = B$。

定义 2-4 模糊集合的并集：若有三个模糊集合 A、B、C。对于所有 $u \in U$，均有：

$$\mu_C(u) = \mu_A \vee \mu_B = \max\{\mu_A(u), \mu_B(u)\}$$

则称 C 为 A 与 B 的并集，记为 $C = A \cup B$。

定义 2-5 模糊集合的交集：若有三个模糊集合 A、B、C。对于所有 $u \in U$，均有

$$\mu_C(u) = \mu_A \wedge \mu_B = \min\{\mu_A(u), \mu_B(u)\}$$

则称 C 为 A 与 B 的交集，记为 $C = A \cap B$。

定义 2-6 模糊集合的补集：若有两个模糊集合 A 和 B，对于所有 $u \in U$，均有

$$\mu_B(u) = 1 - \mu_A(u)$$

则称 B 为 A 的补集，记为 $B = \overline{A}$。

【例 2-4】 设论域 $U = (u_1, u_2, u_3, u_4, u_5)$ 中的两个模糊子集为

$$A = \frac{0.6}{u_1} + \frac{0.5}{u_2} + \frac{1}{u_3} + \frac{0.4}{u_4} + \frac{0.3}{u_5}$$

$$B = \frac{0.5}{u_1} + \frac{0.6}{u_2} + \frac{0.3}{u_3} + \frac{0.4}{u_4} + \frac{0.7}{u_5}$$

求：$A \cup B$，$A \cap B$。

解

$$A \cup B = \frac{0.6 \vee 0.5}{u_1} + \frac{0.5 \vee 0.6}{u_2} + \frac{1 \vee 0.3}{u_3} + \frac{0.4 \vee 0.4}{u_4} + \frac{0.3 \vee 0.7}{u_5}$$

$$= \frac{0.6}{u_1} + \frac{0.6}{u_2} + \frac{1}{u_3} + \frac{0.4}{u_4} + \frac{0.7}{u_5}$$

$$A \cap B = \frac{0.6 \wedge 0.5}{u_1} + \frac{0.5 \wedge 0.6}{u_2} + \frac{1 \wedge 0.3}{u_3} + \frac{0.4 \wedge 0.4}{u_4} + \frac{0.3 \wedge 0.7}{u_5}$$

$$= \frac{0.5}{u_1} + \frac{0.5}{u_2} + \frac{0.3}{u_3} + \frac{0.4}{u_4} + \frac{0.3}{u_5}$$

模糊集合中除了"交""并""补"等基本运算之外，还有如下一些代数运算法则。设论域 U 上有三个模糊集合 A、B、C，对于所有的 $u \in U$，存在：

1）代数积 $A \cdot B \leftrightarrow \mu_{A \cdot B}(u) = \mu_A(u)\mu_B(u)$

2）代数和 $A \hat{+} B \leftrightarrow \mu_{A \hat{+} B}(u) = \mu_A(u) + \mu_B(u) - \mu_A(u)\mu_B(u)$

3）有界和 $A \oplus B \leftrightarrow \mu_{A \oplus B}(u) = [\mu_A(u) + \mu_B(u)] \wedge 1$

4）有界差 $A \odot B \leftrightarrow \mu_{A \circ B}(u) = [\mu_A(u) - \mu_B(u)] \vee 0$

5）有界积 $A \otimes B \leftrightarrow \mu_{A \otimes B}(u) = [\mu_A(u) + \mu_B(u) - 1] \vee 0$

三、模糊集合运算的基本性质

定理 2-1 模糊集合运算的基本定律：设 U 为论域，A、B、C 为 U 中的任意模糊子集，则下列等式成立：

1）幂等律 $A \cap A = A, A \cup A = A$ (2-6)

2）结合律 $A \cap (B \cap C) = (A \cap B) \cap C, A \cup (B \cup C) = (A \cup B) \cup C$ (2-7)

3）交换律 $A \cap B = B \cap A, A \cup B = B \cup A$ (2-8)

4）分配律 $A \cap (B \cup C) = (A \cap B) \cup (A \cap C), A \cup (B \cap C) = (A \cup B) \cap (A \cup C)$ (2-9)

5）同一律 $A \cap U = A, A \cup \phi = A$ (2-10)

6）零一律 $A \cap \phi = \phi, A \cup U = U$ (2-11)

7）吸收律　$A \cap (A \cup B) = A, A \cup (A \cap B) = A$ 　　　　　　(2-12)

8）德·摩根律　$\overline{(A \cap B)} = \bar{A} \cup \bar{B}, \overline{(A \cup B)} = \bar{A} \cap \bar{B}$ 　　　　　(2-13)

9）双重否认律　$\bar{\bar{A}} = A$ 　　　　　　　　　　　　　　(2-14)

模糊集合与经典集合的集合运算的基本性质完全相同，只是模糊集合运算不满足互补律，即

$$A \cap \bar{A} \neq \phi \qquad A \cup \bar{A} \neq U \qquad\qquad (2\text{-}15)$$

模糊集合的代数运算仍然满足结合律、交换律、同一律、零一律和德·摩根律。但不满足幂等律、分配律和吸收律。当然，也不满足互补律。模糊集合的有界运算也满足结合律、交换律、同一律、零一律和德·摩根律，而且满足互补律，但不满足幂等律、分配律和吸收律。

四、隶属度函数的建立

对于一个特定模糊集合来说，隶属度函数基本上体现了该集合的模糊性，因此这种描述也体现了模糊特性或运算本质。在经典集合中，特征函数只能取 0 和 1 两个值，而在模糊集合中，其特征函数的取值范围扩大到 [0, 1] 区间的连续值。为了把两者区分开来，就把模糊集合的特征函数称作隶属度函数。隶属度函数是模糊集合论的基础，因而如何确定隶属度函数就是一个关键问题。由于模糊集合理论研究的对象是具有"模糊性"和经验性，因此找到一种统一的隶属度计算方法是不现实的。尽管确定隶属度函数的方法带有主观因素，但主观的反映和客观的存在是有一定联系的，是受到客观制约的。隶属度函数实质上反映的是事物的渐变性，因此，它仍然应遵守一些基本原则。

1. 隶属度函数应遵守的基本原则

（1）表示隶属度函数的模糊集合必须是凸模糊集合　下面通过一个例子来说明这一原则：以主观性最强的专家经验法为例来确定"速度适中"的隶属度函数。某专家以涉及的系统的实际情况和他本人的经验对"速度适中"这一语言值进行了隶属度函数的定义，即：

"速度适中" $= 0/30 + 0.5/40 + 1/50 + 0.5/60 + 0/70$

这里，隶属度为"1"的速度值定在 50（km/h），就是说在这个问题上，50km/h 左右的速度为最适中。越偏离这一速度值其隶属度函数的值越小，即速度适中的程度越小。这基本上符合人们的习惯经验。虽然，不同的专家可以定义 40km/h 这一档的隶属度为 0.4 而不是 0.5。因此，从这一点上来看隶属度函数的确定带有一定的随意性。但这种随意性并不意味着就可以任意确定，它必须能经得起实验的检验。比如说把 30km/h 这一档的隶属度定为 0.9 而不是 0，就明显不符合人们的经验知识。由于在一定的范围内或在一定条件下，所用语言语义分析中的模糊概念的隶属度的确具有相当的稳定性，因此根据专家经验确定的隶属度函数值就有较好的可信度。一般说来，对某一模糊概念的隶属度函数的确定，可首先从最适合这一模糊概念的点下手，即确定该模糊概念的最大隶属度函数点，然后向两边延伸。当然，每个专家的延伸着重点不同仍会导致隶属函数的形状有明显的差异，但是有一点必须是一致的，即从最大隶属度函数点出发向两边延伸时，其隶属度函数的值必须是单调递减的，而不允许有波浪形。这实际上是很好理解的，例如上面提到的，把 50km/h 左右的速度定义为最适中，这时若将 40km/h 的隶属度定义为 0.5、30km/h 的隶属度定义为 0.9，就意味着

30km/h 的速度在这一问题中比 40km/h 的速度更适中，则显然是不符合逻辑的。

综上分析，隶属度函数的确定，形象地说要求其呈单峰馒头形，用数学的语言来表示，就要求其是凸模糊集合，不允许出现如图 2-3 所示的非凸模糊集合的隶属度函数。在实际应用中为了简化计算常选用三角形或梯形作为隶属度函数曲线，这是满足凸模糊集合要求的。

（2）变量所取隶属度函数通常是对称和平衡的　在模糊控制系统中，每一个输入变量（以后又可称语言变量）可以有多个标称名（又可称语言值）。一般情况下，描述变量的标称值安排得越多，即在论域中的隶属度函数的密度越大，模糊控制系统的分别率就越高，其系统响应的结果就越平滑；但带来的不足之处是模糊规则会明显增多、计算时间会大大增加、系统设计困难程度加重。但是如果标称值安排太少，则其系统的响应可能会太不敏感，并可能无法及时提供输出控制跟随小的输入变化，以使系统的输出会在期望值附近振荡。因此，模糊变量的标称值选择既不能过多又不能过少，一般取 3~9 个为宜，并且通常取奇数个。在"零""适中"或"合适"集合的两边，语言值的隶属度函数通常是取对称和平衡的。针对上例，除"速度适中"这一语言值外，如果选择另一个语言值"速度高"，则一般应该选一个"速度低"的语言值与之相对应，以满足对称性。

（3）隶属度函数要符合人们的语义顺序，避免不恰当的重叠　在相同论域上使用的具有语义顺序关系的若干标称的模糊集合，如"速度很低""速度低""速度适中""速度高""速度很高"等模糊子集的中心值，位置必须按这一次序排列，不能违背常识和经验。因为在模糊控制设计中的很大一部分尤其是规则库的设计要依赖于专家的经验，而专家的经验往往是与这些语言值相关的，所以语言值的分布必须满足常识和经验。除此之外，对由中心值向两边模糊延伸的范围也有一定的限制，间隔的两个模糊集合的隶属度函数应尽量不相交。如图 2-3 和图 2-4 所示的隶属度函数定义法明显是不符合实际情况的，即图 2-4 中 32km/h 的速度隶属于"很高"的程度，比隶属于"适中"的程度还要高，若有这样的安排，则在制定模糊控制规则时往往会有相互矛盾现象的出现。

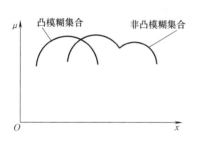

图 2-3　非凸模糊集合的隶属度函数

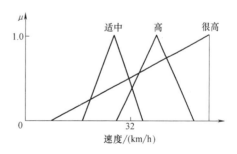

图 2-4　交叉越界的隶属度函数

（4）隶属度函数的选择需要考虑重叠指数　一个合理的隶属度函数建立需要考虑很多因素，重叠指数可为隶属度函数的选择提供依据。为了定量研究隶属度函数之间的重叠，Motorola 公司的 Marsh 提出了重叠率和重叠鲁棒性的概念，并用这两个指数来描述隶属度函数的重叠关系，如图 2-5 所示它们的定义如下：

$$重叠率 = \frac{重叠范围}{附近模糊隶属函数的范围}$$

$$重叠鲁棒性 = \frac{总的重叠面积}{总的重叠最大面积}$$

$$= \frac{\int_L^U (\mu_{A1} + \mu_{A2})\,dx}{2(U-L)}$$

对于重叠指数的选择有以下经验知识：一般取重叠率为 0.2~0.6 为宜，重叠鲁棒性的值通常比重叠率稍大一点，即 0.3~0.7。重叠率和重叠鲁棒性越大，模糊控制模块就更具有模糊性，而低重叠指数适用于有较大明确相关性的输入/输出系统。为了使模糊控制模块更平滑地操作，应该选择一个成熟的重叠率和重叠鲁棒性。例如，重叠率可取 0.33，重叠鲁棒性可取 0.5。图 2-6 所示是几个隶属度函数的重叠指数。

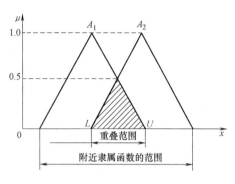

图 2-5　重叠指数的定义

2. 隶属度函数确定的方法

隶属度函数是模糊控制的应用基础，正确构造隶属度函数是能否用好模糊控制的关键之一。隶属度函数的确立目前还没有一套成熟有效的方法，大多数系统的确立方法还停留在经验和实验的基础上。通常的方法是初步确定粗略的隶属度函数，然后再通过"学习"和不断的实践来修整和完善，从而达到主观和客观的统一。遵照以上原则的隶属度函数选择方法仍然有很多，这里主要介绍以下四种：

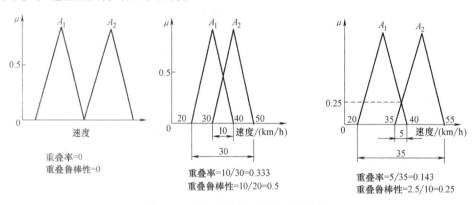

图 2-6　几个隶属度函数的重叠指数

（1）模糊统计法　模糊统计法的基本思想是对论域 U 上的一个确定元素 v_0 是否属于论域上的一个可变动的清晰集合 A^* 作出清晰的判断。对于不同的试验者，清晰集合 A^* 可以有不同的边界，但它们都对应于同一个模糊集 A。例如对于"年轻人"这个概念属于"模糊集"概念 A，但对于不同试验者所对应的清晰集合 A^* 会是不同的。例如，有的人认为"17~30"岁的人属于"年轻人"，这里的"17~30"岁就是清晰集合 A_1^*；有的人认为"20~35"岁的人属于"年轻人"，这里的"20~35"岁又是另一个清晰集合 A_2^*。清晰集合 A_1^*、A_2^* 是属于不同边界对应于同一模糊集 A 的两个试验集合。模糊统计法的计算步骤是：在每次统计中，v_0 是固定的（如某一年龄），A^* 的值是可变的，作 n 次试验，其模糊统计可按下式进行计算：

$$v_0 \text{ 对 } A \text{ 的隶属频率} = \frac{v_0 \in A^* \text{的次数}}{\text{试验总次数 } n} \quad (2\text{-}16)$$

随着 n 的增大，隶属频率也会趋向稳定，这个稳定值就是 v_0 对 A 的隶属度值。这种方法较直观地反映了模糊概念中的隶属程度，但其计算量相当大。

（2）例证法　例证法的主要思想是从已知有限个 μ_A 的值来估计论域 U 上模糊子集 A 的隶属度函数。例如，论域 U 代表全体人类，A 是"高个子的人"，显然 A 是一个模糊子集。为了确定 μ_A 先确定一个高度值 h，然后选定几个语言真值（即一句话的真实程度）中的一个，来回答某人高度是否算"高个子"。例如，语言真值可分为"真的""大致真的""似真似假""大致假的"和"假的"五种情况，并且分别用数字 1、0.75、0.5、0.25、0 来表示这些语言真值。对 n 个不同高度 h_1，h_2，$\cdots$，h_n 都作同样的询问，即可以得到 A 的隶属度函数的离散表示。

（3）专家经验法　专家经验法是根据专家的实际经验给出模糊信息的处理算式或者相应权系数值来确定隶属度函数的一种方法。例如，对于某一故障诊断系统存在多种故障现象，如"跳闸""振荡"等，而产生每一现象的原因可能有"系统温度过高""负载过大""压力过大"等多种原因。专家经验法是根据专家的经验对每一现象产生每一结果的可能性程度来决定它们相应的隶属度函数，从而可以构成一个模糊专家系统。

（4）二元对比排序法　二元对比排序法是一种较实用的隶属函数确定方法。它通过对多个事物之间的两两对比来确定某种特征下的顺序，并由此来决定这些事物对该特征的隶属度函数的大体形状。二元对比排序法根据对比测度不同，可分为相对比较法、对比平均法、优先关系定序法和相似优先对比法等，本书仅介绍其中一种较实用又方便的方法——相对比较法。

相对比较法是设论域 U 中元素 v_1，v_2，$\cdots$，v_n，要对这些元素按某种特征进行排序，首先要在二元对比中建立比较等级，而后再用一定的方法进行总体排序，以获得诸元素对于该特性的隶属函数。具体步骤如下：

设论域 U 中一对元素 (v_1, v_2)，其具有某特征的等级分别为 $g_{v2}(v_1)$、$g_{v1}(v_2)$，即在 v_1 和 v_2 的二元对比中，如果 v_1 具有某特征的程度用 $g_{v2}(v_1)$ 来表示，则 v_2 具有某特征的程度用 $g_{v1}(v_2)$ 来表示，并且该二元对比级的数对 $(g_{v2}(v_1)、g_{v1}(v_2))$ 必须满足：$0 \leqslant g_{v2}(v_1) \leqslant 1$、$0 \leqslant g_{v1}(v_2) \leqslant 1$。令

$$g(v_1/v_2) = \frac{g_{v2}(v_1)}{\max(g_{v2}(v_1), g_{v1}(v_2))} \quad (2\text{-}17)$$

这里 v_1、$v_2 \in U$。若以 $g(v_i/v_j)$ $(i, j = 1, 2)$ 为元素，且定义 $g(v_i/v_j) = 1$，当 $i = j$ 时，则可构造出矩阵 $\boldsymbol{G}$，并称 $\boldsymbol{G}$ 为相及矩阵

$$\boldsymbol{G} = \begin{pmatrix} 1 & g(v_1/v_2) \\ g(v_2/v_1) & 1 \end{pmatrix}$$

容易推广到 n 元的情况。对于 n 个元素 $(v_1, v_2, \cdots, v_n)$，同理可得相及矩阵 $\boldsymbol{G}$

$$\boldsymbol{G} = \begin{pmatrix} 1 & g(v_1/v_2) & g(v_1/v_3) & \cdots & g(v_1/v_n) \\ g(v_2/v_1) & 1 & g(v_2/v_3) & \cdots & g(v_2/v_n) \\ g(v_3/v_1) & g(v_3/v_2) & 1 & & g(v_3/v_n) \\ \vdots & \vdots & \vdots & & \vdots \\ g(v_n/v_1) & g(v_n/v_2) & g(v_n/v_3) & \cdots & 1 \end{pmatrix} \quad (2\text{-}18)$$

若对矩阵 G 的每一行取最小值，如对第 i 行取 $g_i = \min[g(v_i/v_1), g(v_i/v_2), \cdots, g(v_i/v_n)]$，并按其值的大小排序，即可得到元素 $(v_1, v_2, \cdots, v_n)$ 对某特征的隶属度函数。

【例 2-5】 设论域 $U = \{v_1, v_2, v_3, v_0\}$，其中 v_1 表示长子，v_2 表示次子，v_3 表示三子，v_0 表示父亲。如果考虑长子和次子与父亲的相似问题，则可这样来描述，长子相似于父亲的程度为 0.8，次子相似于父亲的程度为 0.5；如果仅考虑次子和三子，则次子相似于父亲的程度为 0.4，三子相似于父亲的程度为 0.7；如果仅考虑长子和三子，则长子相似于父亲的程度为 0.5，三子相似于父亲的程度为 0.3。求：$\{v_1, v_2, v_3\}$ 与 v_0 相似程度的隶属度函数。

解 根据已知条件，可建立如下关系：

$$f(v_1, v_1) = 1.0 \quad f(v_1, v_2) = 0.8 \quad f(v_1, v_3) = 0.5$$
$$f(v_2, v_1) = 0.5 \quad f(v_2, v_2) = 1.0 \quad f(v_2, v_3) = 0.4$$
$$f(v_3, v_1) = 0.3 \quad f(v_3, v_2) = 0.7 \quad f(v_3, v_3) = 1.0$$

按照"谁像父亲"这一原则排序，可得

$$\{g_{v2}(v_1), g_{v1}(v_2)\} = (0.8, 0.5)$$
$$\{g_{v3}(v_2), g_{v2}(v_3)\} = (0.4, 0.7)$$
$$\{g_{v1}(v_3), g_{v3}(v_1)\} = (0.5, 0.3)$$

计算相及矩阵 G。因为

$$g(v_i/v_j) = \frac{g_{vj}(v_i)}{\max(g_{vj}(v_i), g_{vi}(vj))}$$

所以，相及矩阵为

$$G = \begin{array}{c} v_1 \\ v_2 \\ v_3 \end{array} \begin{pmatrix} v_1 & v_2 & v_3 \\ 1 & 1 & 1 \\ 5/8 & 1 & 4/7 \\ 3/5 & 1 & 1 \end{pmatrix}$$

在相及矩阵中取每一列的最小值，按所得值的大小排列得

$$1 > 3/5 > 4/7$$

结论是，次子最像父亲（1），长子次之（0.6），三子最不像父亲（0.57）。由此，可以确定出隶属度函数的大致形状。

3. Z 函数、S 函数和 Π 函数

隶属度函数的确定是一个难题。本节给出了隶属度函数的几种建立方法。除此之外，隶属度函数的确定还有许多其他方法，如神经元网络确定法、遗传学习确定法等隶属度函数的自学习确定方法得到广泛应用。同时，基于模式识别、相关选择、统计方法等的隶属度函数确定方法也时有涌现，如可变形原型、相关选择等。虽然目前隶属度函数的确定还没有一个统一的方法，但隶属度的图形基本上可归结为三大类：①左大右小的偏小型下降函数（又称 Z 函数）；②左小右大的偏大型上升函数（又称 S 函数）；③对称型凸函数（又称 Π 函数）。

(1) Z 函数 它很适用于输入值比较小时的隶属度函数确定。它的典型函数关系有降半矩形分布、降半梯形分布、降半 Γ 形分布、降半正态分布等，其中主要的曲线如图 2-7 所示。

(2) S 函数 它很适用于输入值比较大时的隶属度函数确定。它的典型函数关系有升半

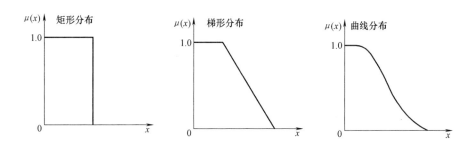

图 2-7　Z 函数主要的曲线

矩形分布、升半梯形分布、升半 Γ 形分布、升半正态分布等，其中主要的曲线如图 2-8 所示。

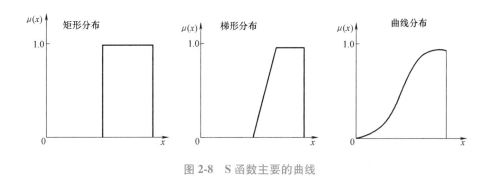

图 2-8　S 函数主要的曲线

(3) Π 函数　它很适用于输入值位于中间时的隶属度函数确定。它的典型函数关系有矩形分布、三角形分布、梯形分布、脉冲分布、曲线分布、正态分布、柯西分布等。其中主要的曲线如图 2-9 所示。

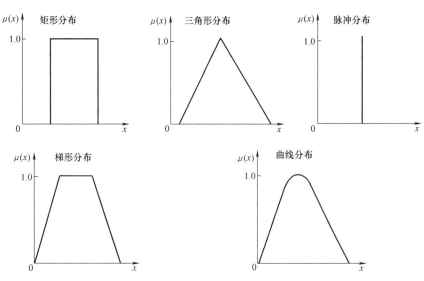

图 2-9　Π 函数主要的曲线

五、模糊关系

1. 模糊关系的定义

关系是客观世界存在的普遍现象，它描述了事物之间存在的某种联系，如人与人之间有父子、师生、同事等关系，两个数字之间有大于、等于、小于等关系，元素与集合之间有属于、不属于等关系。两个客体之间的关系称为二元关系，表示三个客体以上的关系称为多元关系。普通关系只表示元素之间是否关联。但是，客观世界存在的很多关系是很难用有或是没有这样简单的术语来划分的。例如前面提到的父与子的"相像"关系就很难绝对地用"像"和"不像"的二元来完整地描述，而只能说他们相像的程度，由此引出了模糊关系。模糊关系是普通关系的拓广和发展。模糊关系是通过两个论域上的笛卡儿积把一个叫 A 的论域中的元素映射到另一个叫 B 的论域上去。然而，这两个论域上的序偶间的关系"强度"不是用特征函数来测量，而是用隶属度函数在单位区间 $[0，1]$ 的不同值来表示的。因此，模糊关系 R 是笛卡儿空间 $A×B$ 到区间 $[0，1]$ 的映射，其映射的强度可用从两个论域或 $\mu_R(a，b)$ 序偶关系的隶属度函数来表示。

定义 2-7　所谓 A、B 两集合的直积

$$A×B=\{(a,b)\mid a\in A,b\in B\}$$

中的一个模糊关系 R，是指以 $A×B$ 为论域的一个模糊子集，序偶 $(a，b)$ 的隶属度为 $\mu_R(a，b)$。

一般地，若论域为 n 个集合的直积 $A_1×A_2×\cdots×A_n$，则它所对应的是 n 元模糊关系 R，其隶属度函数为 n 个变量的函数 $\mu_R(a_1，a_2，\cdots，a_n)$。显然当隶属度函数值只取"0"或"1"时，模糊关系就退化为普通关系。

模糊关系通常可以用模糊集合、模糊矩阵和模糊图等方法来表示。

(1) 模糊集合表示法　当 $A×B$ 为连续有限域时，二元模糊关系 R 的模糊集合表示方法为

$$R=\int_{A×B}\mu_R(a,b)/(a,b)\qquad a\in A,b\in B$$

同样，对于 n 元模糊关系表示为

$$R=\int_{A_1×A_2×\cdots×A_n}\mu_R(a_1,a_2,\cdots,a_n)/(a_1,a_2,\cdots,a_n)\qquad a_i\in A_i$$

【例 2-6】　考查两个整数间的"大得多"的关系。设论域 $U=\{1，5，7，9，20\}$。求："大得多"的模糊关系 R。

解　序偶 $(20，1)$ 的第一个元素 20 比第二个元素 1 大得多。因此，可以认为 $(20，1)$ 隶属于"大得多"的程度为"1"。但认为 9 比 7 大得多显然是不合适的，因而可以认为 $(9，7)$ 隶属于"大得多"的程度只有 0.1。依次类推，可以大致得出"大得多"的模糊关系 R 为

$$R=\frac{0.5}{(5,1)}+\frac{0.7}{(7,1)}+\frac{0.8}{(9,1)}+\frac{1.0}{(20,1)}+\frac{0.1}{(7,5)}+\frac{0.3}{(9,5)}+\frac{0.95}{(20,5)}+\frac{0.1}{(9,7)}+\frac{0.9}{(20,7)}+\frac{0.85}{(20,9)}$$

上面确定 R 的隶属度函数确实带有相当大的主观性，但与普通模糊关系相比却客观得多了。

(2) 模糊矩阵表示法　通常二元模糊关系用模糊矩阵表示。

当 $A=\left|a_i\right|_{i=1,2,\cdots,m}$，$B=\left|b_j\right|_{j=1,2,\cdots,n}$，是有限集合时，则 $A\times B$ 的模糊关系 R 可用 $m\times n$ 阶矩阵来表示，即

$$R=\begin{pmatrix} r_{11} & r_{12} & \cdots & r_{1j} & \cdots & r_{1n} \\ r_{21} & r_{22} & \cdots & r_{2j} & \cdots & r_{2n} \\ \vdots & \vdots & & \vdots & & \vdots \\ r_{i1} & r_{i2} & \cdots & r_{ij} & \cdots & r_{in} \\ \vdots & \vdots & & \vdots & & \vdots \\ r_{m1} & r_{m2} & \cdots & r_{mj} & \cdots & r_{mn} \end{pmatrix}$$

式中，元素 $r_{ij}=\mu_R(a_i,\ b_j)$，R 称为模糊关系矩阵。

【例 2-7】　设有七种物品：苹果、乒乓球、书、篮球、花、桃、菱形组成的一个论域 U，并设 x_1，x_2，$\cdots$，x_7 分别表示这些物品，则论域 $U=\{x_1,\ x_2,\ \cdots,\ x_7\}$。求：物品两两之间的相似程度的模糊关系。

解　假设物品之间完全相似者为 "1"、完全不相似者为 "0"，其余按具体相似程度给出一个 0~1 之间的数，就可确定出一个 U 上的模糊关系 R，列表见表 2-1。

表 2-1　例 2-7 表

R	苹果 x_1	乒乓球 x_2	书 x_3	篮球 x_4	花 x_5	桃 x_6	菱形 x_7
苹果 x_1	1.0	0.7	0	0.7	0.5	0.6	0
乒乓球 x_2	0.7	1.0	0	0.9	0.4	0.5	0
书 x_3	0	0	1.0	0	0	0	0.1
篮球 x_4	0.7	0.9	0	1.0	0.4	0.5	0
花 x_5	0.5	0.4	0	0.4	1.0	0.4	0
桃 x_6	0.6	0.5	0	0.5	0.4	1.0	0
菱形 x_7	0	0	0.1	0	0	0	1.0

模糊关系矩阵为

$$R=\begin{pmatrix} 1 & 0.7 & 0 & 0.7 & 0.5 & 0.6 & 0 \\ 0.7 & 1 & 0 & 0.9 & 0.4 & 0.5 & 0 \\ 0 & 0 & 1 & 0 & 0 & 0 & 0.1 \\ 0.7 & 0.9 & 0 & 1 & 0.4 & 0.5 & 0 \\ 0.5 & 0.4 & 0 & 0.4 & 1 & 0.4 & 0 \\ 0.6 & 0.5 & 0 & 0.5 & 0.4 & 1 & 0 \\ 0 & 0 & 0.1 & 0 & 0 & 0 & 1 \end{pmatrix}$$

下面来讨论模糊关系与模糊控制的主要环节模糊推理之间的关系。对于确定的控制系统而言，系统的输入/输出存在一种确定的关系也称普通关系。同样，对于模糊的控制系统，系统的输入输出也存在某种关系，通常称为模糊关系，而这种模糊关系是通过定义在不同论域上的模糊变量之间的模糊条件语句来表示的。假设有如下一条模糊规则：

$$A \rightarrow B \text{ 或 IF } A(u) \quad \text{THEN } B(u)$$

其中，条件部模糊集 A 定义为 $\mu_A(u)/u \in U$；结论部模糊集 B 定义为 $\mu_B(v)/v \in V$。

为了建立模糊关系，先来考虑一下 A 和 B 的直积，记为 $A \times B$

$$A \times B = \int_{U \times V} \min(\mu_A(u), \mu_B(v))/(u,v) \tag{2-19}$$

其中，$U \times V$ 是有序对 (u, v) 的集合，即 $U \times V = \{(u,v)/u \in U, v \in V\}$。

【例 2-8】 设 $U = \{1,2,3\}$；$V = \{1,2,3,4\}$；$\mu_A(u)/u = 1/1 + 0.7/2 + 0.2/3$；$\mu_B(v)/v = 0.8/1 + 0.6/2 + 0.4/3 + 0.2/4$。求：$A$ 和 B 的直积 $A \times B$。

解 由式（2-19）可知

$$\begin{aligned}
A \times B = &0.8/(1,1) + 0.6/(1,2) + 0.4/(1,3) + 0.2/(1,4) + \\
&0.7/(2,1) + 0.6/(2,2) + 0.4/(2,3) + 0.2/(2,4) + \\
&0.2/(3,1) + 0.2/(3,2) + 0.2/(3,3) + 0.2/(3,4)
\end{aligned}$$

对于以上这种模糊集合的表示形式也可以很方便地用模糊关系矩阵 $\boldsymbol{R}$ 来表示，见表 2-2。

表 2-2 例 2-8 表

u	v			
	1	2	3	4
1	0.8	0.6	0.4	0.2
2	0.7	0.6	0.4	0.2
3	0.2	0.2	0.2	0.2

为了进一步深入地分析模糊关系矩阵的内在含义和计算方法，引入笛卡儿积算子。

定义 2-8 笛卡儿积（$\otimes$ 算子）：若 A_1，A_2，$\cdots$，A_n 分别是论域 U_1，U_2，$\cdots$，U_n 中的模糊集，则 A_1，A_2，$\cdots$，A_n 的笛卡儿积是在积空间 $U_1 \times U_2 \times \cdots \times U_n$ 中的一个模糊集，其隶属度函数如下：

直积（极小算子）

$$\mu_{A_1 \times A_2 \times \cdots \times A_n}(u_1, u_2, \cdots, u_n) = \min\{\mu_{A_1}(u_1), \mu_{A_2}(u_2), \cdots, \mu_{A_n}(u_n)\} \tag{2-20}$$

或代数积

$$\mu_{A_1 \times A_2 \times \cdots \times A_n}(u_1, u_2, \cdots, u_n) = \mu_{A_1}(u_1)\mu_{A_2}(u_2) \cdots \mu_{A_n}(u_n) \tag{2-21}$$

对于连续情况，关系矩阵可以定义为

$$\boldsymbol{R} = A \times B = \int_{U \times V} \mu_R(u,v)/(u,v) = \int_{U \times V} \mu_A(u)\psi_B(v)/(u,v)$$

为了便于区分起见，引入两个记号分别表示笛卡儿积的两种运算规则：直积（极小算子）用 $\mu_{\min}$ 表示；代数积用 μ_{AP} 表示。

【例 2-9】 考虑如下模糊条件语句：

如果 C 是慢的，则 A 是快的

其中，C、A 分别属于两个不同的论域 U、V。其隶属度函数分别为

$$A = 快 = 0/0 + 0/20 + 0.3/40 + 0.7/60 + 1/80 + 1/100$$

$$C = 慢 = 1/0 + 0.7/20 + 0.3/40 + 0/60 + 0/80 + 0/100$$

求：它们的直积和代数积。

解

$$\mu_{\min}(C \times A) = \sum_{u,v} \mu_A(u) \otimes \mu_C(v)$$

$$= \begin{pmatrix} \min(1,0) & \min(1,0) & \min(1,0.3) & \min(1,0.7) & \min(1,1) & \min(1,1) \\ \min(0.7,0) & \min(0.7,0) & \min(0.7,0.3) & \min(0.7,0.7) & \min(0.7,1) & \min(0.7,1) \\ \min(0.3,0) & \min(0.3,0) & \min(0.3,0.3) & \min(0.3,0.7) & \min(0.3,1) & \min(0.3,1) \\ \min(0,0) & \min(0,0) & \min(0,0.3) & \min(0,0.7) & \min(0,1) & \min(0,1) \\ \min(0,0) & \min(0,0) & \min(0,0.3) & \min(0,0.7) & \min(0,1) & \min(0,1) \\ \min(0,0) & \min(0,0) & \min(0,0.3) & \min(0,0.7) & \min(0,1) & \min(0,1) \end{pmatrix}$$

$$= \begin{pmatrix} 0 & 0 & 0.3 & 0.7 & 1 & 1 \\ 0 & 0 & 0.3 & 0.7 & 0.7 & 0.7 \\ 0 & 0 & 0.3 & 0.3 & 0.3 & 0.3 \\ 0 & 0 & 0 & 0 & 0 & 0 \\ 0 & 0 & 0 & 0 & 0 & 0 \\ 0 & 0 & 0 & 0 & 0 & 0 \end{pmatrix}$$

代数积为

$$\mu_{\mathrm{AP}}(C \times A) = \sum_{u,v} \mu_A(u)\, \mu_C(v)$$

$$= \begin{pmatrix} 0 & 0 & 0.3 & 0.7 & 1 & 1 \\ 0 & 0 & 0.21 & 0.49 & 0.7 & 0.7 \\ 0 & 0 & 0.09 & 0.21 & 0.3 & 0.3 \\ 0 & 0 & 0 & 0 & 0 & 0 \\ 0 & 0 & 0 & 0 & 0 & 0 \\ 0 & 0 & 0 & 0 & 0 & 0 \end{pmatrix}$$

从这个简单的例子可以看出，代数积运算子比取小算子产生更平滑的模糊关系表面。

由于模糊关系 R 实际上是一个模糊子集，因此它的运算完全服从于模糊子集的法则（如交、并、补等）。特别是当论域 $A \times B$ 为有限集时，模糊关系 R 也可以用矩阵来表示，并称之为模糊关系矩阵。

定义 2-9　设 $A = \{u_1, u_2, \cdots, u_n\}$，$B = \{v_1, v_2, \cdots, v_m\}$ 以及 $R \in F(A \times B)$，将序偶 (u_i, v_j) 的隶属度 $R(u_i, v_j) \in [0, 1]$ 记作 r_{ij}，称矩阵 $\boldsymbol{R} = (r_{ij})_{n \times m}$ 为模糊关系矩阵。

模糊关系矩阵是模糊数学的主要运算工具。一个模糊关系虽然可以用模糊集合表达式来表示，但比不上用模糊关系矩阵表示更为简单明了。特别是在模糊关系的合成运算中，当论域是离散的有限域时，模糊关系矩阵的元素 r_{ij} 是用模糊关系的隶属度 $R(u_i, v_j)$ 表示的。关系与矩阵是一一对应的。因此，关系的运算与矩阵的运算也有一一对应的性质和规律。具体的交、并等运算同模糊集合的运算相类似，这里不再重复。

2. 模糊关系的合成

对于有些系统，只依赖单一的条件、结论推理是不够的，因此存在多重推理现象。例如，IF A THEN B，IF B　THEN C 这样一类控制规则，其控制输出变量是 C，那么，人们不禁要问，A 和 C 之间是否存在某种定量的关系呢？答案是肯定的。寻求这种关系的方法就是模糊关系的合成。对于普通关系，也存在关系合成计算。例如，A 和 B 是父子关系，B 和 C

是夫妻关系，则 A 和 C 就会形成一种新的关系，即公媳＝父子。夫妻。推广到模糊概念域，模糊关系也存在关系的合成，其合成的方法是通过模糊关系矩阵来进行的。下面先看一个简单的例子。

【例 2-10】 某家中子女与父母的长像相似关系 R 为模糊关系，可表示为

R	父	母
子	0.2	0.8
女	0.6	0.1

也可以用模糊关系矩阵 R 来表示

$$R = \begin{pmatrix} 0.2 & 0.8 \\ 0.6 & 0.1 \end{pmatrix}$$

该家中父母与祖父母的相似关系 S 也是模糊关系，可表示为

S	祖父	祖母
父	0.5	0.7
母	0.1	0

用模糊矩阵 S 可表示为

$$S = \begin{pmatrix} 0.5 & 0.7 \\ 0.1 & 0 \end{pmatrix}$$

求：该家中孙子、孙女与祖父、祖母的相似程度。

解 模糊关系的合成运算就是为了解决诸如此类问题而提出来的。现在先给出问题的结果再来明确其定义。针对此例，一个简单的模糊关系合成运算为

$$R \circ S = \begin{pmatrix} 0.2 & 0.8 \\ 0.6 & 0.1 \end{pmatrix} \circ \begin{pmatrix} 0.5 & 0.7 \\ 0.1 & 0 \end{pmatrix}$$

$$= \begin{pmatrix} (0.2 \wedge 0.5) \vee (0.8 \wedge 0.1) & (0.2 \wedge 0.7) \vee (0.8 \wedge 0) \\ (0.6 \wedge 0.5) \vee (0.1 \wedge 0.1) & (0.6 \wedge 0.7) \vee (0.1 \wedge 0) \end{pmatrix}$$

$$= \begin{pmatrix} 0.2 & 0.2 \\ 0.5 & 0.6 \end{pmatrix}$$

这一计算结果表明孙子与祖父、祖母的相似程度为 0.2、0.2；而孙女与祖父、祖母的相似程度为 0.5、0.6。

定义 2-10 模糊关系合成：如果 R 和 S 分别为笛卡儿空间 $U \times V$ 和 $V \times W$ 上的模糊关系，则 R 和 S 的合成是定义在笛卡儿空间 $U \times V \times W$ 上的模糊关系，并记为 $R \circ S$。其隶属度函数的计算方法如下：

上确界（sup）算子

$$R \circ S = \{ [\sup_V (\mu_R(u,v) \otimes \mu_S(v,w))], u \in U, v \in V, w \in W \}$$

$$\overset{\text{sup-min}}{=} \{ \max_V [\min(\mu_R(u,v), \mu_S(v,w))], u \in U, v \in V, w \in W \}$$

下确界（inf）算子

$$R \cdot S = \{ [\inf_V (\mu_R(u,v) s \mu_S(v,w))], u \in U, v \in V, w \in W \}$$

$$= \{ \min_V [\max(\mu_R(u,v), \mu_S(v,w))], u \in U, v \in V, w \in W \}$$

与模糊集合的运算定律相似，模糊关系合成算子 sup-min 存在如下特性：

$$\boldsymbol{R} \circ \boldsymbol{I} = \boldsymbol{I} \circ \boldsymbol{R} = \boldsymbol{R}$$

$$\boldsymbol{R} \circ 0 = 0 \circ \boldsymbol{R} = 0$$

$$\boldsymbol{R}^{m+1} = \boldsymbol{R}^m \circ \boldsymbol{R}$$

$$\boldsymbol{R}^m \circ \boldsymbol{R}^n = \boldsymbol{R}^{m+n}$$

$$\left.\begin{array}{l} (\boldsymbol{R} \cup \boldsymbol{T}) \circ \boldsymbol{S} = (\boldsymbol{R} \circ \boldsymbol{S}) \cup (\boldsymbol{T} \circ \boldsymbol{S}) \\ \boldsymbol{R} \circ (\boldsymbol{T} \cup \boldsymbol{S}) = (\boldsymbol{R} \circ \boldsymbol{T}) \cup (\boldsymbol{R} \circ \boldsymbol{S}) \\ (\boldsymbol{R} \cap \boldsymbol{T}) \circ \boldsymbol{S} = (\boldsymbol{R} \circ \boldsymbol{S}) \cap (\boldsymbol{T} \circ \boldsymbol{S}) \\ \boldsymbol{R} \circ (\boldsymbol{T} \cap \boldsymbol{S}) = (\boldsymbol{R} \circ \boldsymbol{T}) \cap (\boldsymbol{R} \circ \boldsymbol{S}) \end{array}\right\} (分配律)$$

$$\boldsymbol{R} \circ (\boldsymbol{S} \cdot \boldsymbol{T}) = (\boldsymbol{R} \circ \boldsymbol{S}) \circ \boldsymbol{T} \quad (结合律)$$

$$\text{IF} \quad \boldsymbol{S} \subset \boldsymbol{T}, \quad \text{THEN} \quad \boldsymbol{S} \circ \boldsymbol{R} \subset \boldsymbol{T} \circ \boldsymbol{R} \quad (包含)$$

$$(\boldsymbol{R} \circ \boldsymbol{S})^{\mathrm{T}} = \boldsymbol{S}^{\mathrm{T}} \cdot \boldsymbol{R}^{\mathrm{T}} \quad (转置运算)$$

注意，模糊关系的合成运算不满足交换率，即 $\boldsymbol{R} \circ \boldsymbol{S} \neq \boldsymbol{S} \circ \boldsymbol{R}$。

第三节 模糊逻辑、模糊逻辑推理和合成

模糊控制的核心是模糊控制规则库，而这些规则库实质上是一些不确定性推理规则的集合。要实现模糊控制的目的，就必须研究不确定性推理的规律——模糊逻辑推理就是不确定性推理的主要方法之一。大家知道，传统的逻辑学是研究概念、判断和推理形式的一门科学。从 17 世纪起就有不少数学家和哲学家开始把数学的方法用于哲学的研究，出现了一门逻辑和数学相互渗透的新学科——数理逻辑。由于数理逻辑是采用一套符号代替人们的自然语言进行表述，因而又称其为符号逻辑。数理逻辑是建立在经典集合论的基础上的，在逻辑上只取真假二值，二值逻辑是非此即彼的逻辑。然而，虽然在客观世界中有不少事物之间的界限是分明的，但也有很多事物彼此之间的界限是不分明的，例如青年人、中年人、老年人之间就没有一个明确的界限。因此，一个事物只用真假两个值来划分并不能描述某些客观事物的状态以及它们之间的关系。模糊逻辑就是在这种条件下形成和发展的。经典逻辑对于自然界普遍存在的非真非假现象无法进行处理，例如陈述句"他很年轻"并不像"今天下雨"这样的陈述句一样，能进行确定性判断，其原因是"年轻"这个概念是一个模糊概念，无法直接用"真""假"两字作简单的描述。因此，对于含有模糊概念的对象，只能采用基于模糊集合的模糊逻辑系统来描述。模糊逻辑是研究含有模糊概念或带有模糊性陈述句的逻辑，这些模糊概念通常用诸如很、略、比较、非常、大约等模糊语言来表示。扎德在1972～1974 年期间系统地研究和建立了模糊逻辑理论，提出了模糊限定词、语言变量、语言真值和近似推理等关键概念，制定了模糊推理的规则，为模糊逻辑奠定了基础。由于人类的思维除了一些单纯、易断的问题能迅速做出确定性判断与决策以外，多数情况下的认识是极其粗略的综合，与之相应的语言表达也是模糊的，其逻辑判断往往也是定性的，因此，模糊概念更适合于人们的观察、思维、理解和决策。此外，由于现代控制系统的高度复杂化使得被控对象的精确数学模型往往难以确定，或者系统从被控对象获得的状态信息极其模糊等，都会导致传统的控制方式无法满足系统动、静特性的要求，因此模糊逻辑控制就成为了研究复杂大系统的有力工具。

一、二值逻辑

在研究模糊逻辑之前，先对二值逻辑作一简要的回顾。

在经典逻辑中，简单命题 P 是指论域 U 中判断真假的语言陈述或语句，即对论域 U 中的集合而言可以判断为全真或全假。因此，命题 P 是指所有元素的真值或者全为真或者全为假的集合。命题 P 中的元素可以赋予一个二元真值 $T(P)$。在二元逻辑中，$T(P)$ 或者为1（真）或者为0（假）。设 U 是所有命题构成的论域，则 T 就是从这些命题（集合）中的元素 u 到二元值（0，1）的一个映射，即

$$T:u \in U \rightarrow (0,1)$$

在论域 U 中，所有关于命题 P 为真的元素 u 构成的集合称为 P 的真集，记为 $T(P)$，而所有关于命题 P 为假的元素构成的集合称为 P 的假集。例如，"浙江大学位于浙江省杭州市"是一个有明确意义的句子，因此它可以称为一个命题，且答案是真的。

把两个或是两个以上的简单命题用命题联结词联结起来就称为复合命题。常用的命题联结词有析取 $\vee$、合取 $\wedge$、否定 $\neg^{\ominus}$、蕴涵 $\rightarrow$、等价 $\leftrightarrow$。它们的含义如下：

1）析取 $\vee$ 是"或"的意思，如果用 P、Q 分别表示两个命题，则由析取联结词构成的复合命题表示为 $P \vee Q$。它是两者取其一，而不包括两者。复合命题 $P \vee Q$ 的真值是由两个简单命题的真值来决定的，仅当 P 和 Q 都是假时，$P \vee Q$ 才是假。

例如，P：他喜欢打篮球；Q：他喜欢跳舞。

则 $P \vee Q$：他喜欢打篮球或喜欢跳舞。

2）合取 $\wedge$ 是"与"的意思，如果用 P、Q 分别表示两个命题，则由合取联结词构成的复合命题表示为 $P \wedge Q$。复合命题 $P \wedge Q$ 的真值是由两个简单命题的真值来决定的，仅当 P 和 Q 都是真时，$P \wedge Q$ 才是真。

例如，P：他喜欢打篮球；Q：他喜欢跳舞。

则 $P \wedge Q$：他喜欢打篮球并且喜欢跳舞。

3）否定 $\neg$ 是对原命题的否定。如果用 P 是真的，则 $\overline{P}$ 是假的。

例如，P：他喜欢打篮球。

则 $\overline{P}$：他不喜欢打篮球。

4）蕴涵 $\rightarrow$ 表示"如果……，那么……"。由于命题 P 的成立，即可推出 Q 也成立，以 $P \rightarrow Q$ 来表示。

例如，P：甲是乙的父亲；Q：乙是甲的儿女。

则 $P \rightarrow Q$：若甲是乙的父亲；那么乙必定是甲的儿女。

5）等价 $\leftrightarrow$ 表示两个命题的真假相同，是"当且仅当"的意思。

例如，P：A 是等边三角形；Q：A 是等角三角形。

则 $P \leftrightarrow Q$：A 是等边三角形当且仅当 A 是等角三角形。

二、模糊逻辑及其基本运算

二值逻辑的特点是，一个命题不是真命题便是假命题。但在很多实际问题中要作出这种

非真即假的判断是困难的。比如说，"他是一个高个子"，显然，这句话的涵义是明确的，是一个命题，但是很难判断这个命题是真是假。如果说他个子高的程度为多少就更合适一些了。也就是说，如果命题的真值不是简单地取"1"或"0"，而是可以在区间 $[0, 1]$ 值内连续取值，那么对此类命题的描述就会更切合实际，这就是模糊命题。模糊命题是普通命题的推广。概括起来，模糊逻辑是研究模糊命题的逻辑，而模糊命题是指含有模糊概念或者是带有模糊涵义的陈述句。模糊命题的真值不是绝对的"真"或"假"，而是反映其以多大程度隶属于"真"。因此，它不是只有一个值，而是有多个值，甚至是连续量。普通命题的真值相当于普通集合中元素的特征函数，而模糊命题的真值就是隶属度函数，所以其真值的运算也就是隶属度函数的运算。

记 P、Q、R 为三个模糊单命题，那么：

① 模糊逻辑补：用来表示对某个命题的否定，$\overline{P}=1-P$；

② 模糊逻辑合取：$P \wedge Q=\min(P, Q)$；

③ 模糊逻辑析取：$P \vee Q=\max(P, Q)$；

④ 模糊逻辑蕴含：如 P 是真的，则 Q 也是真的，$P \rightarrow Q=(1-P+Q) \wedge 1$；

⑤ 模糊逻辑等价：$P \leftrightarrow Q=(P \rightarrow Q) \wedge (Q \rightarrow P)$；

⑥ 模糊逻辑限界积：各元素分别相加，大于 1 的部分作为限界积，$P \odot Q=(P+Q-1) \vee 0=\max(P+Q-1, 0)$；

⑦ 模糊逻辑限界和：各元素分别相加，比 1 小的部分作为限界和，$P \oplus Q=(P+Q) \wedge 1=\min(P+Q, 1)$；

⑧ 模糊逻辑限界差：各元素分别相减部分作为限界差，$P \circ Q=(P-Q) \vee 0$。

【例 2-11】 设有模糊命题如下：

P：他是个和善的人，它的真值 $P=0.7$；

Q：他是个热情的人，它的真值 $Q=0.8$。

求：$P \wedge Q$，$P \vee Q$，$P \rightarrow Q$。

解 $P \wedge Q$：他既是和善的人又是热情的人的真值 $P \wedge Q=\min(P, Q)=0.7$；

$P \vee Q$：他是个和善的人或是个热情的人的真值 $P \vee Q=\max(P, Q)=0.8$；

$P \rightarrow Q$：如果他是个和善的人，则他是个热情的人的真值 $P \rightarrow Q=(1-P+Q) \wedge 1=1$。

根据以上模糊逻辑的基本运算定义，可以得出以下模糊逻辑运算的基本定律：

1）幂等律 $P \vee P=P$，$P \wedge P=P$

2）交换律 $P \vee Q=Q \vee P$，$P \wedge Q=Q \wedge P$

3）结合律 $P \vee (Q \vee R)=(P \vee Q) \vee R$，$P \wedge (Q \wedge R)=(P \wedge Q) \wedge R$

4）吸收律 $P \vee (P \wedge Q)=P$，$P \wedge (P \vee Q)=P$

5）分配律 $P \vee (Q \wedge R)=(P \vee Q) \wedge (P \vee R)$，$P \wedge (Q \vee R)=(P \wedge Q) \vee (P \wedge R)$

6）双否律 $\overline{\overline{P}}=P$

7）德·摩根律 $\overline{P \vee Q}=\overline{P} \wedge \overline{Q}$，$\overline{P \wedge Q}=\overline{P} \vee \overline{Q}$

8）常数运算法则 $1 \vee P=1$，$0 \vee P=P$，$0 \wedge P=0$，$1 \wedge P=P$

注意，与二值逻辑不同之处是，二值逻辑中的互补律 $P \vee \overline{P}=1$、$P \wedge \overline{P}=0$ 在模糊逻辑中不成立，在模糊逻辑中，$P \vee \overline{P}=\max(P, 1-P)$，$P \wedge \overline{P}=\min(P, 1-P)$。

应用这些基本定律可化简模糊逻辑函数，并可根据化简得到的结果进一步组成最简的模糊逻辑电路。

三、模糊语言逻辑

模糊逻辑原则上是一种模拟人思维的逻辑，要用 [0，1] 区间上的确切数值来表达一个模糊命题的真假程度，有时是困难的。人们在日常生活中交流信息用的大多是自然语言，而这种语言是用充满了不确定性的描述来表达具有模糊性的现象和事物的，可以说，自然语言是使用了大量的模糊化词（如较大、较高等）来构成的模糊语言。而且从广义角度来讲，一切具有模糊性的语言都可以称为模糊语言。在模糊语言中，不同的场合下的同一个模糊概念可以代表不同的含义，如"个子高"，在中国，可以把身高在 1.75～1.85m 的人归结于"高个子"模糊概念里，而在欧洲，可能把身高在 1.80～1.90m 的人归结于"高个子"模糊概念里。模糊语言逻辑是由模糊语言构成的一种模拟人思维的逻辑。下面，在讨论机器模拟人的思维、推理和判断之前，先引入几个重要概念。

定义 2-11　模糊数：连续论域 U 中的模糊数 F 是一个 U 上的正规凸模糊集。以实数集合为全集合，一个具有连续隶属函数的正规有界凸模糊集合就称为模糊数。它实质上是一个模糊子集。这里，所谓正规模糊集合的含义就是隶属函数的最大值为 1，且论域中至少有 1 个元素 u 的隶属度值为 1。用数学表达式表示如下：

正规集合：$\max\limits_{u \in U}\mu_F(u) = 1$。

图 2-10a、b 分别给出了正规模糊集和非正规模糊集的示意图。

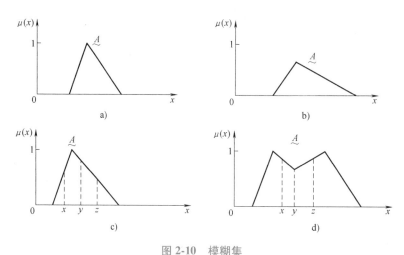

图 2-10　模糊集

a）正规模糊集　b）非正规模糊集　c）正规凸模糊集　d）正规非凸模糊集

凸集合：在隶属度函数曲线上任意两点之间曲线上的任一点所表示的隶属度都大于或者等于两点隶属度中较小的一个。用数学语言说，就是在实数集合的任意区间 $[a，b]$ 上，对于所有的 $x \in [a，b]$，都存在 $\mu_F(x) \geqslant \min(\mu_F(a)，\mu_F(b))$，其中 $a，b \in U$、$x \in [0，1]$，就称 F 是凸模糊集合。

图 2-10c、d 分别给出了正规凸模糊集和正规非凸模糊集的示意图。

通俗地讲，模糊数就是那些诸如"大约5""10左右"等具有模糊概念的数值。

定义 2-12 语言值：在语言系统中，那些与数值有直接联系的词，如长、短、多、少、高、低、重、轻、大、小等，或者由它们再加上语言算子（如很、非常、较、偏等）而派生出来的词组，如不太大、非常高、偏重等，都被称为语言值。语言值一般是模糊的，可以用模糊数来表示。例如，成年男子身高的论域

$$E = \{130, 140, 150, 160, 170, 180, 190, 200, 210\} = \{e_1, e_2, \cdots, e_9\}$$

在论域 E 上定义语言值为

$$[个子高] = 0.2/e_4 + 0.4/e_5 + 0.6/e_6 + 0.8/e_7 + 1/e_8 + 1/e_9$$

$$[个子矮] = 1/e_1 + 0.7/e_2 + 0.5/e_3 + 0.3/e_4 + 0.1/e_5$$

因此，语言值就是由 $[0, 1]$ 区间的模糊子集对所表现的命题真假程度的描述。

定义 2-13 语言变量：语言变量是用一个五元素的集合 $(X, T(X), U, G, M)$ 来表征的。其中，X 是语言变量名；$T(X)$ 为语言变量 X 的项集合，即语言变量名的集合，且每个值都是在 U 上定义的模糊数 F_i；U 为语言变量 x 的论域；G 为产生 x 数值名的语言值规则，用于产生语言变量值，如隶属度函数确定规则等；M 为与每个语言变量含义相联系的算法规则，如合成算子规则等。

语言变量元素之间的关系如图 2-11 所示。语言变量的概念可以容易地用图 2-11 表示。图中，"速度"为一语言变量，可以赋予很慢、慢、较慢、中等、较快、快、很快等语言值。这里虽然可以用不同的语言值表示模糊变量速度性态程度的差别，但无法对它们的量做出精确的定义。不过，由于语言值是模糊的，因此可以用模糊数来表示。

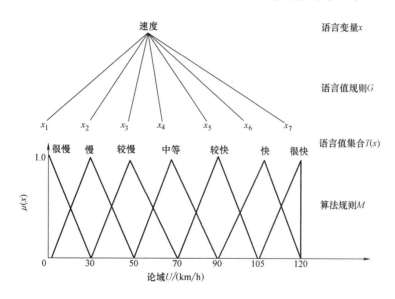

图 2-11 语言变量元素之间的关系

显然，语言变量与数值变量不同，数值变量的结果是精确的，而用自然语言来描述的量是模糊的。如上所述，为了对模糊的自然语言形式化和定量化，进一步区分和刻划模糊值的程度，常常还借用自然语言中的修饰词，诸如"较""很""非常""稍微""大约""有点"等来描述模糊值。为此引入语言算子的概念。语言算子通常又分为三类：语气算子、模糊化算子和判定化算子。

1. 语气算子

语气算子用来表达语言中对某一个单词或词组的确定性程度。这有相反的两种情况，一种是有强化作用的语气算子，如"很""非常"等。这种算子使得模糊值的隶属度函数的分布向中央集中，常称为集中化算子或强化算子，其作用如图 2-12 所示。强化算子在图形上有使模糊值尖锐化的倾向。另一种是有淡化作用的语气算子，如"较""稍微"等。这种算子可以使得模糊值的隶属度函数的分布由中央向两边弥散，常称为松散化算子或淡化算子，其作用如图 2-13 所示。淡化算子在图形上有使模糊值平坦化的倾向。

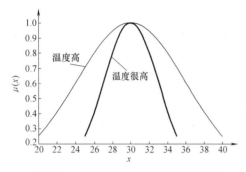

图 2-12　集中化算子或强化算子的作用

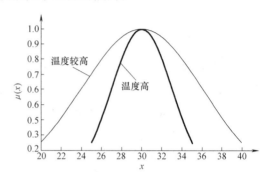

图 2-13　松散化算子或淡化算子的作用

记 H_λ 为语气算子运算符，则它的集合可以定义如下：

H_λ，对于原语言值 A 经语气算子 H_λ 的作用下形成一个新的语言值 $H_\lambda(A)$，且它的隶属度函数满足

$$H_\lambda(A) = A\lambda \tag{2-22}$$

常用的语气算子定义如下（第一到第四个语气算子为强化算子，第五到第八个语气算子为淡化算子）：

"极"，$\lambda = 4$。其意义是对描述的语言值求 4 次方，反映到隶属度函数的计算上就是对此语言值的隶属度函数求 4 次方。

"非常"，$\lambda = 3$。其意义是对描述的语言值求 3 次方，反映到隶属度函数的计算上就是对此语言值的隶属度函数求 3 次方。

"很"，$\lambda = 2$。其意义是对描述的语言值求 2 次方，反映到隶属度函数的计算上就是对此语言值的隶属度函数求 2 次方。

"相当"，$\lambda = 1.5$。其意义是对描述的语言值求 1.5 次方，反映到隶属度函数的计算上就是对此语言值的隶属度函数求 1.5 次方。

"比较"，$\lambda = 0.8$。其意义是对描述的语言值求 0.8 次方，反映到隶属度函数的计算上就是对此语言值的隶属度函数求 0.8 次方。

"略"，$\lambda = 0.6$。其意义是对描述的语言值求 0.6 次方，反映到隶属度函数的计算上就是对此语言值的隶属度函数求 0.6 次方。

"稍"，$\lambda = 0.4$。其意义是对描述的语言值求 0.4 次方，反映到隶属度函数的计算上就是对此语言值的隶属度函数求 0.4 次方。

"有点"，$\lambda = 0.2$。其意义是对描述的语言值求 0.2 次方，反映到隶属度函数的计算上就是对此语言值的隶属度函数求 0.2 次方。

当然，语气的强弱程度会因人而异。对于某一特定的语气词，其 λ 的取值并不会完全

一样。但 λ 的取值的大小与语气的强弱程度应该是一致的。

【例2-12】 以"年老"这个词为例，说明语气算子的作用

$$\text{"年老"}(x)=\mu_{\text{年老}}(x)=\begin{cases}0 & 0\leqslant x<50\\[2mm]\dfrac{1}{1+\left[\dfrac{1}{5}(x-50)\right]^{-2}} & x\geqslant50\end{cases}$$

求：非常老、很老、比较老、有点老的隶属度函数。

解

$$\text{"非常老"}(x)=\mu_{\text{非常老}}(x)=\begin{cases}0 & 0\leqslant x<50\\[2mm]\left(\dfrac{1}{1+\left[\dfrac{1}{5}(x-50)\right]^{-2}}\right)^{3} & x\geqslant50\end{cases}$$

$$\text{"很老"}(x)=\mu_{\text{很老}}(x)=\begin{cases}0 & 0\leqslant x<50\\[2mm]\left(\dfrac{1}{1+\left[\dfrac{1}{5}(x-50)\right]^{-2}}\right)^{2} & x\geqslant50\end{cases}$$

$$\text{"比较老"}(x)=\mu_{\text{比较老}}(x)=\begin{cases}0 & 0\leqslant x<50\\[2mm]\left(\dfrac{1}{1+\left[\dfrac{1}{5}(x-50)\right]^{-2}}\right)^{0.8} & x\geqslant50\end{cases}$$

$$\text{"有点老"}(x)=\mu_{\text{有点老}}(x)=\begin{cases}0 & 0\leqslant x<50\\[2mm]\left(\dfrac{1}{1+\left[\dfrac{1}{5}(x-50)\right]^{-2}}\right)^{0.2} & x\geqslant50\end{cases}$$

现以强化算子"很"和淡化算子"有点"为例，比较"年老""很老""有点老"几个语言值的隶属度函数，如图2-14所示。

2. 模糊化算子

模糊化算子用来使语言中某些具有清晰概念的单词或词组的词义模糊化，或者是将原来已经模糊概念的词义更加模糊化，如"大概""近似于""大约"等。如果模糊化算子对数字进行作用，就意味着把精确数转化为模糊数。例如数字"5"是一个精确数，而如果将模糊化算子"F"作用于"5"，则这个精确数就变成"$F(5)$"这一模糊数。若模糊化算子"F"是"大约"，则"$F(5)$"就是"大约5"这样一个模糊数。以后，在讨论中会发现，在模糊控制

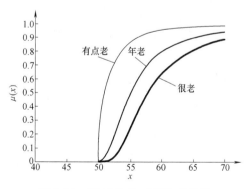

图2-14 "有点"和"很"的比较

中，实际系统的输入采样值一般总是精确量，要利用模糊逻辑推理方法，就必须首先把精确量进行模糊化，而模糊化过程实质上是使用模糊化算子来实现的。所以，引入模糊化算子是非常重要的。用数学语言，模糊化算子的集合可以表示如下：

设模糊化之前的集合为 A，模糊化算子为 F，则模糊化变换可表示为 $F(A)$，并且它们的隶属度函数关系满足

$$\mu_{F(A)}(x) = \bigvee_{c \in x} (\mu_R(x, c) \wedge \mu_A(x)) \tag{2-23}$$

如果 A 是清晰集，则 $\mu_A(x)$ 就是特征函数。$\mu_R(x, c)$ 是表示模糊程度的一个相似变换函数，通常可取正态分布曲线，即

$$\mu_R(x, c) = \begin{cases} e^{-(x-c)^2} & |x-c| < \delta \\ 0 & |x-c| \geq \delta \end{cases}$$

参数 δ 的取值大小取决于模糊化算子的强弱程度。

【例 2-13】 设论域 X 上的清晰集 $A(x)$ 为

$$\mu_A(x) = \begin{cases} 1 & x = 5 \\ 0 & x \neq 5 \end{cases}$$

求：当 $x = 5$ 时，"大约是 5" 的隶属度函数。

解 根据式（2-23）可知

$$\mu_{F(A)}(x) = \begin{cases} e^{-(x-5)^2} & |x-5| < \delta \\ 0 & |x-5| \geq \delta \end{cases}$$

如图 2-15 所示。

四、模糊逻辑推理

常规的逻辑推理方法如演绎推理、归纳推理都是严格的。用传统二值逻辑进行推理时，只要推理规则是正确的，小前提是肯定的，那么就一定会得到确定的结论。例如，前提：如果 A，则 B；如果 B，则 C。结论：如果 A，则 C。然而，在现实生活中人们获得的信息常常是不精确的、不完全的，或者事实本身就是模糊而不能完全确定的。但又需要人们利用这些信息进行判断和决策。例如，

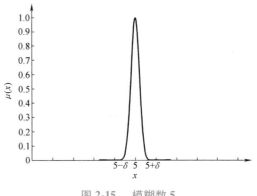

图 2-15　模糊数 5

若 A 大，则 B 小；已知 A 较大，则 B 应该多少？显然，这样一类问题利用传统的二值逻辑是无法得到结果的，而人在大部分情况下却能够对其进行推理和判断。那么这种不确定性推理规则是什么呢？目前有关这方面的理论和方法还不成熟，尚在发展之中。目前已知的主要不确定性推理方法可归结为四类：MYCIN 法、主观贝叶斯方法、证据理论法和模糊逻辑推理法。本书只介绍模糊逻辑推理法。模糊逻辑推理法是不确定性推理方法的一种，其基础是模糊逻辑，它是在二值逻辑三段论的基础上发展起来的。虽然它的数学基础没有形式逻辑那么严密，但用这种推理方法得到的结论与人类的思维推理结论是一致或相近的，并在实际使用中得到了验证。模糊逻辑推理法是以模糊判断为前提的，运用模糊语言规则，推出一个新的模糊判断结论的方法。例如：

大前提：腿长则跑步快

小前提：小王腿很长

结论：小王跑步很快

即属于近似于二值逻辑的三段论推理模式。在这里，"腿长" 和 "跑步快" 都是模糊概

念，而且小前提的模糊判断和大前提的前件不是严格相同的。因此，这一推理的结论也不是从前提中严格地推出来的而是近似逻辑地推出的结论，通称为假言推理或是似然推理。判断是否属于模糊逻辑推理的标准是看推理过程是否具有模糊性，具体表现在推理规则是不是模糊的。模糊逻辑的推理方法还在发展之中，比较典型的有扎德（Zadeh）、玛达尼（Mamdani）、鲍德温（Baldwin）、耶格（Yager）、楚卡莫托（Tsukamoto）推理法。但最常用的是玛达尼极大极小推理法。

1. 近似推理

在控制系统中经常存在此类现象，"如果温度低，则控制电压就大"，在这样一个前提下，要问"如果温度很低，则控制电压将该是多少呢?"，很自然用人们的常识可以推知，"如果温度很低，则控制电压就很大"，这种推理方式就称为模糊近似推理。模糊近似推理有两种方式：

（1）广义肯定式推理

前提 1：如果 x 是 A，则 y 是 B

前提 2：如果 x 是 A'

结论：y 是 $B' = A' \circ (A \rightarrow B)$

即结论 B' 可用 A' 与由 A 到 B 的推理关系进行合成而得到，由于 A 到 B 的模糊关系矩阵 $\boldsymbol{R}$ 为

$$\boldsymbol{R} = A \rightarrow B \tag{2-24}$$

有了模糊关系矩阵 $\boldsymbol{R}$，就可以得到近似推理的隶属度函数

$$\mu_{B'}(y) = \bigvee_x \{\mu_{A'}(x) \wedge \mu_{A \rightarrow B}(x,y)\} \tag{2-25}$$

模糊关系矩阵元素 $\mu_A \rightarrow B(x,y)$ 的计算方法采用玛达尼推理法

$$(A \rightarrow B) = A \wedge B \tag{2-26}$$

那么其隶属度函数为

$$\mu_A \rightarrow B(x,y) = [\mu_A(x) \wedge \mu_B(y)] = \mu_{R\min}(x,y)$$

模糊蕴含（模糊关系矩阵）通常有两种计算方法：

1）模糊蕴含最小运算法

$$R_{\min} \leftrightarrow \mu_{A \rightarrow B}(x,y) = \mu_A(x) \wedge \mu_B(y)$$

2）模糊蕴含积运算法

$$R_{AP} \leftrightarrow \mu_{A \rightarrow B}(x,y) = \mu_A(x)\mu_B(y)$$

（2）广义否定式推理

前提 1：如果 x 是 A，则 y 是 B

前提 2：如果 y 是 B'，

结论：x 是 $A' = (A \rightarrow B) \circ B'$

即结论 A' 可用 B' 与由 A 到 B 的推理关系进行合成而得到，由于 A 到 B 的模糊关系矩阵 $\boldsymbol{R}$ 为

$$\boldsymbol{R} = A \rightarrow B = (A \wedge B) \vee (1-A) \tag{2-27}$$

利用 $\boldsymbol{R}$ 可以得到近似推理的隶属度函数为

$$\mu_{A'}(x) = \bigvee_y \{\mu_{B'}(y) \wedge \mu_{A \rightarrow B}(x,y)\} \tag{2-28}$$

模糊关系矩阵元素 $\mu_{A \rightarrow B}(x,y)$ 的计算方法采用扎德（Zadeh）推理法

$$(A \rightarrow B) = 1 \wedge (1-A+B)$$

或

$$(A \rightarrow B) = (A \wedge B) \vee (1-A)$$

那么其隶属度函数为

$$\mu_A \rightarrow B(x,y) = [\mu_A(x) \wedge \mu_B(y)] \vee [1-\mu_A(x)] \qquad (2\text{-}29)$$

【例 2-14】 考虑如下逻辑条件语句：

如果"转角误差远大于15°"，那么"快速减少方向角"其隶属度函数定义为

$$A = 转角误差远大于15° = 0/15 + 0.2/17.5 + 0.5/20 + 0.8/22.5 + 1/25$$

$$B = 快速减少方向角 = 1/-20 + 0.8/-15 + 0.4/-10 + 0.1/-5 + 0/0$$

求：当 A' = 转角误差大约为20°时，方向角应该怎样变化？

解 定义

A' = 转角误差大约为20°的隶属度函数 $= 0.1/15 + 0.6/17.5 + 1/20 + 0.6/22.5 + 0.1/25$

已知 $\mu_A(x) = [0, 0.2, 0.5, 0.8, 1]$, $\mu_B(y) = [1, 0.8, 0.4, 0.1, 0]$, 当 $\mu_{A'}(x) = [0.1, 0.6, 1, 0.6, 0.1]$ 时，求解 B'。

由玛达尼推理法计算出模糊关系矩阵为 $\boldsymbol{R}_{AP}$（积算子）、$\boldsymbol{R}_{min}$（最小算子）。

$$
\boldsymbol{R}_{AP} = \begin{pmatrix}
0 & 0 & 0 & 0 & 0 \\
0.2 & 0.16 & 0.08 & 0.02 & 0 \\
0.5 & 0.4 & 0.2 & 0.05 & 0 \\
0.8 & 0.64 & 0.32 & 0.08 & 0 \\
1 & 0.8 & 0.4 & 0.1 & 0
\end{pmatrix}
\qquad
\boldsymbol{R}_{min} = \begin{pmatrix}
0 & 0 & 0 & 0 & 0 \\
0.2 & 0.2 & 0.2 & 0.1 & 0 \\
0.5 & 0.5 & 0.4 & 0.1 & 0 \\
0.8 & 0.8 & 0.4 & 0.1 & 0 \\
1.0 & 0.8 & 0.4 & 0.1 & 0
\end{pmatrix}
$$

选择模糊关系矩阵由代数积算子计算而得

$$
\inf[\mu_A(x), \mu_{R_{AP}}(x,y)] = \inf \begin{pmatrix}
(0,0.1) & (0,0.1) & (0,0.1) & (0,0.1) & (0,0.1) \\
(0.2,0.6) & (0.16,0.6) & (0.08,0.6) & (0.02,0.6) & (0,0.6) \\
(0.5,1) & (0.4,1) & (0.2,1) & (0.05,1) & (0,1) \\
(0.8,0.6) & (0.64,0.6) & (0.32,0.6) & (0.08,0.6) & (0,0.6) \\
(1,0.1) & (0.8,1) & (0.4,0.1) & (0.1,0.1) & (0,0.1)
\end{pmatrix}
$$

$$
= \begin{pmatrix}
0 & 0 & 0 & 0 & 0 \\
0.2 & 0.16 & 0.08 & 0.02 & 0 \\
0.5 & 0.4 & 0.2 & 0.05 & 0 \\
0.6 & 0.6 & 0.32 & 0.08 & 0 \\
0.1 & 0.8 & 0.1 & 0.1 & 0
\end{pmatrix}
$$

因此

$$\mu_{B'}(y) = \sup\{\inf[\mu_{A'}(x), \mu_{R_{AP}}(x,y)]\}$$

$$= 0.6/-20 + 0.6/-15 + 0.32/-10 + 0.1/-5 + 0/0$$

同理，选择关系矩阵由直积算子计算可得

$$\mu_{B'}(y) = \max\{\min[\mu_{A'}(x), \mu_R(x,y)]\}$$

$$= 0.6/-20 + 0.6/-15 + 0.4/-10 + 0.1/-5 + 0/0$$

从上述计算可以看出，利用代数积算子计算关系矩阵会得到更平滑的关系矩阵。但两种算子运算结果的差异并不太大。

2. 模糊条件推理

语言规则为

如果 x 是 A，则 y 是 B，否则 y 是 C

某逻辑表达式为

$$(A \rightarrow B) \vee (\overline{A} \rightarrow C)$$

要实现模糊推理的关键是找出模糊关系矩阵，根据逻辑表达式，其模糊关系矩阵 $\boldsymbol{R}$ 是 $X \times Y$ 的子集，可以表示为

$$\boldsymbol{R} = (A \times B) \cup (\overline{A} \times C) \tag{2-30}$$

$$\mu_R(x, y) = \mu_{A \rightarrow B} \cup \mu_{\overline{A} \rightarrow C} = [\mu_A(x) \wedge \mu_B(y)] \vee [(1 - \mu_A(x)) \wedge \mu_C(y)] \tag{2-31}$$

有了这个模糊关系矩阵，就可根据模糊推理合成规则，将输入 A' 与该模糊关系 R 进行合成得到模糊推理结论 B'，即

$$B' = A' \circ R = A' \circ [(A \times B) \cup (\overline{A} \times C)] \tag{2-32}$$

【例 2-15】　对于一个系统，当输入 A 时，输出为 B，否则为 C，且有

$$A = 1/u_1 + 0.4/u_2 + 0.1/u_3$$
$$B = 0.8/v_1 + 0.5/v_2 + 0.2/v_3$$
$$C = 0.5/v_1 + 0.6/v_2 + 0.7/v_3$$

已知当前输入 $A' = 0.2/u_1 + 1/u_2 + 0.4/u_3$，

求：输出 D。

解　先求模糊关系矩阵 $\boldsymbol{R}$

$$\boldsymbol{R} = (A \times B) \cup (\overline{A} \times C)$$

由玛达尼推理法得

$$A \times B = \begin{pmatrix} 0.8 & 0.5 & 0.2 \\ 0.4 & 0.4 & 0.2 \\ 0.1 & 0.1 & 0.1 \end{pmatrix}, \quad \overline{A} \times C = \begin{pmatrix} 0 & 0 & 0 \\ 0.5 & 0.5 & 0.6 \\ 0.5 & 0.6 & 0.7 \end{pmatrix}$$

则

$$\boldsymbol{R} = (A \times B) \cup (\overline{A} \times C) = \begin{pmatrix} 0.8 & 0.5 & 0.2 \\ 0.5 & 0.6 & 0.6 \\ 0.5 & 0.6 & 0.7 \end{pmatrix}$$

输出

$$\boldsymbol{D} = A' \circ \boldsymbol{R} = (0.2 \quad 1 \quad 0.4) \circ \begin{pmatrix} 0.8 & 0.5 & 0.2 \\ 0.5 & 0.6 & 0.6 \\ 0.5 & 0.6 & 0.7 \end{pmatrix} = (0.5 \quad 0.6 \quad 0.6)$$

3. 多输入模糊推理

多输入模糊推理在多输入-单输出系统的设计中经常遇到，如在速度设定值控制系统中，"速度误差较大且速度误差的变化量也较大，那么加大输入控制电压"这样一类规则就需要用多输入模糊推理方式来解决。这种规则的一般形式如下：

前提 1：如果 A 且 B，那么 C

前提 2：现在是 A' 且 B'

结论：$C' = (A' \quad \text{AND} \quad B') \circ [(A \quad \text{AND} \quad B) \rightarrow C]$

因为 $\mu_A \text{and} B(x, y) = \mu_A(x) \wedge \mu_B(y)$

如果 A 且 B，那么 C 的数学表达式是 $\mu_A(x) \wedge \mu_B(y) \rightarrow \mu_C(z)$，其模糊关系 $R = AB \times C$。

若用玛达尼推理，则模糊关系矩阵的计算就变成

$$[\mu_A(x) \wedge \mu_B(y)] \wedge \mu_C(z) \tag{2-33}$$

由此，推理结果为 $C' = (A' \quad \text{AND} \quad B') \circ [(A \quad \text{AND} \quad B) \rightarrow C]$。其隶属度函数为

$$\mu_{C'}(z)=\bigvee_x\left\{\mu_{A'}(x)\wedge[\mu_A(x)\wedge\mu_C(z)]\right\}\cap\bigvee_y\left\{\mu_{B'}(y)\wedge[\mu_B(y)\wedge\mu_C(z)]\right\}$$

$$=\bigvee_x\left\{\mu_{A'}(x)\wedge\mu_A(x)\right\}\wedge\mu_C(z)\cap\bigvee_y\left\{\mu_{B'}(y)\wedge\mu_B(y)\right\}\wedge\mu_C(z)$$

$$=(\alpha_A\wedge\mu_C(z))\cap(\alpha_B\wedge\mu_C(z))=(\alpha_A\wedge\alpha_B)\wedge\mu_C(z)$$

$$\alpha_A=\bigvee_x(\mu_{A'}(x)\wedge\mu_A(x))$$

$$\alpha_B=\bigvee_y(\mu_{B'}(y)\wedge\mu_B(y))$$

(2-34)

式中，α 是指模糊集合 A 与 A' 交集的高度。

这在玛达尼推理削顶法中的几何意义是分别求出 A' 对 A、B' 对 B 的隶属度 α_A、α_B，并且取其中小的一个作为总的模糊推理前件的隶属度，再以此为基准去切割推理后件的隶属度函数，便得到结论 C'。二输入玛达尼推理法过程如图 2-16 所示。

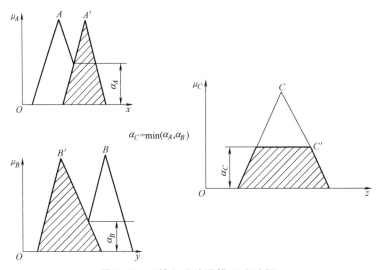

图 2-16　二输入玛达尼推理法过程

当各个语言变量的论域是有限集，即模糊子集的隶属度函数是离散时，模糊逻辑推理过程可以通过模糊关系矩阵计算来完成。下面以一类模糊控制器为例，说明离散模糊子集下的多输入模糊逻辑推理。

已知当 A 和 B 时，输出为 C，即

IF　A and B ，THEN C

求：当 A' 和 B' 时，控制输出 C' 应该多少？

在离散隶属度函数条件下，模糊推理可以借用矩阵运算提高模糊推理计算的有效性。以下模糊推理计算利用极大-极小推理法。

1）先求 $\boldsymbol{D}=\boldsymbol{A}\times\boldsymbol{B}$，令 $d_{xy}=\mu_A(x)\wedge\mu_B(y)$，得矩阵 $\boldsymbol{D}$ 为

$$\boldsymbol{D}=\begin{pmatrix}d_{11}&d_{12}&\cdots&d_{1n}\\d_{21}&d_{22}&\cdots&d_{2n}\\\vdots&\vdots&&\vdots\\d_{m1}&d_{m2}&\cdots&d_{mn}\end{pmatrix}$$

(2-35)

2）将 $\boldsymbol{D}$ 写成列矢量 $\boldsymbol{DT}$，即　$\boldsymbol{DT}=(d_{11},d_{12},\cdots,d_{1n},d_{21},\cdots,d_{mn})^{\mathrm{T}}$

3）求出模糊关系矩阵 $\boldsymbol{R}$　　　　　　$\boldsymbol{R}=\boldsymbol{DT}\times\boldsymbol{C}$

(2-36)

4）由 A'、B' 求出 D' $\qquad D'=A'\times B'$ $\qquad\qquad$ (2-37)

5）仿照 2），将 D' 化为列矢量 DT'。

6）最后求出模糊推理输出 $\qquad C'=DT'\circ R$ $\qquad\qquad$ (2-38)

【例 2-16】　假设 $A=\dfrac{1}{x_1}+\dfrac{0.5}{x_2}$ 且 $B=\dfrac{0.1}{y_1}+\dfrac{0.5}{y_2}+\dfrac{1}{y_3}$，则 $C=\dfrac{0.2}{z_1}+\dfrac{1}{z_2}$。

现已知 $A'=\dfrac{0.8}{x_1}+\dfrac{0.1}{x_2}$ 及 $B'=\dfrac{0.5}{y_1}+\dfrac{0.2}{y_2}+\dfrac{0}{y_3}$。求：$C'$。

解 $\qquad\qquad\qquad D=A\times B=\begin{pmatrix} 0.1 & 0.5 & 1 \\ 0.1 & 0.5 & 0.5 \end{pmatrix}$

$$R=DT\times C=\begin{pmatrix} 0.1 \\ 0.5 \\ 1 \\ 0.1 \\ 0.5 \\ 0.5 \end{pmatrix}\times(0.2 \quad 1)=\begin{pmatrix} 0.1 & 0.1 \\ 0.2 & 0.5 \\ 0.2 & 1 \\ 0.1 & 0.1 \\ 0.2 & 0.5 \\ 0.2 & 0.5 \end{pmatrix}$$

又因为 $\qquad\qquad D'=A'\times B'=\begin{pmatrix} 0.8 \\ 0.1 \end{pmatrix}\times(0.5 \quad 0.2 \quad 0)=\begin{pmatrix} 0.5 & 0.2 & 0 \\ 0.1 & 0.1 & 0 \end{pmatrix}$

所以 $\qquad C'=[0.5 \quad 0.2 \quad 0 \quad 0.1 \quad 0.1 \quad 0]\circ\begin{pmatrix} 0.1 & 0.1 \\ 0.2 & 0.5 \\ 0.2 & 1 \\ 0.1 & 0.1 \\ 0.2 & 0.5 \\ 0.2 & 0.5 \end{pmatrix}=(0.2 \quad 0.2)$

即 $\qquad\qquad\qquad\qquad C'=\dfrac{0.2}{z_1}+\dfrac{0.2}{z_2}$

4. 多输入多规则推理

对于一个控制系统而言，一条模糊控制规则往往是不能满足控制要求的，通常都有一系列控制规则来构成一个完整的模糊控制系统。例如

$$\text{IF} \quad A_1 \quad \text{and} \quad B_1\cdots, \qquad \text{THEN} \quad C_1$$
$$\text{IF} \quad A_2 \quad \text{and} \quad B_2\cdots, \qquad \text{THEN} \quad C_2 \qquad\qquad (2\text{-}39)$$
$$\vdots$$
$$\text{IF} \quad A_m \quad \text{and} \quad B_m\cdots, \qquad \text{THEN} \quad C_m$$

对于这类系统如何进行推理运算呢？多输入多规则推理方法就是为了解决此问题而提出来的。

为了简单起见，下面以二输入多规则为例。它可以很容易地推广到多输入多规则的情况。考虑如下一般形式：

如果 A_1 且 B_1，那么 C_1

否则如果 A_2 且 B_2，那么 C_2

$\qquad\qquad\vdots$

否则如果 A_n 且 B_n，那么 C_n

已知 A' 且 B'，那么 $C'=?$

在这里，A_n 和 A'、B_n 和 B'、C_n 和 C' 分别是不同论域 X、Y、Z 上的模糊集合。

利用玛达尼推理方法，规则"如果 A_i 且 B_i，那么 C_i"的模糊关系可以表示为

$$[\mu_{Ai}(x) \wedge \mu_{Bi}(y)] \wedge \mu_{Ci}(z) \tag{2-40}$$

"否则"的意义是"OR"即"或"，在推理计算过程中可以写成并集形式。由此，推理结果为

$$C' = (A' \text{ AND } B') \circ ([(A_1 \text{ AND } B_1) \to C_1] \cup \cdots \cup [(A_n \text{ AND } B_n) \to C_n]) \tag{2-41}$$
$$= C'_1 \cup C'_2 \cup C'_3 \cup \cdots \cup C'_n$$

其中 $\quad C'_i = (A' \text{ AND } B') \circ [(A_i \text{ AND } B_i) \to C_i]$
$$= [A' \circ (A_i \to C_i)] \cap [B' \circ (B_i \to C_i)] \quad i = 1, 2, \cdots, n$$

其隶属度函数为

$$\mu_{C'i}(z) = \bigvee_x \{\mu_{A'}(x) \wedge [\mu_{Ai}(x) \wedge \mu_{Ci}(z)]\} \cap \bigvee_y \{\mu_{B'}(y) \wedge [\mu_{Bi}(y) \wedge \mu_{Ci}(z)]\}$$
$$= \bigvee_x \{\mu_{A'}(x) \wedge \mu_{Ai}(x)\} \wedge \mu_{Ci}(z) \cap \bigvee_y \{\mu_{B'}(y) \wedge \mu_{Bi}(y)\} \wedge \mu_{Ci}(z)$$
$$= (\alpha_{Ai} \wedge \mu_{Ci}(z)) \cap (\alpha_{Bi} \wedge \mu_{Ci}(z)) = (\alpha_{Ai} \wedge \alpha_{Bi}) \wedge \mu_{Ci}(z) \tag{2-42}$$
$$\alpha_{Ai} = \bigvee_x \{\mu_{A'}(x) \wedge \mu_{Ai}(x)\}$$
$$\alpha_{Bi} = \bigvee_y \{\mu_{B'}(y) \wedge \mu_{Bi}(y)\}$$

整个推理过程的意义为分别从不同的规则得到不同的结论，其几何意义是分别在不同规则中用各自推理前件的总隶属度去切割本推理规则中后件的隶属度函数以得到输出结果。最后对所有的结论进行模糊逻辑和，即进行"并"运算，得到总的推理结果。下面看一下二输入二规则的推理方法。

【例 2-17】 对于二输入二规则的推理过程如图 2-17 所示。

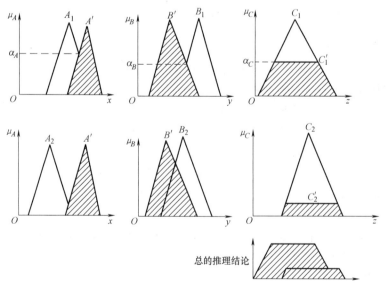

图 2-17　二输入二规则的推理过程

这种推理方法是先在推理前件中选取各个条件中隶属度最小的值（即"最不适配"的

隶属度）作为这条规则的适配程度，以得出这条规则的结论。这一过程简称为"取小"操作。然后对所有规则的结论部选取最大适配度的部分。这一过程又称"取大"操作。这样，整个推理的最后结果为所有规则结论部的并集。这种推理方法简单且实用，但其推理结果经常不平滑。因此，也有人主张把从推理前件到后件削顶的"与"运算改为"代数积"，这就不是用推理前件的隶属度函数为基准去切割推理后件的隶属度函数，而是用该隶属度函数去乘后件的隶属度函数。这样得到的推理结果就不再呈平台梯形，而是原隶属函数的等底缩小。这种处理结果最后经对各规则结论的"并"运算后，总的推理结果的平滑性得到了改善。

综上分析，对于这样多输入多规则总的推理结果，是将每一个推理规则的模糊关系矩阵进行"并"运算就可以。即对于以上式（2-38）、式（2-39）中的每一条推理规则，都可以得到相应的模糊关系矩阵

$$\boldsymbol{R}_i = A_i \times B_i \times \cdots \times C_i \quad i = 1, 2, \cdots, n。$$

其中，直积算子"×"可取"极小"运算，也可取"代数积"运算。

系统总的控制规则所对应的模糊关系矩阵 $\boldsymbol{R}$ 通常采用并的算法求出，即

$$\boldsymbol{R} = \boldsymbol{R}_1 \cup \boldsymbol{R}_2 \cup \cdots \cup \boldsymbol{R}_n$$

五、模糊关系方程的解

在模糊控制系统中，应用较多的"模糊条件语句"也是一种模糊推理，它的一般形式为

若 a 则 b，否则 c 可表示为

$$(a \to b) \vee (\bar{a} \to c)$$

设 a 是论域 U 上的模糊命题，a 对应 U 上的模糊子集为 A，b，c 是论域 V 上的模糊命题，分别对应 V 上的模糊子集 B、C。则上述模糊条件语句就可以表示为一种模糊关系 $R = (A \to B) \vee (\bar{A} \to C)$，它是在 $U \times V$ 上的一个模糊子集。其隶属度函数为

$$\mu_R(u,v) = (\mu_A(u) \wedge \mu_B(v)) \vee ((1 - \mu_A(u)) \wedge \mu_C(v))$$

这也意味着在模糊控制系统中其输入为 A、输出 B，且存在模糊关系 R 满足：$B = A \circ R$，模糊关系 R 实际上表示模糊系统的输入/输出之间的一种映射。当输入为 A' 时，输出 $B' = A' \circ R$。同时也注意到，以上提到的四种推理过程都是与模糊关系相对应的，模糊关系反映了模糊控制系统的本质的联系。当论域 $U \times V$ 为有限集时，模糊关系 R 就可以用模糊关系矩阵 $\boldsymbol{R}$ 来表示了。因此，研究模糊关系矩阵 $\boldsymbol{R}$ 的性质、和求解，对模糊控制系统理论有着重要的意义。

与传统的控制系统设计相对应的模糊系统设计也存在系统的建模和控制问题，对于有限域上的模糊关系 R 可以用模糊关系矩阵 $\boldsymbol{R}$ 来表示，则模糊控制系统的建模和控制问题就转化为模糊关系方程的求解问题了。

建模辨识问题：已知给定的 A 和 B，求模糊关系矩阵 $\boldsymbol{R}$

$$A \circ \boldsymbol{R} = B \tag{2-43}$$

系统控制问题：已知需控制的目标 B 和模糊关系矩阵 $\boldsymbol{R}$，求控制输入 A

$$A \circ \boldsymbol{R} = B \tag{2-44}$$

建模问题是正问题，系统控制问题属于逆问题。因为对方程式（2-44）两边取转置就可以将其转化为方程式（2-43）的形式，即

$$(\boldsymbol{A} \circ \boldsymbol{R})^{\mathrm{T}} = \boldsymbol{B}^{\mathrm{T}} \rightarrow \boldsymbol{R}^{\mathrm{T}} \circ \boldsymbol{A}^{\mathrm{T}} = \boldsymbol{B}^{\mathrm{T}}$$

这样，待求解的关系矩阵（$\boldsymbol{R}$ 或 $\boldsymbol{A}^{\mathrm{T}}$）都在合成算子的右边。因此只需讨论模糊关系方程式（2-43）的求解问题了。

已知 $\boldsymbol{A} \in F(U \times V)$、$\boldsymbol{B} \in F(U \times W)$、$\boldsymbol{R} \in F(V \times W)$，分别为笛卡儿空间 $U \times V$、$U \times W$、$V \times W$ 上的模糊关系矩阵

$$\boldsymbol{A} = (a_{ij})_{m \times n}、\boldsymbol{B} = (b_{ij})_{m \times s}、\boldsymbol{R} = (r_{ij})_{n \times s}$$

记　　　　　$$\boldsymbol{R}_j = (r_{1j}, r_{2j}, \cdots, r_{nj})^{\mathrm{T}}，\boldsymbol{B}_j = (b_{1j}, b_{2j}, \cdots, b_{mj})^{\mathrm{T}}$$

则式（2-43）可用以下分块矩阵的形式来表示：

$$\boldsymbol{A} \circ (\boldsymbol{R}_1, \boldsymbol{R}_2, \cdots, \boldsymbol{R}_s) = (\boldsymbol{B}_1, \boldsymbol{B}_2, \cdots, \boldsymbol{B}_s) \tag{2-45}$$

因此方程式（2-45）的求解问题可简化为下面 s 个简单的模糊矩阵方程的求解问题了

$$\boldsymbol{A} \circ \boldsymbol{R}_j = \boldsymbol{B}_j \qquad j = 1, 2, \cdots, s \tag{2-46}$$

展开方程式（2-46）得

$$\begin{pmatrix} a_{11} & a_{12} & \cdots & a_{1n} \\ a_{21} & a_{22} & \cdots & a_{2n} \\ \vdots & \vdots & & \vdots \\ a_{m1} & a_{m2} & \cdots & a_{mn} \end{pmatrix} \circ \begin{pmatrix} r_1 \\ r_2 \\ \vdots \\ r_n \end{pmatrix} = \begin{pmatrix} b_1 \\ b_2 \\ \vdots \\ b_m \end{pmatrix} \tag{2-47}$$

假设合成算子 ∘ 取极小运算（min），则为了求解方程式（2-47），需首先讨论一元一次方程

$$a \wedge r = b \tag{2-48}$$

和一元一次不等式方程

$$a \wedge r \leqslant b \tag{2-49}$$

的解。其中，a、$b \in [0, 1]$ 且已知，$r \in [0, 1]$ 未知。显然方程式（2-48）的解为

$$[r] = \begin{cases} b & \mathrm{IF} \quad a > b \\ [b, 1] & \mathrm{IF} \quad a = b \\ \phi & \mathrm{IF} \quad a < b \end{cases} \tag{2-50}$$

其中，ϕ 表示空集。

不等式（2-49）的解为　　　　$$(r) = \begin{cases} [0, b] & \mathrm{IF} \quad a > b \\ [0, 1] & \mathrm{IF} \quad a \leqslant b \end{cases} \tag{2-51}$$

现在再来考虑方程式（2-47）的求解问题，由合成算子 ∘ 的计算法则可知，式（2-47）等价于下列模糊线性方程组：

$$\begin{cases} (a_{11} \wedge r_1) \vee (a_{12} \wedge r_2) \vee \cdots \vee (a_{1n} \wedge r_n) = b_1 \\ (a_{21} \wedge r_1) \vee (a_{22} \wedge r_2) \vee \cdots \vee (a_{2n} \wedge r_n) = b_2 \\ \qquad\qquad\qquad\qquad \vdots \\ (a_{m1} \wedge r_1) \vee (a_{m2} \wedge r_2) \vee \cdots \vee (a_{mn} \wedge r_n) = b_m \end{cases} \tag{2-52}$$

为了求模糊线性方程组（2-52）的解集，先讨论其中的第 i 个方程的解

$$(a_{i1} \wedge r_1) \vee (a_{i2} \wedge r_2) \vee \cdots \vee (a_{in} \wedge r_n) = b_i \qquad i = 1, 2, \cdots, m \tag{2-53}$$

显然方程式（2-53）可以分解为 n 个一元一次等式和 n 个一元一次不等式，即

$$(a_{i1} \wedge r_1) = b_i, (a_{i2} \wedge r_2) = b_i, \cdots, (a_{in} \wedge r_n) = b_i \tag{2-54}$$

$$(a_{i1} \wedge r_1) \leqslant b_i, (a_{i2} \wedge r_2) \leqslant b_i, \cdots, (a_{in} \wedge r_n) \leqslant b_i \tag{2-55}$$

设式（2-54）中第 k 个方程成立，则式（2-53）的一个解为

$$W[k] = ((r_1),(r_2),\cdots,[r_k],\cdots,(r_n))$$ (2-56)

其中，$[r_k]$ 表示第 k 个等式方程的解；(r_i)，$i \neq k$ 表示第 i 个不等式方程的解。

称 $W[k]$ 为方程式（2-56）的部分解。若等式（2-57）中还有其他若干等式也成立，则式（2-53）存在全部解

$$r_i = W[1] \cup W[2] \cup \cdots \cup W[n]$$ (2-57)

【例2-18】 已知模糊关系方程

$$(0.5 \wedge r_1) \vee (0.4 \wedge r_2) \vee (0.8 \wedge r_3) = 0.5$$

求：模糊关系方程解。

解   上述方程可化为三个一元一次等式方程

$$(0.5 \wedge r_1) = 0.5 \ ,(0.4 \wedge r_2) = 0.5 \ ,(0.8 \wedge r_3) = 0.5$$ (2-58)

和三个一元一次不等式方程

$$(0.5 \wedge r_1) \leqslant 0.5 \ ,(0.4 \wedge r_2) \leqslant 0.5 \ ,(0.8 \wedge r_3) \leqslant 0.5$$ (2-59)

由式（2-50）可知，三个一元一次等式方程的解为

$$[r_1] = [0.5,1], \ [r_2] = [\phi], \ [r_3] = 0.5$$

由式（2-51）可知，三个一元一次不等式方程的解为

$$(r_1) = [0,1], \ (r_2) = [0,1], \ (r_3) = [0,0.5]$$

因此，此模糊方程的部分解分别为

$$R_1 = ([r_1],(r_2),(r_3)) = ([0.5,1],[0,1],[0,0.5])$$

$$R_2 = ((r_1),[r_2],(r_3)) = ([0,1],[\phi],[0,0.5]) = [\phi]$$

$$R_3 = ((r_1),(r_2),[r_3]) = ([0,1],[0,1],0.5)$$

所以，$R = R_1 \cup R_3 = ([0.5,1],[0,1],[0,0.5]) \cup ([0,1],[0,1],0.5)$

【例2-19】 已知模糊关系方程

$$\begin{pmatrix} 0.8 & 0.5 & 0.6 \\ 0.4 & 0.8 & 0.5 \end{pmatrix} \circ \begin{pmatrix} r_1 \\ r_2 \\ r_3 \end{pmatrix} = \begin{pmatrix} 0.5 \\ 0.6 \end{pmatrix}$$

求：模糊关系方程解。

解   将方程按合成运算展开

$$(0.8 \wedge r_1) \vee (0.5 \wedge r_2) \vee (0.6 \wedge r_3) = 0.5$$ (2-60)

$$(0.4 \wedge r_1) \vee (0.8 \wedge r_2) \vee (0.5 \wedge r_3) = 0.6$$ (2-61)

对于式（2-60）

$$R^1 = (0.5,[0,1],[0,0.5]) \cup ([0,0.5],[0.5,1],[0,0.5]) \cup ([0,0.5],[0,1],0.5)$$

对于式（2-61） $R^2 = ([0,1],0.6,[0,1])$

所以，方程的解为

$$R = R^1 \cup R^2 = \{(0.5,[0,1],[0,0.5]) \cup ([0,0.5],[0.5,1],[0,0.5]) \cup$$

$$([0,0.5],[0,1],0.5)\} \cap ([0,1],0.6,[0,1])$$

$$= (0.5,0.6,[0,0.5]) \cup ([0,0.5],0.6,[0,0.5]) \cup ([0,0.5],0.6,0.5)$$

$$= ([0,0.5],0.6,[0,0.5])$$

本 章 小 结

模糊集合理论是模糊控制的理论基础。本章首先介绍了模糊集合的数学描述。它从经典集合的特征函数描述法中得到启发,引入了模糊集合的隶属度函数表示法。正确构造模糊子集的隶属度函数是实现模糊控制的关键之一。隶属度函数的确定虽然具有一定的经验性,但它也是客观世界事物的反映。因此,隶属度函数的确定仍然应该满足诸如凸模糊集合、语意顺序等一些基本原则。隶属度函数建立的主要方法是专家经验法和模糊统计法。本章的另一个重要概念是模糊语言逻辑,它是用来研究自然语言的描述和推理的一种数学工具,语言变量概念是其核心。语言变量是由语言变量名、语言变量的项集合、论域、语言值规则、算法规则这五大元素组成的。模糊控制的实质是模糊逻辑推理。在本章结束之前,给出了几种常见的推理法,其中玛达尼推理法即极大极小推理法是最简单、最方便的推理方法。虽然模糊逻辑的推理方法很多,但它们对模糊逻辑控制器控制性能的影响并不十分明显。

 习题和思考题

2-1 设语言变量速度 V、误差 W、控制电压 U 的论域分别为 $[0, 200]$、$[-30, 30]$、$[0, 10]$。假设各语言变量的离散论域是由相应连续论域十等分后构成。要求根据常规经验法确定在连续域、离散域下速度大、误差为零、控制电压较大这三个语言值的隶属度函数。

2-2 已知年龄的论域为 $[0, 200]$,且设"年老 O"和"年轻 Y"两个模糊集的隶属度函数分别为

$$\mu_O(x) = \begin{cases} 0 & 0 \leqslant x \leqslant 50 \\ \left[1 + \left(\dfrac{x-50}{5}\right)^{-2}\right]^{-1} & 50 < x \leqslant 200 \end{cases}$$

$$\mu_Y(x) = \begin{cases} 1 & 0 \leqslant x \leqslant 25 \\ \left[1 + \left(\dfrac{x-25}{5}\right)^{2}\right]^{-1} & 25 < x \leqslant 200 \end{cases}$$

求:"很年轻 W""不年老也不年轻 V"两个模糊集的隶属度函数。

2-3 设误差的离散论域为 $[-30, -20, -10, 0, 10, 20, 30]$,且已知误差为零(ZE)和误差为正小(PS)的隶属度函数为

$$\mu_{ZE}(e) = \frac{0}{-30} + \frac{0}{-20} + \frac{0.4}{-10} + \frac{1}{0} + \frac{0.4}{10} + \frac{0}{20} + \frac{0}{30}$$

$$\mu_{PS}(e) = \frac{0}{-30} + \frac{0}{-20} + \frac{0}{-10} + \frac{0.3}{0} + \frac{1}{10} + \frac{0.3}{20} + \frac{0}{30}$$

求:1) 误差为零和误差为正小的隶属度函数 $\mu_{ZE}(e) \cap \mu_{PS}(e)$;

2) 误差为零或误差为正小的隶属度函数 $\mu_{ZE}(e) \cup \mu_{PS}(e)$。

2-4 已知模糊矩阵 P、Q、R、S 为

$$P = \begin{pmatrix} 0.6 & 0.9 \\ 0.2 & 0.7 \end{pmatrix} \quad Q = \begin{pmatrix} 0.5 & 0.7 \\ 0.1 & 0.4 \end{pmatrix} \quad R = \begin{pmatrix} 0.2 & 0.3 \\ 0.7 & 0.7 \end{pmatrix} \quad S = \begin{pmatrix} 0.1 & 0.2 \\ 0.6 & 0.5 \end{pmatrix}$$

求：1）$(\boldsymbol{P} \circ \boldsymbol{Q}) \circ \boldsymbol{R}$；

2）$(\boldsymbol{P} \cup \boldsymbol{Q}) \circ \boldsymbol{S}$；

3）$(\boldsymbol{P} \circ \boldsymbol{S}) \cup (\boldsymbol{Q} \circ \boldsymbol{S})$。

2-5 设有论域 $X = [u_1, u_2, u_3, u_4, u_5]$，$Y = [v_1, v_2, v_3, v_4, v_5]$，并定义

$A = 轻 = 1/u_1 + 0.8/u_2 + 0.6/u_3 + 0.4/u_4 + 0.2/u_5$

$B = 重 = 0.2/v_1 + 0.4/v_2 + 0.6/v_3 + 0.8/v_4 + 1/v_5$

试确定模糊条件语言"如果 x 轻，则 y 重，否则 y 不非常重"所决定的模糊关系矩阵 $\boldsymbol{R}$，并计算出当 x 为非常轻、重条件下所对应的模糊集合 y。

2-6 求模糊关系方程 $\begin{pmatrix} 0.3 & 0.2 & 0 \\ 0.5 & 0 & 0.6 \\ 0.2 & 0.4 & 0.1 \end{pmatrix} \circ \begin{pmatrix} r_1 \\ r_2 \\ r_3 \end{pmatrix} = \begin{pmatrix} 0.2 \\ 0.4 \\ 0.2 \end{pmatrix}$ 的解。

2-7 设论域 $X = [u_1, u_2, u_3]$，$Y = [v_1, v_2, v_3]$，$Z = [w_1, w_2]$，已知

$A = 0.5/u_1 + 1/u_2 + 0.1/u_3, B = 0.1/v_1 + 1/v_2 + 0.6/v_3, C = 0.4/w_1 + 1/w_2$

试确定模糊条件语言"如果 A 和 B，则 C"所决定的模糊关系矩阵 $\boldsymbol{R}$，并计算出当：$A' = 1/u_1 + 0.5/u_2 + 0.1/u_3$，$B' = 0.1/v_1 + 0.5/v_2 + 1/v_3$ 时的模糊集 C'。

第 三 章

模糊控制系统

第一节　模糊控制系统的组成

　　所谓系统，指的是两个以上彼此联系又相互作用的对象所构成的具有某种功能的集合。模糊系统是由那些模糊现象引起相互作用的不确定性系统。也就是说一个模糊系统，它的状态或输入、输出具有模糊性。一般说来，模糊系统也是现实世界复杂过程的一种近似表示方式。该过程本身并不一定是模糊的。模糊控制系统是以模糊数学、模糊语言形式的知识表示和以模糊逻辑推理为理论基础，采用计算机控制技术构成的一种具有闭环结构的数字控制系统。模糊控制系统的核心是具有智能行为的模糊控制器。无疑，模糊逻辑控制系统是一种典型的智能控制系统，它通过模拟人的模糊逻辑思维方法，对复杂过程进行控制。

　　模糊控制系统的组成与常规计算机控制系统具有类似的结构形式，通常是由模糊控制器、输入/输出接口、执行机构、被控对象和测量装置等五个部分组成。其中，模糊控制器是模糊控制系统的核心部件。模糊控制器的基础是模糊逻辑推理，模糊逻辑控制是利用模糊逻辑建立一种"自由模型"的非线性控制算法，特别适合于那些传统定量技术分析过于复杂的被控对象，或者是定性、非精确的和非确定性的被控对象。

　　模糊控制器的基本结构如图 3-1 所示。从图中可看出，模糊控制器的主要部件是模糊化过程、知识库（含数据库和规则库）、推理决策逻辑和精确化计算。很显然，模糊控制器在结构上与传统的控制系统没有太大的差别，主要不同之处在于其结构和控制方法。由于模糊控制器主要是通过数字计算机来实现的，因此，它应该具备下列三个重要功能：

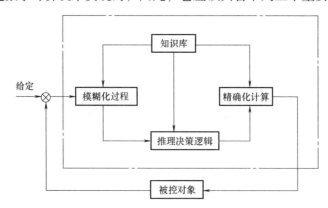

图 3-1　模糊控制器的基本结构

1）把被控对象的测量值从数字量转化为模糊量。这部分由模糊化过程和知识库来完成。

2）对所测的模糊量按给定的模糊逻辑推理规则进行模糊推理，得出模糊控制器控制输出的推理结果。这部分由推理决策逻辑和知识库完成。

3）把推理输出结果的模糊量转化为实际系统能够接收的精确数字量或模拟控制量。这部分由精确化计算完成。

因此，模糊控制器的设计问题就是模糊化过程、知识库（含数据库和规则库）、推理决策逻辑和精确化计算四大模块的设计问题。在详细讨论模糊控制系统设计问题之前，先定性分析一下四大模块的设计。

一、模糊化过程

模糊化过程是将精确的测量值转化为模糊子集的过程，也是模糊控制的首要步骤。模糊化过程主要完成：测量输入变量的值，并将数字表示形式的输入量转化为通常用语言值表示的某一限定码的序数。每一个限定码表示论域内的一个模糊子集，并由其隶属度函数来定义。对于某一个输入值，它必定与某一个特定限定码的隶属程度相对应。图 3-2 所示为三种模糊化函数。图 3-2a 给出了输入变量 x_0 在给定限定码模糊子集（又称语言值）A' 中具有最大隶属程度，即表示当前输入 x_0 属于语言值 A' 的程度最高。对于图 3-2b，只有在 x_0 点处的隶属度为 1，其他输入值对应的隶属度函数值都为 0。而图 3-2c 所表示的隶属度函数曲线有点像高斯曲线，它是一个连续函数。除以上三种隶属度函数之外，其他类型的隶属度函数曲线只要符合一定的条件也是可以的（见第二章第二节）。已有经验表明，通常选三角形和梯形函数的隶属度函数会对实际应用带来很多方便。那么，一旦模糊集设计完成，对于任意的物理输入 x，如何将其映射到模糊集系统中去呢？映射的过程实际上是将当前的物理输入根据模糊子集的分布情况确定出此时此刻输入值对这些模糊子集的隶属程度。因此，为了保证在所有论域内的输入量都能与某一模糊子集相对应，模糊子集（限定码）的数目和范围必须遍及整个论域。这样，对于每一个物理输入量至少有一个模糊子集的隶属程度大于零。

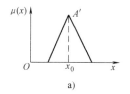 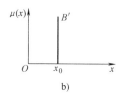 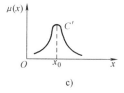

图 3-2　三种模糊化函数

二、知识库

知识库包括数据库和规则库。所有输入、输出变量所对应的论域以及这些论域上所定义的全部模糊子集都存放在数据库中。数据库提供模糊逻辑推理必要的数据、模糊化接口和精确化计算接口等相关数据，包含了语言控制规则论域的离散化、量化和正则化，以及输入空间的分区、隶属度函数的定义等。规则库根据控制目的和控制策略给出了一套由语言变量描述的并由专家经验或自学习产生的控制规则的集合。此外，在建立控制规则时，还需要解决诸如状态变量的选择、控制变量的选择、规则类型的选择和规则数目的确定等问题。

模糊控制设计的主要任务应以被控系统的性能指标作为设计和调节控制器参数的依据，并以控制器的最终性能应该达到预期的目标为出发点。一般说来，模糊控制器设计需要考虑的设计参数有采样频率（根据香农定理和被控过程控制的技术限制来选择）、量化等级（它严重影响系统的响应，如超调、上升时间、稳态精度等）、隶属度函数的类型和不同隶属度函数之间的重叠率、规则的数目和精确化计算方法。实质上，模糊控制器设计的关键在于如何有效地建立知识库即数据库和规则库，决策逻辑控制实际上是依赖规则库来实现的。因此，为了使读者便于更有效地设计出最佳的模糊控制器，下面进一步详细地讨论数据库和规则库设计的一些定性问题。

1. 数据库

模糊逻辑控制中的数据库主要包括：量化等级的选择、量化方式（线性量化或非线性量化）、比例因子和模糊子集的隶属度函数。这些概念都是建立在经验和工程判断的基础上的，其定义带有一定的主观性。下面讨论模糊控制与数据库组成有关的一些重要问题。

（1）论域的离散化　要使计算机能够处理模糊信息就必须对用模糊集合来表示的不确定信息进行量化。通常表示这种信息的模糊论域可以是连续的也可以是离散的。为了便于数字计算机处理，一般首先将连续的论域离散化形成离散论域。论域的离散化实质上是一个量化过程。量化就是将一个论域离散成确定数目的几小段（量化级），每一段用某一个特定术语作为标记，这样就形成一个离散域。然后通过对这离散域中的特定术语赋予隶属度来定义模糊集。为了实现离散化，必须将测量的非模糊系统变量的值映射到离散域中的量值，这种映射可以是线性的也可以是非线性的。线性的、比例因子、量化等级的选择都是凭借于与相关变量、输入/输出空间等的分辨率和精度的先验知识。当需要在大误差段的分辨率精度要求不高而在小误差段时要求较高分辨率的情况下，采用非线性映射是很有效的。此外，虽然测量变量的量化会带来误差，但它同时也减少了系统对小扰动的敏感性。

在模糊控制系统中，变量的量化给出了控制计算的简化和控制值平滑之间的一个折中，然而为了消除大的误差，在量化级之间的一些插值运算是必要的，这种运算并不会带来多大的运算负担。提高精度的一个简单的方法是引入一个权系数 $w(\cdot)$，对于任意一个连续的测量值可以通过相邻两个离散值的加权运算得到模糊度的值。

【例3-1】　如果当前测量误差 $e = 3.6$，误差的离散值3、4的隶属度值分别为 $\mu(3)$、$\mu(4)$。求：测量误差 $e = 3.6$ 的隶属度值。

解　通过插值运算得到

$$\mu(3.6) = \mu(3)w(3,3.6) + \mu(4)w(3.6,4) = \mu(3) \times 0.6 + \mu(4) \times 0.4$$

模糊控制规则中的条件部和结论部都对应于一些定义在一定论域内的语言变量。每一语言变量由一组项集合构成且这组项集合定义在同一论域内。项数目的确定取决于模糊分区或相等效的基本模糊集 [NB（负大）、NS（负小）、ZE（零）、PS（正小）、PB（正大）、…] 的数目。项数目的多少决定了模糊控制器控制性能的粗略程度。由于输入/输出空间的模糊分区具有一定的主观性，因此为了获得"最佳"的模糊分区，应进行必要的实验。

（2）输入/输出空间的模糊划分　模糊控制规则前提部的每一个语言变量都形成一个与确定论域相对应的模糊输入空间，而结论部的语言变量则形成模糊输出空间。一般情况下，语言变量与术语（语言值）集合相联系，每一个术语被定义在同一论域上。也就是说，模糊划分就是确定术语集合中有多少个术语，即模糊划分就是确定基本模糊集的数目，而基本模糊集又决定一个模糊逻辑控制器的控制分辨率。图3-3所示为两个输入变量下的一个模糊空间划分。在模糊空间中，术语集的基数决定了可以建立的模糊控制规则的最大数目。必须指出的是，模糊输入、输出空间的划分并非是确定的，至今还没有统一的解决方法。因而，经常采用启发式实验划分来寻找最佳模糊分区。

（3）基本模糊子集的隶属度函数　模糊集的隶属度函数是数据库的一个重要组成部分。通常有两种模糊集隶属度函数的表示方式：一是数字表示；二是函数表示。数字表示适用于论域是离散的情况，此时，模糊集隶属度函数的等级是用一个矢量来表示的。例如输入值 u 属于不同模糊子集 A 的隶属程度用一个矢量来表示。当模糊子集总数为5并分别用 u_i 表示时，即可写成

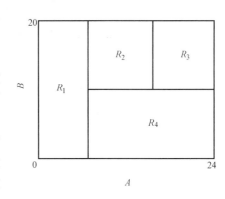

图3-3　两个输入变量下的一个模糊空间划分

$$\mu(u) = \sum_{i=1}^{5} a_i / u_i$$

式中，矢量 $a = [0.3，0.7，1.0，0.7，0.3]$ 中的元素分别是隶属于模糊子集 A 的程度。

当论域是连续时，模糊集合的隶属度函数需要用函数的形式来表示。典型的函数有三角形函数、梯形函数和高斯函数等。同样，隶属度函数的选择是以决策的主观准则为基础的。隶属度函数的选择准则和方法已在第二章作了介绍，这里不再赘述。

2. 规则库

模糊控制系统是用一系列基于专家知识的语言来描述的，专家知识常采用"IF…THEN…"的规则形式，而这样的规则很容易通过模糊条件语句描述的模糊逻辑推理来实现。用一系列模糊条件描述的模糊控制规则就构成模糊控制规则库。与模糊控制规则相关的主要有：过程状态输入变量和控制输出变量的选择、模糊控制规则的建立和模糊控制规则的完整性、兼容性、干扰性等。下面讨论过程状态输入变量和控制输出变量的选择、模糊控制规则的建立。

（1）过程状态输入变量和控制输出变量的选择　用语言方式来定义模糊控制规则比用数学方式更容易。过程状态变量和控制变量的正确选择对模糊控制系统的控制性能是至关重要的，而语言变量的选择对模糊控制器有实质性的影响。典型的模糊逻辑控制器的语言变量取系统的状态、系统误差、误差变化等。

（2）模糊控制规则的建立　目前模糊规则库的建立大致有四种方法。这些方法并不是相互排斥的，在实际使用时往往综合地利用各种方法。

1）专家经验法：专家经验法既是很自然的方法又是主观性较强的方法。这里的专家经验法是通过对专家控制经验的咨询形成控制规则库。由于模糊控制的规则是通过语言条件语句来模拟人类的控制行为，且它的条件语句与专家的控制特性直接相关，因此这种方法是很自然的。与传统的专家系统相比，基于专家经验法构成的模糊控制规则库需要一些内涵的和客观的准则。

2）观察法：对于众多复杂的工业过程要通过对输入/输出的测量建立量化的数学模型

是很困难的，然而，人类却能够对此类系统进行有效的控制。试图通过观察人类控制行为并将其控制的思想提炼出一套基于模糊条件语言类型的控制规则从而建立模糊规则库的途径就是观测法的基本思路。大家知道，现场控制专家或熟练操作工可以巧妙地根据其经验实现对复杂系统的控制，但是要把专家或操作工的控制经验和诀窍用逻辑形式表达出来却不那么容易，而且不同专家拥有的控制经验不尽相同。因此，为了真正能达到模仿熟练操作工控制的能力，就必须考虑系统能够通过训练获取所需要的技巧，具有不断改善和自学习的功能。

下面简单介绍由 Sugeno 和 Kang 在 1988 年提出的基于观察模型的规则库建立方法。

假设模糊系统辨识模型可以用参数形式的规则来描述，即

$$R_i: \quad \text{IF} \quad x_1 \quad \text{is} \quad A_1^i \quad \text{AND} \quad x_2 \quad \text{is} \quad A_2^i \quad \text{AND} \quad \cdots \quad x_p \quad \text{is} \quad A_p^i$$

$$\text{THEN} \quad v^i = a_0^i + a_1^i x_1 + \cdots + a_p^i x_p \qquad i = 1, 2, \cdots, N \tag{3-1}$$

式中，A_j^i 是模糊语言值；x_i 是一个输入变量；v^i 是输出变量；系数集 $\{a_j^i\}$ 是待辨识的参数。

模型的辨识分两步，即结构参数 $(N, p]$ 的辨识和系数 $\{A_j^i, a_j^i\}$ 的确定。如果模型已知，则对于一组给定输入 $\{x_1^0, x_2^0, \cdots, x_p^0\}$，最终输出 v^0 可以通过对每一条规则推理输出 v^i 的加权平均得到，即

$$v^0 = \frac{\sum_{i=1}^{N} w^i v^i}{\sum_{i=1}^{N} w^i} \tag{3-2}$$

权系数 w^i 表示对于给定输入的第 i 条模糊推理规则的可信度，其计算公式为

$$w^i = \bigcap_{j=1}^{p} \mu_{A_j^i}(x_j^0)$$

即 p 个输入变量隶属于第 i 个对应的模糊集函数中最小的隶属度值。

模糊规则 R_i 必须是完整的，且覆盖输入空间 $\{x_1, x_2, \cdots, x_p\}$ 的全部模糊分区（对两个输入变量而言，见图 3-3）。尽管模糊推理方程式（3-1）是线性的，但它们能表示高度非线性的输入/输出函数关系。通过定义正则化权系数

$$\delta^i = \frac{w^i}{\sum_{k=1}^{N} w^k} \qquad i = 1, 2, \cdots, N \tag{3-3}$$

则可将式（3-2）的推理输出 v^0 计算化为给定输入的线性组合

$$
\begin{aligned}
v^0 = & a_0^1(\delta^1) + a_1^1(\delta^1 x_1^0) + \cdots + a_p^1(\delta^1 x_p^0) + \\
& \vdots \\
& a_0^i(\delta^i) + a_1^i(\delta^i x_1^0) + \cdots + a_p^i(\delta^i x_p^0) + \\
& \vdots \\
& a_0^N(\delta^N) + a_1^N(\delta^N x_1^0) + \cdots + a_p^N(\delta^N x_p^0)
\end{aligned}
\tag{3-4}
$$

待定系数 $\{a_j^i\}$ 可通过最小二乘法计算得到。依据以上思路，对控制对象进行观察并收集输入和控制的样本数据 $\{x_1, x_2, \cdots, x_p, v\}$，利用式（3-4）计算出待定系数 $\{a_j^i\}$ 后

即可建立模糊推理规则。

3）基于模糊模型的控制：方法 1）、2）都是通过建立专家的模型，并以此模糊推理模型进行模糊逻辑推理控制。显然，这类模糊控制器的性能不会超越所依赖的专家水平。然而对有的控制对象，根本无法找到该领域有经验的控制专家，对这样的被控对象如何用模糊逻辑来进行控制呢？现在一种可行的方法是通过建立被控对象的模糊模型来实现——用像建立模糊控制规则一样的 "IF-THEN" 形式来描述被控对象的动态特性。最后利用该模型，导出模糊控制规则。下面举一例来说明此方法。

设被控对象用以下六个控制规则描述。

规则 1： 如果 $Y_n = PM$，且 $U_n = PM$ 那么，$Y_{n+1} = PB$；

规则 2： 如果 $Y_n = PM$，且 $U_n = NM$ 那么，$Y_{n+1} = PS$；

规则 3： 如果 $Y_n = PS$，且 $U_n = NS$ 那么，$Y_{n+1} = ZE$；

规则 4： 如果 $Y_n = NS$，且 $U_n = PS$ 那么，$Y_{n+1} = ZE$；

规则 5： 如果 $Y_n = NM$，且 $U_n = PM$ 那么，$Y_{n+1} = NS$；

规则 6： 如果 $Y_n = NM$，且 $U_n = NM$ 那么，$Y_{n+1} = NB$。

其中，Y 是输出；U 是控制；n 是离散时间。

对这个控制对象而言，其目的是使输出 Y 趋向于零。在设计过程中，当输出结果不符合要求时，就要设法找到满足要求的控制策略。例如，当 $Y_{n-1} = ZE$ 且 $Y_n = PS$ 时，要求 $Y_{n+1} = ZE$。参照对象规则 3，可以导出此时的控制 U 应该满足 NS 为佳，即

如果 $Y_{n-1} = ZE$，且 $Y_n = PS$ 那么，$U = PS$。

依次类推，可以得出不同的控制规律。实际上也并不是每个控制对象规律对应一条控制规则，有些控制对象规则可能用不上。同样，也有些要实现的控制目的没有控制对象规则可以参照，这种情况下，只能找相近的规则进行控制。例如，如果 $Y_{n-1} = PM$，且 $Y_n = PB$，控制的目的是使 Y 向 ZE 方向，即希望 $Y_{n+1} = PM$。从规则 1 到规则 6，无法找到完全对应的模糊模型规则，但与规则 2 相近。参照规则 2 可导出控制规则为

如果 $Y_{n-1} = PM$，且 $Y_n = PB$ 那么，$U = NB$。

4）自组织法：至今，大多数模糊控制器是静态的，如上面提及的诸类方法，无论是基于模型的方法还是基于知识的方法，一旦设计完成其模糊规则都是无法改变的，即此类系统没有自学习和自适应性能。但是，众所周知，人类不但能对复杂系统产生模糊控制规则，而且还能够随着环境的变化或经验的丰富，更新原有的控制规则以获得更佳的控制效果。自组织模糊控制器就是这样一类模糊控制器，它能够在没有先验知识和有很少先验知识的情况下，通过观察系统的输入/输出关系建立控制规则库。与所有学习系统一样，自组织模糊控制器也需要一个学习性能指标来保证学习的收敛性。

三、推理决策逻辑

推理决策逻辑是模糊控制器的核心。推理决策逻辑是采用某种推理方法，由采样时刻的输入和模糊控制规则导出模糊控制器的控制量输出。模糊决策逻辑推理算法与很多因素相关，如模糊蕴涵规则、推理合成规则、模糊推理条件语句前件部分的连接词（and）和语句之间的连接词（also）的不同定义等。因为这些因素有多种组合，所以得出的推理方法十分丰富。在第二章第三节中主要介绍了玛达尼模糊推理算法，实际上模糊逻辑推理的方法有十余种。下面以常用的条件推理语句为例，列出几种常用的推理算法。

对于　　　　　$C'_i = (A' \ \text{and} \ B') \circ (A_i \ \text{and} \ B_i \rightarrow C_i)$

记　　　　　$\alpha_i = \left[\max_x (\mu_{A'}(x) \wedge \mu_{A_i}(x)) \right] \wedge \left[\max_y (\mu_{B'}(y) \wedge \mu_{B_i}(y)) \right]$

有：

1）玛达尼模糊推理算法。

$$\mu_{C'_i} = \alpha_i \wedge \mu_{C_i}(z)$$

$$\mu_{C'} = \mu_{C'_1}(z) \vee \mu_{C'_2}(z) = \left[\alpha_1 \wedge \mu_{C_1}(z) \right] \vee \left[\alpha_2 \wedge \mu_{C_2}(z) \right]$$

2）Larsen 模糊推理算法。

$$\mu_{C'_i} = \alpha_i \mu_{C_i}(z)$$

$$\mu_{C'} = \mu_{C'_1}(z) \vee \mu_{C'_2}(z) = \left[\alpha_1 \mu_{C_1}(z) \right] \vee \left[\alpha_2 \mu_{C_2}(z) \right]$$

3）Takagi-Sugeno 模糊推理算法。本推理方法的基础是模糊逻辑推理规则满足 Takagi-Sugeno 模糊推理形式，即结论部是条件部输入变量的函数，如 IF　x is A_i and y is B_i THEN　$z = f_i(x, y)$，则对于两条规则的模糊控制器而言，推理输出为

$$z_0 = \frac{\alpha_1 f_1(x_0, y_0) + \alpha_2 f_2(x_0, y_0)}{\alpha_1 + \alpha_2}$$

4）Tsukamoto 模糊推理算法。这是一种当 A_i、B_i、C_i 的隶属度函数为单调函数时的特例。对于两条规则的模糊控制器而言，首先根据规则求出 $\alpha_1 = C_1(z_1)$ 而求得 z_1；再根据 $\alpha_2 = C_2(z_2)$ 求得 z_2，准确的输出量可表示为 z_1 和 z_2 的加权组合，即

$$z_0 = \frac{\alpha_1 z_1 + \alpha_2 z_2}{\alpha_1 + \alpha_2}$$

四、精确化计算

通过模糊推理得到的结果是一个模糊集合或者隶属函数，但在实际使用中，特别是在模糊控制中，必须要有一个确定的值才能去控制或驱动执行机构。在推理得到的模糊集合中取一个能最佳代表这个模糊推理结果可能性的精确值的过程就称为精确化过程（又称为逆模糊化）。精确化过程可以采取很多不同的方法，用不同的方法所得到的结果也是不同的。常用的精确化计算方法有以下三种：

（1）最大隶属度函数法　简单地取所有规则推理结果的模糊集合中隶属度最大的那个元素作为输出值。即

$$v_0 = \max \mu_v(v) \quad v \in V$$

如果在输出论域 V 中，其最大隶属度函数对应的输出值多于一个时，简单的方法是取所有具有最大隶属度输出的平均，即

$$v_0 = \frac{1}{J} \sum_{j=1}^{J} v_j \qquad v_j = \max_{v \in V} \mu_v(v) ; J = |\{v\}| \tag{3-5}$$

式中，J 为具有最大隶属度输出的总数。

最大隶属度函数法不考虑输出隶属度函数的形状，只关心其最大隶属度值处的输出值，因此难免会丢失许多信息。但由于它的突出优点是计算简单，因此在一些控制要求不高的场合，采用最大隶属度函数法是相当有效的。

（2）重心法　重心法是取模糊隶属度函数曲线与横坐标围成面积的重心为模糊推理最

终输出值，即

$$v_0 = \frac{\int_V v\mu_v(v)\,\mathrm{d}v}{\int_V \mu_v(v)\,\mathrm{d}v} \tag{3-6}$$

对于具有 m 个输出量化级数的离散论域情况，有

$$v_0 = \frac{\sum\limits_{k=1}^{m} v_k\mu_v(v_k)}{\sum\limits_{k=1}^{m} \mu_v(v_k)} \tag{3-7}$$

与最大隶属度函数法相比较，重心法具有更平滑的输出推理控制。即对应于输入信号的微小变化，其推理的最终输出一般也会发生一定的变化，且这种变化明显比最大隶属度函数法要平滑。

（3）加权平均法　加权平均法的最终输出值是由下式决定的：

$$v_0 = \frac{\sum\limits_{i=1}^{m} v_i k_i}{\sum\limits_{i=1}^{m} k_i} \tag{3-8}$$

式（3-8）中的系数 k_i 的选择要根据实际情况而定。不同的系数就决定系统有不同的响应特性。当该系数 k_i 取为 $\mu_v(v_i)$，即取其隶属度函数值时，加权平均法就转化为重心法了。在模糊逻辑控制中，可以选择和调整该系数来改善系统的相应特性。

精确化计算的方法还有很多，如左取大、右取大、取大平均等。总的来说，精确化计算方法的选择与隶属度函数的形状选择、推理方法的选择度是相关的。重心法对于不同的隶属度函数形状会有不同的推理输出结果，而最大隶属度函数法对隶属度函数的形状要求不高。

综上分析可知，模糊逻辑控制的过程主要有三个步骤，即模糊化过程、模糊逻辑推理、精确化计算。

第二节　模糊控制器的设计

一、模糊控制器的结构设计

在设计模糊控制器时，首先是根据被控对象的具体情况来确定模糊控制器的结构。所谓模糊控制器的结构无非就是它的输入/输出变量定义、模糊化算法、模糊逻辑推理和精确化计算方法等。模糊控制器设计的第一步就是确定控制器的输入/输出变量。这在一些简单的控制系统中并没有显示出它的重要性，而对复杂系统来说，模糊控制的输入/输出变量选择是极其重要的。模糊控制器的结构根据被控对象的输入/输出变量多少分为单输入-单输出结构和多输入-多输出结构；根据模糊控制器输入变量和输出变量的多少分为一维模糊控制器和多维模糊控制器。

1. 单输入-单输出模糊控制结构

单输入-单输出模糊控制器结构在模糊控制的实际应用中是相当广泛的，如加热炉的温度控制系统、速度控制系统等所有的经典控制理论能够处理的系统。由于系统的控制量只有

一个且系统的输出量也只有一个，因此，这类控制系统是最典型又是最简单的。单输入-单输出模糊控制结构根据模糊控制器输入变量的多少可分为一维模糊控制器、二维模糊控制器和多维模糊控制器。典型的一维模糊控制器的输入变量为系统的误差，典型的二维模糊控制器输入变量为系统的误差和误差变化。这里要注意，所谓单输入-单输出结构，指的是被控对象是单输入-单输出系统，而多维模糊控制器，指的是模糊逻辑控制器条件部中语言变量的多少。

（1）一维模糊控制器　一维模糊控制器是一种最简单的模糊控制器，它的输入/输出语言变量只有一个。假设模糊控制器的输入变量为 e、输出控制量为 u，则模糊控制规则一般有以下形式：

R_1：如果 e 是 E_1，则 u 是 U_1；

R_2：否则如果 e 是 E_2，则 u 是 U_2；

……

R_n：否则如果 e 是 E_n，则 u 是 U_n。

其中，E_1，E_2，…，E_n 和 U_1，U_2，…，U_n 均为输入、输出论域上的模糊子集。

对于上述多重模糊推理语句，其总的模糊蕴含关系可按下式求取：

$$R(e,u)=\bigcup_{i=1}^{n} E_i \times U_i \tag{3-9}$$

一维控制器的设计简单明了。它面对的大多数实际控制问题是误差控制系统，诸如跟踪控制系统、设定值控制系统等。但是由于这类一维控制器的规则只考虑系统的误差，只要误差相近，不管误差变化的趋势，其控制输出的结果是相似的，其结果必然会影响模糊控制器的性能。所以，必须在模糊控制器设计中考虑更多的因素，而二维模糊控制和多维模糊控制器就是针对此类情况而提出来的。

（2）二维模糊控制器　这里指的二维是模糊控制器的输入变量有两个，而控制器的输出变量仍然是一个，被控对象仍旧是单输入-单输出系统。这类控制器的模糊规则一般可描述如下：

R_1：如果 e 是 E_1 和 de 是 DE_1，则 u 是 U_1；

R_2：否则如果 e 是 E_2 和 de 是 DE_2，则 u 是 U_2；

……

R_n：否则如果 e 是 E_n 和 de 是 DE_n，则 u 是 U_n。

其中，E_1，E_2，…，E_n、DE_1，DE_2，…，DE_n 和 U_1，U_2，…，U_n 均为输入、输出论域上的模糊子集。

对于上述多重模糊推理语句，其总的模糊关系为

$$R(e,de,u)=\bigcup_{i=1}^{n} (E_i \times DE_i) \times U_i \tag{3-10}$$

二维模糊控制器考虑了系统的误差和误差变化，因此在跟踪控制系统、设定值控制系统的应用中有着相当大的潜力，其控制性能明显优于一维模糊控制器。在目前大量的模糊控制系统设计中，考虑最多的就是这种模糊控制器结构。

（3）多维模糊控制器　在有些控制要求更高的场合，仅依赖于系统的误差、误差变化信号还不足以实现高精度的控制，能否参照经典 PID 调节器的控制思想，将系统的误差、误差变化及误差的积累都作为模糊控制器的输入信号？这就是多维模糊控制器的设计思想。从理论上来分析，提高控制器输入变量的个数会提高控制器的控制性能，但是，输入维数的

增加，又会导致控制规则的复杂化、控制算法的复杂化。由于还没有解决多维模糊控制系统规则的冗余性、兼容性等的有效方法，因此，目前多维模糊控制器并不常见。

2. 多输入-多输出模糊控制器结构

多输入-多输出模糊控制器有多个独立的输入变量和一个或多个输出变量。如果每个输入变量又引入多维输入信息，那么模糊控制器的输入个数就会急剧增加，同时，对应的模糊控制规则的推理语句维数也会随着输入变量的增加呈指数增加，这将使直接建立这种系统的控制规则十分困难。由于多输入-多输出模糊控制是一个非常复杂的系统设计问题，因此目前还没有一套比较完整的理论来指导系统的设计。因为人对具体事物的逻辑思维一般不超过三维，所以对于许多多输入-多输出模糊控制系统而言，它的规则提取无法直接从人的经验上来获得。为此，必须把观察和实验数据进行重组。例如，已知样本数据 $(X_1, X_2, Y_1, Y_2, Y_3)$，则可将其变换为 (X_1, X_2, Y_1)、(X_1, X_2, Y_2)、(X_1, X_2, Y_3)。这样，先把多输入-多输出模糊控制结构化为多输入-单输出模糊控制结构，然后就可以采用单输入-单输出模糊控制系统的方法来进行设计。这就是多变量控制系统的模糊解耦问题。因为涉及多变量控制系统的问题比较复杂，也没有一个公认有效的方法，所以这里不再继续展开讨论。

二、模糊控制器的基本类型

由于模糊控制器知识库中的规则形式和推理方法不同，因此模糊控制系统具有多种多样的类型。通过对各种类型模糊控制器的分析，现有的模糊控制器可以归纳为两种基本类型：Mamdani 型和 Takagi-Sugeno（T-S）型，其他的类型都可视为这两种类型的改进或变型。Mamdani 型和 Takagi-Sugeno 型也不是截然区分的，例如规则后件采用单点模糊数的模糊控制器既可认为是一种 Mamdani 型模糊控制器又可以认为是零阶 Takagi-Sugeno 型模糊控制器。Mamdani 型和 Takagi-Sugeno 型模糊控制器在一定条件下可以相互转化。

1. Mamdani 型模糊控制器的工作原理

Mamdani 型模糊控制器是英国的 Mamdani 博士在 1974 年提出，并成功应用于模糊控制系统，是最常用的模糊控制器之一。其通常也被称为传统的模糊控制器。

多输入-单输出（MISO）Mamdani 型模糊控制器的模糊控制规则形式为

R_1: IF x_1 is A_1^1 AND x_2 is A_2^1 AND $\cdots$ x_p is A_p^1, THEN u is U^1

R_2: IF x_1 is A_1^2 AND x_2 is A_2^2 AND $\cdots$ x_p is A_p^2, THEN u is U^2

……

R_n: IF x_1 is A_1^n AND x_2 is A_2^n AND $\cdots$ x_p is A_p^n, THEN u is U^n

其中，x_1, x_2, $\cdots$, x_p 为前件（输入）变量，其论域分别为 X_1, X_2, $\cdots$, X_p；$A_i^j \in F(X_i)$，$i=1, 2, \cdots, p$, $j=1, 2, \cdots, n$，为前件变量 x_i 的模糊集合；u 为输出控制量，论域为 U；$U^j \in F(U)$ 为输出变量的模糊集合。

每条规则为直积空间 $X_1 \times X_2 \times \cdots \times X_p \times U$ 上的一个模糊关系 $(A_1^j \times A_2^j \times \cdots \times A_p^j) \to U^j$，即

$$R_j = A_1^j \times A_2^j \times \cdots \times A_p^j \times U^j$$

n 条规则全体构成的模糊关系为

$$R = \bigcup_{j=1}^{n} R_j$$

对于某一组输入 $(x_1$ is A_1', x_2 is A_2', $\cdots$, x_p is $A_p')$，模糊推理的结论为

$$U' = (A_1' \times A_2' \times \cdots \times A_p') \circ R$$

其中，。 为合成算子。

对于模糊关系，Zadeh、Mamdani 等学者给出了不同的定义，其中在模糊控制中常用的是 Mamdani 提出的取小"$\land$"运算和 Larsen 提出的乘积运算。

对于合成算子。，也有多种选择，如"$\land\text{-}\lor$"（Max-Min）、"$\lor\text{-}.$"（Max-Product）、"$\oplus\text{-}\land$"（Sum-Min）、"$\oplus\text{-}.$"（Sum-Product）等。其中，有界和的定义为 $x\oplus y=\min(1,x+y)$。

对于 Mamdani 型模糊控制器，如果选择不同的模糊关系定义合成算子以及模糊化和精确化方法，则控制器的算法和控制系统的性能也将不同。在实际应用中，比较常见的 Mamdani 型模糊控制器选择模糊关系运算为取小"$\land$"、合成算子为"$\land\text{-}\lor$"、单点模糊化和重心法精确化。所有规则综合后总的模糊关系为

$$R = \bigcup_{j=1}^{n} R_j = \bigcup_{j=1}^{n} \int_{X_1 \times X_2 \times \cdots \times X_p \times U} A_1^j(x_1) \land A_2^j(x_2) \land \cdots \land A_p^j(x_p) \land U^j(u)/(x_1, x_2, \cdots, x_p, u)$$

对于某一模糊输入 $(x_1 \text{ is } A_1', x_2 \text{ is } A_2', \cdots, x_p \text{ is } A_p')$，模糊推理的结论为

$$U'(u) = (A_1' \times A_2' \times \cdots \times A_p') \circ R = \bigvee_{j=1}^{n} \left\{ \bigwedge_{i=1}^{p} \left[\bigvee_{x_i \in X_i} (A_i'(x_i) \land A_i^j(x_i) \land U^j(u)) \right] \right\}$$

2. T-S 型模糊控制器的工作原理

T-S 型模糊控制器是日本学者 Takagi 和 Sugeno 于 1985 年首先提出来的，它采用系统状态变化量或输入变量的函数作为 IF-THEN 模糊规则的后件，这样不仅可以用来描述模糊控制器，也可以描述被控对象的动态模型。T-S 模糊模型可描述如下：

R_1: IF x_1 is A_1^1 AND x_2 is A_2^1 AND $\cdots$ x_p is A_p^1, THEN $u=f_1(x_1, x_2, \cdots, x_p)$

R_2: IF x_1 is A_1^2 AND x_2 is A_2^2 AND $\cdots$ x_p is A_p^2, THEN $u=f_2(x_1, x_2, \cdots, x_p)$

......

R_n: IF x_1 is A_1^n AND x_2 is A_2^n AND $\cdots$ x_p is A_p^n, THEN $u=f_n(x_1, x_2, \cdots, x_p)$

其中，x_1, x_2, $\cdots$, x_p 为前件（输入）变量，其论域分别为 X_1, X_2, $\cdots$, X_p；$A_i^j \in F(X_i)$，$i=1$, 2, $\cdots$, p, $j=1$, 2, $\cdots$, n 为前件变量 x_i 的模糊集合；u 为输出控制量，论域为 U；$f_j(x_i)$ 为模糊后件关于前件变量 x_i 的线性或非线性函数。

对于 T-S 型模糊控制器，如果选择不同的模糊推理方法以及模糊化和精确化方法，则控制器的算法和控制系统的性能也将不同。对于一组输入 $(x_1, x_2, \cdots, x_p) \in X_1 \times X_2 \times \cdots \times X_p$，经过模糊推理并采用重心法精确后得到的控制器输出为

$$u' = \frac{\sum_{j=1}^{n} w_j f_j(x_1, x_2, \cdots, x_p)}{\sum_{j=1}^{n} w_j}$$

式中，w_j 为输入变量对第 j 条规则的匹配度。

如采用"$\land\text{-}\lor$"（Max-Min）推理方法，有

$$w_j = A_1^j(x_i) \land A_2^j(x_2) \land \cdots \land A_p^j(x_p)$$

如采用"$\oplus\text{-}.$"（Sum-Product）推理方法，有

$$w_j = A_1^j(x_i) A_2^j(x_2) \cdots A_p^j(x_p)$$

在实际应用中，T-S 模糊规则后件的函数 $f_i(x_i)$ 可采用多项式或状态方程的形式，为了使推理算法更加简便明了，多数系统采用 Sum-Product 推理方法。

三、模糊控制器的设计原则

如前所述，模糊逻辑控制是一种利用人的直觉和经验设计的控制系统，设计时不是用数学解析模型来描述受控系统的特性，故没有一个成熟而固定的设计过程和方法。尽管如此，仍然可以总结出以下供参考的原则性设计步骤。

(1) 定义输入/输出变量　首先要决定受控系统哪些输入的状态必须被监测、哪些输出的控制作用是必需的。例如，模糊温度控制器就必须测量受控系统的温度，与设定值相比较可得到误差值，进而决定加热操作量的大小。由此，模糊温度控制器就必须定义系统的温度为输入量，而把加热操作量作为输出变量。

根据输入和输出变量的个数，就可以求出所需要规则的最大数目

$$N = n_{out}(n_{level})n_{in}$$

式中，n_{in} 是输入变量的个数，n_{out} 是输出变量的个数，n_{level} 是输入空间模糊划分的数目。

然而实际上有的组合状态不会出现，所以真正用到的规则数没有这么多。所以建议用以下公式来计算：

$$N = n_{out}(n_{in}(n_{level} - 1) + 1)$$

在定义输入和输出变量时，要考虑到软件实现的限制，一般小于 10 个输入变量时，软件推理还能应付，但当输入变量的数目再增加时，就要考虑采用专用模糊逻辑推理集成芯片了。

(2) 定义所有变量的模糊化条件　根据受控系统的实际情况，决定输入变量的测量范围和输出变量的控制作用范围，以进一步确定每个变量的论域；然后再安排每个变量的语言值及其相对应的隶属度函数。

(3) 设计控制规则库　这是一个把专家知识和熟练操作工的经验转换为用语言表达的模糊控制规则的过程。

(4) 设计模糊推理结构　这一部分可以采用通用计算机或单片机，用不同推理算法的软件程序来实现，也可采用专门设计的模糊推理硬件集成电路芯片来实现。

(5) 选择精确化策略的方法　为了得到确切的控制值，就必须对模糊推理获得的模糊输出量进行转换，这个过程称为精确化计算。这实际上是要在一组输出量中找到一个有代表性的值，其最能反映模糊推理的结果，或者说对推荐的不同输出量进行仲裁判决。

四、模糊控制器的常规设计方法

模糊控制器是按一定的语言规则进行工作的，而这些控制规则是建立在总结操作工控制经验的基础上的。目前，大多数模糊逻辑推理方法采用 Mamdani 极大极小推理法。

由模糊控制的理论基础和模糊控制器的基本组成可知，要设计一个模糊控制器，通常需将模糊控制器的输入/输出变量模糊化。不失一般性，假设模糊逻辑控制器的输入量为系统的误差 e 和误差变化 de，输出量为系统控制值 u，则模糊逻辑控制器的工作过程可以描述如下：首先将模糊控制器的输入量转化为模糊量供模糊逻辑决策系统用，然后由模糊逻辑决策器根据控制规则决定的模糊关系 R，应用模糊逻辑推理算法得出控制器的模糊输出控制量，最后经精确化计算得到精确的控制值去控制被控对象。常规模糊控制器如图 3-4 所示，图中，E、DE、U 为误差 e、误差变化 de、控制量 u 的模糊集。

由模糊逻辑推理法可知，对于 n 条模糊控制规则，可以得到 n 个输入/输出模糊关系矩

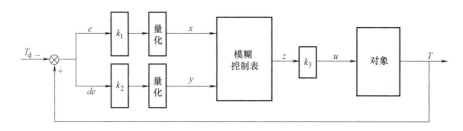

图 3-4　常规模糊控制器

阵 R_1，R_2，$\cdots$，R_n，从而由模糊规则的合成算法可得系统总的模糊关系矩阵为

$$R = \bigcup_{i=1}^{n} R_i$$

则对于任意系统误差 E_i 和系统误差变化 DE_j，其对应的模糊控制器输出 C_{ij} 为

$$C_{ij} = (E_i \times DE_j) \circ R \tag{3-11}$$

对式（3-11）得到的模糊控制量 C_{ij} 再进行精确化计算就可以去直接控制系统对象了。然而，在实际应用中，由于模糊关系矩阵 R 是一个高阶矩阵，如果对于任何瞬间的系统误差 E_i 和误差变化 DE_j 都用式（3-11）合成计算出即时控制输出 C_{ij}，显然要花费大量的计算时间。其结果是系统实时控制性能变差。为了克服实时计算量大的缺点，常规模糊控制在实际应用中通常采用的是查表法。

查表法的基本思想是通过离线计算取得一个模糊控制表，并将其控制表存放在计算机内存中。当模糊控制器进行工作时，计算机只需直接根据采样得到的误差和误差变化的量化值来找出当前时刻的控制输出量化值。然后计算机将此量化值乘以比例因子 k_3 得到最终的输出控制量。这种控制器的结构如图 3-5 所示，图中，k_1、k_2 分别为误差 e 和误差变化 de 的量化比例因子，k_3 为控制量的量化比例因子。查表法的设计关键是模糊控制表的构成。下面以温度控制系统的模糊控制器设计为例，说明查表法模糊控制器的设计步骤。

图 3-5　模糊控制表方式的模糊逻辑控制器的结构

1. 确定模糊控制器的输入/输出变量

模糊控制器选用系统的实际温度 T 与温度给定值 T_d 的误差 $e = T_d - T$ 及其误差变化 de 作为输入语言变量，把控制加热装置的供电电压 u 选作输出语言变量。这样就构成了一个二维模糊控制器。

2. 确定各输入/输出变量的变化范围、量化等级和量化因子 k_1、k_2、k_3

取三个语言变量的量化等级都为 9 级，即 x，y，$z = \{-4, -3, -2, -1, 0, 1, 2, 3, 4\}$。误差 e 的论域为 [50，50]，误差变化 de 的论域为 [150，150]，控制输出 u 的论域为 [64，64]。本例中采用非线性量化，故量化因子为非常量。

3. 在各输入和输出语言变量的量化域内定义模糊子集

首先确定各语言变量论域内模糊子集的个数。本例中都取 5 个模糊子集，即 PB、PS、ZE、NS、NB。各语言变量模糊子集通过隶属度来定义。为了提高稳态点控制的精度，本例的量化方式采用非线性量化，见表 3-1。

表 3-1　模糊子集的隶属度值

误差 e								
−50	−30	−15	−5	0	5	15	30	50
误差变化 de								
−150	−90	−30	−10	0	10	30	90	150
控制 u								
−64	−16	−4	−2	0	2	4	16	64
量化等级								
−4	−3	−2	−1	0	1	2	3	4

状态变量	相关的隶属度值								
PB	0	0	0	0	0	0	0	0.35	1
PS	0	0	0	0	0	0.4	1	0.4	0
ZE	0	0	0	0.2	1	0.2	0	0	0
NS	0	0.4	1	0.4	0	0	0	0	0
NB	1	0.35	0	0	0	0	0	0	0

4. 模糊控制规则的确定

模糊控制规则实质上是将操作工的控制经验加以总结而得出一条条模糊条件语句的集合。确定模糊控制规则的原则是必须保证控制器的输出能够使系统输出响应的动静态特性达到最佳。现设控制系统的输出响应曲线如图 3-6 所示。

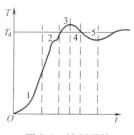

图 3-6　控制系统的输出响应曲线

考虑误差 $e = T_d - T$ 为负的情况。当 e 为负大（NB）时，即系统响应处于曲线第 1 段。此时，无论 de 的值如何，为了消除偏差应使控制量加大，所以控制量 u 应取正大（PB）。即有如下控制规则。

规则 1：如果误差 e 是 NB，且误差变化 de 是 PB，则控制 U 为 PB；
规则 2：如果误差 e 是 NB，且误差变化 de 是 PS，则控制 U 为 PB；
规则 3：如果误差 e 是 NB，且误差变化 de 是 ZE，则控制 U 为 PB；
规则 4：如果误差 e 是 NB，且误差变化 de 是 NS，则控制 U 为 PB。

当误差 e 为负小或零时，主要矛盾转化为系统的稳定性问题了。为了防止超调过大并使系统尽快稳定，就要根据误差的变化 de 来确定控制量的变化。若 de 为正，表明误差有减小的趋势。系统响应位于曲线的第 2 段，所以可取较小的控制量。即有如下控制规则。

规则 5：如果误差 e 是 NS，且误差变化 de 是 ZE，则控制 U 为 PS；
规则 6：如果误差 e 是 NS，且误差变化 de 是 PS，则控制 U 为 ZE；
规则 7：如果误差 e 是 NS，且误差变化 de 是 PB，则控制 U 为 NS；
规则 8：如果误差 e 是 ZE，且误差变化 de 是 ZE，则控制 U 为 ZE；

规则9：如果误差 e 是 ZE，且误差变化 de 是 PS，则控制 U 为 NS；

规则10：如果误差 e 是 ZE，且误差变化 de 是 PB，则控制 U 为 NB。

当误差变化 de 为负时，偏差有增大的趋势，此时系统响应位于曲线第5段。这时应使控制量增加，防止偏差进一步增加。因此，有如下控制规则。

规则11：如果误差 e 是 NS，且误差变化 de 是 NS，则控制 U 为 PS；

规则12：如果误差 e 是 NS，且误差变化 de 是 NB，则控制 U 为 PB；

规则13：如果误差 e 是 ZE，且误差变化 de 是 NS，则控制 U 为 PS；

规则14：如果误差 e 是 ZE，且误差变化 de 是 NB，则控制 U 为 PB。

根据系统工作的特点，当误差 e 和误差变化 de 同时变号时，控制量的变化也应变号。这样就可以得出剩余的9条规则了。

模糊控制规则库见表3-2。

表 3-2　模糊控制规则库

de	e				
	NB	NS	ZE	PS	PB
	u				
NB	*	PB	PB	PS	NB
NS	PB	PS	PS	ZE	NB
ZE	PB	PS	ZE	NS	NB
PS	PB	ZE	NS	NS	NB
PB	PB	NS	NB	NB	*

5. 求模糊控制表

模糊控制表是最简单的模糊控制器之一。它可以通过查询将当前时刻模糊控制器的输入变量量化值（如误差、误差变化量化值）所对应的控制输出值作为模糊逻辑控制器的最终输出，从而达到快速实时控制。必须对所有输入语言变量（如误差、误差变化）量化后的各种组合通过模糊逻辑推理的一套方法离线计算出每一个状态的模糊控制器输出，才能最终生成一张模糊控制表。下面以某一时刻的输入状态为例来说明整个设计过程。

设系统误差 e 的量化值为1，误差变化 de 的量化值为-2，则由表3-2可知相应的隶属度值如下：

对于误差 e，$\mu_{ZE}(1) = 0.2, \mu_{PS}(1) = 0.4$；误差变化 de，$\mu_{NS}(-2) = 1$。

根据此时此刻的输入状态，由模糊控制规则库表3-2可知，只有以下两条规则有效。

第一条：如果误差 e 是 ZE，且误差变化 de 是 NS，则控制 U 为 PS；

第二条：如果误差 e 是 PS，且误差变化 de 是 NS，则控制 U 为 ZE。

由极大极小推理法可得控制量的输出模糊集为

$$\mu_{PS}(1, -2) = \min(0.2, 1) = 0.2$$
$$\mu_{ZE}(1, -2) = \min(0.4, 1) = 0.4$$

图3-7形象地画出了极大-极小推理法的模糊推理过程。最后将每一条推理规则得出的模糊控制子集进行"并"运算得出图中粗线段，用重心法计算出模糊控制输出的精确值

$$u = \frac{-1 \times 0.2 + 0 \times 0.4 + 1 \times 0.2 + 2 \times 0.2 + 3 \times 0.2}{0.2 + 0.4 + 0.2 + 0.2 + 0.2} = 1$$

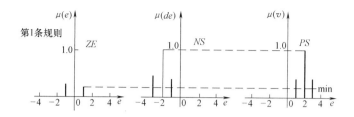

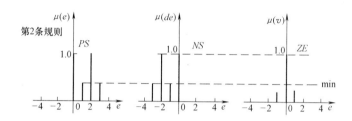

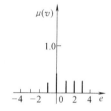

图 3-7　极大-极小推理法的模糊推理过程

同样，对输入空间论域中的所有组合计算出输出控制量，即可构成一个模糊控制器的模糊控制表，见表 3-3。

表 3-3　模糊控制表

e_j	de_j								
	-4	-3	-2	-1	0	1	2	3	4
	c_{ij}								
-4	4	3	3	3	3	3	0	0	0
-3	3	3	3	2	2	2	0	0	0
-2	3	3	2	2	1	1	0	-1	-2
-1	2	2	2	1	1	0	-1	-1	-2
0	2	2	1	1	0	-1	-1	-2	-2
1	2	1	1	0	-1	-1	-2	-2	-3
2	2	1	0	-1	-1	-2	-2	-3	-3
3	0	0	0	-2	-2	-2	-3	-3	-3
4	0	0	0	-3	-3	-3	-3	-3	-4

至此，模糊控制表已经建立。由于模糊控制表的建立是离线进行的，因此它丝毫没有影响模糊控制器实时运行的速度。一旦模糊控制表建立起来，模糊逻辑推理控制的算法就是简单的查表法，其运算速度是相当快的，完全能够满足实时控制的要求。

第三节 模糊控制器的设计举例

在近十多年来，模糊逻辑控制的应用日益广泛，涉及工业、农业、金融、地质等各个领域，已经成为智能控制技术应用的最活跃和最有成效的技术之一，并在许多应用领域呈现出比常规控制系统更优越的性能。例如，模糊控制系统在水泥窑控制、交通调度和管理、小车停靠、过程控制、水处理控制、机器人、家用电器等控制对象中，均得到了广泛的应用。本节介绍两个典型系统的模糊控制器设计过程，虽然它们的设计都是针对特定对象，但其设计思想和方法可以推广到不同控制对象中去。

一、流量控制的模糊控制器设计

流量模糊控制系统是一个单输入-单输出的控制对象，其系统输出是要求液位恒定，系统控制变量是控制流量的阀门开度。下面以流量控制为例，说明模糊控制器的设计过程。

1. 模糊化过程

模糊化与自然语言的含糊和不精确相联系，是一种主观评价，它把测量值转换为主观意义上的量值评价。由此，它可以定义为在确定的输入论域中将所观察的输入空间转换为模糊集的映射。在进行模糊化之前，首先需解决模糊划分问题。模糊控制规则前提部中每一个语言变量都形成一个与确定论域相对应的模糊输入控制空间，而在结论部中的语言变量则形成模糊输出空间。一般情况下，语言变量与术语集合相联系，每一个术语都被定义在同一个论域上。那么模糊划分就决定术语集合中有多少个术语，即模糊划分就是确定基本模糊集的数目。而基本模糊集的数目又决定一个模糊控制器的控制分辨率。通常用如负大（NB Negative Big）、负中（NM Negative Medium）、负小（NS Negative Small）、零（ZE-ZEro）、正小（PS Positive Small）、正中（PM Positive Medium）、正大（PB Positive Big）来表示基本模糊集。模糊输入/输出空间的划分并非是确定的，至今还没有统一的解决方法。因而经常用启发式实验划分来寻找最佳模糊分区。针对此例，设模糊控制器的输入量分别为误差（以 e 表示）和误差变化（以 de 表示），控制器的输出为阀门开度的校正量（以 u 表示）。这是一个典型的二维模糊控制器设计问题。这里，可以把误差划分成"负大""负小""零""正小""正大"五个等级（又可称为五个模糊子集）。一般说来，模糊划分越细，控制精度就越高。但过细的划分将增加模糊规则的数目，使控制器复杂化。同样，对于误差变化 de 也可以划分为五个等级。通常，称输入变量"误差"为语言变量，而将误差的"负大""负小""零""正小""正大"称为这个语言变量的语言值。每一个语言值都对应于一个模糊子集。因此为了实现模糊化，必须确定基本模糊集的隶属度函数。

隶属度函数的表示方法有两种：一种是数字表示，即用来表示论域是离散的；另一种是函数表示，即用来表示论域是连续的。隶属度函数的选择对模糊控制器的性能有重要的影响。但是遗憾的是，目前隶属度函数的选择大都是以决策的主观准则为基础的，缺乏一定的客观性。值得欣慰的是，现在已有一些隶属度函数的自学习确定方法的出现。可以预见，引入模糊控制的自学习机制必将推动模糊控制更广泛的应用。本例仍然采用专家经验知识来确定误差和误差变化这两个语言变量各模糊子集的隶属度函数，如图3-8所示。

为了按照一定的语言规则进行模糊推理，这里还要事先确定输出量即阀门开度的隶属度函数，现将阀门开关的状态划分为"关""半开""中等"和"开"四级，（注意，这里

"开""关"都代表模糊子集），它们的隶属度函数如图3-9所示。

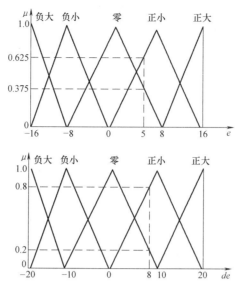

图 3-8 误差和误差变化的隶属度函数

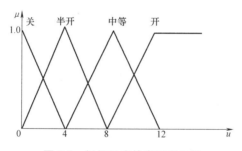

图 3-9 阀门开度的隶属度函数

2. 模糊控制规则的建立

模糊控制器的中心工作是依据语言规则进行模糊逻辑推理。模糊逻辑推理的依据是模糊控制规则库。模糊控制规则是用一系列基于专家知识的语言来描述的，专家知识常用形如"IF THEN"规则的形式，而这些规则很容易通过模糊逻辑条件语句来实现。用一系列模糊条件语句表达的模糊控制规则就构成模糊控制规则库。模糊控制规则库的建立与模糊控制规则中过程变量和控制变量的选择、模糊控制规则的来源、派生、调整、模糊控制规则的类型、一致性、交互性和完备性等几个问题相互关联。如何正确选择模糊控制的过程变量和控制变量、如何根据专家知识、操作工经验和模糊模型等方面的综合知识建立模糊控制规则库、如何解决模糊控制规则的自调整问题、如何保证模糊控制规则库的一致性、完备性和交互性等都是模糊控制规则库设计中所面临和正在研究且不断完善的问题。

综上所述，控制规则是可以由操作工或专家的经验知识来获取，也可以在实验过程中不断进行修正和完善。规则的形式用条件语句"IF THEN"来表示。其基本形式如下：

IF x is A and y is B, THEN z is C

其中，IF 部分的"x is A and y is B"称为前提部或条件部；THEN 部分的"z is C"称为后件部或结论部；x，y 是输入变量；z 是推理结果；A、B、C 是模糊集，用隶属度函数来表示。

一个实际的模糊控制器是由若干条这样的规则组成的。至于规则的多少、规则的重叠程度、隶属度函数的形状等，都是根据控制系统的实际要求而灵活设置的。这虽然增加了控制系统的灵活性和减少了对系统模型的依赖性，但使得系统的建立和调整不容易把握，需要进行不断的修改和调试才能得到满意的结果。

控制规则条数的多少视输入及输出物理量数目及所需的控制精度而定。对于常用的二输入-单输出控制过程，若每个输入量分成三级，那么相应就有 9 条规则，若按每个输入的语言变量分成七级计，则有 49 条规则就可全部覆盖了。下面先任选两条规则为例说明模糊推理方法：

规则 1：　　如果（IF）　误差为零，或者（OR）误差变化为正小，则（THEN）　阀门半开；

规则 2：　　如果（IF）　误差为正小，和（AND）误差变化为正小，则（THEN）　阀门中等。

注意，这两条规则中在两个输入量之间用了不同的连接词"或""和"，这在推理过程中是大有区别的。"或"表示模糊子集的并运算，而"和"表示模糊子集的交运算。

目前在世界各国的应用软件中常用的推理方法有最大-最小（MAX-MIN）推理法和最大-乘积（MAX-PROD）推理法两种。不管采用何种推理方法，其得到的推理结果都是以模糊子集的形式来表示阀门的输出控制量。然而阀门并不能用这样的表示方式进行调节，因此需进行第三步工作，即精确化计算。

3. 精确化计算

精确化计算就是把语言表达的模糊量回复到精确的数值，也就是根据输出模糊子集的隶属度计算出输出的确定值。精确化计算有多种方法，其中最简单的一种是最大隶属度函数方法。同时，在控制系统设计中常用重心法。

下面以上述设计的模糊控制器为例，分析模糊控制器是如何工作的。假设输入误差为 5，误差变化为 8。

第一步：模糊化过程。就是把输入的数值，根据输入变量模糊子集的隶属度函数找出对应的隶属度值的过程。在当前误差和误差变化的采样值下，从图 3-8 可得，误差属于"零"的隶属度是 0.375，属于"正小"的隶属度是 0.625；而此误差变化属于"零"的隶属度是 0.2，属于"正小"的隶属度是 0.8。对应于误差和误差变化的不同输入数值，根据图 3-8 都可以得出对应的隶属度函数和语言值。

第二步：模糊逻辑推理。应用规则库中的两条规则，可得出，对应规则 1，误差为零的隶属度是 0.375，而误差变化为正小的隶属度是 0.8，由并运算的推理规则可得 MAX(0.375,0.8)=0.8。对应规则 2，误差为零的隶属度是 0.625，而误差变化为正小的隶属度是 0.8，由交运算的推理规则可得 MIN(0.625,0.8)=0.625。这样，由削顶推理法得出的推理结果为，按第一条规则，阀门半开的隶属度为 0.8，而相应于第二条规则，阀门中等的隶属度为 0.625。

第三步：精确化计算。对于以上推理结果，阀门动作的模糊集如图 3-10 所示阴影线充满部分所示。为了得到这一模糊子集的最佳等效值，即最佳的阀门开启精确值，必须使用精确化计算。选重心法进行计算。为了采用积分计算，首先计算出模糊控制输出量子集的各拐点的坐标，由图 3-10 可知相应的坐标为（0，0）、（3.5，0.8）、（4.8，0.8）、（6，0.5）、（6.5，

0.625）、（9.5，0.625）、（12，0）。套用精确化过程重心计算法的积分公式，可得

$$u^* = \frac{\int_u \mu_U(u) u \mathrm{d}u}{\int_u \mu_U(u) \mathrm{d}u}$$

$$= \frac{\int_0^{3.5} \frac{1}{4} u^2 \mathrm{d}u + \int_{3.5}^{4.8} 0.8 u \mathrm{d}u + \int_{4.8}^6 \left(2 - \frac{1}{4}u\right) u \mathrm{d}u + \int_6^{6.5} \left(\frac{1}{4}u - 1\right) u \mathrm{d}u + \int_{6.5}^{9.5} 0.625 u \mathrm{d}u + \int_{9.5}^{12} \left(3 - \frac{1}{4}u\right) u \mathrm{d}u}{\int_0^{3.5} \frac{1}{4} u \mathrm{d}u + \int_{3.5}^{4.8} 0.8 \mathrm{d}u + \int_{4.8}^6 \left(2 - \frac{1}{4}u\right) \mathrm{d}u + \int_6^{6.5} \left(\frac{1}{4}u - 1\right) \mathrm{d}u + \int_{6.5}^{9.5} 0.625 \mathrm{d}u + \int_{9.5}^{12} \left(3 - \frac{1}{4}u\right) \mathrm{d}u}$$

$$= \frac{36.8823}{6.288} = 5.87$$

从而得到阀门的确切开度为 5.87，如图 3-10 所示。

二、倒立摆的模糊控制器设计

根据图 3-11 所示倒立摆系统简图，设计和分析其模糊控制器。下面给出了该系统的微分方程（Kailaith，1980；Craig，1986）：

$$-ml^2 \mathrm{d}^2\theta / \mathrm{d}t^2 + (mlg)\sin(\theta) = \tau = u(t) \tag{3-12}$$

式中，m 是摆尖杆的质量；l 是摆长；θ 是从垂直方向上的顺时针偏转角。τ 为作用于杆的逆时针扭矩，$\tau = u(t)$ [$u(t)$ 是控制作用]，t 是时间；g 是重力加速度常数。

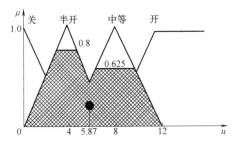

图 3-10 推理出的阀门开度的隶属度

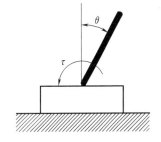

图 3-11 倒立摆系统简图

假设 $x_1 = \theta$，$x_2 = \mathrm{d}\theta / \mathrm{d}t$ 为状态变量，由式（3-12）给出的非线性系统的状态空间表达式为

$$\mathrm{d}x_1 / \mathrm{d}t = x_2$$
$$\mathrm{d}x_2 / \mathrm{d}t = (g/l)\sin(x_1) - (1/ml^2)u(t)$$

众所周知，当偏转角 θ 很小时，有 $\sin(\theta) = \theta$，这里 θ 用弧度表示。由上式可将状态空间表达式线性化，并得

$$\mathrm{d}x_1 / \mathrm{d}t = x_2$$
$$\mathrm{d}x_2 / \mathrm{d}t = (g/l)x_1 - (1/ml^2)u(t)$$

若所测 x_1 用度表示，x_2 用弧度每秒表示，当取 $l = g$ 和 $m = 180/(\pi g^2)$ 时，线性离散时间状态空间表达式可用矩阵差分方程表示

$$x_1(k+1) = x_1(k) + x_2(k)$$
$$x_2(k+1) = x_1(k) + x_2(k) - u(k)$$

在此问题中，设上述两变量的论域为 $-2° \leqslant x_1 \leqslant 2°$ 和 $-5\mathrm{rad/s} \leqslant x_2 \leqslant 5\mathrm{rad/s}$，则设计步骤

如下：

第一步：对 x_1 在其论域上建立三个隶属度函数，即图 3-12 所示的正值（P）、零（Z）和负值（N）。然后，对 x_2 在其论域上也建立三个隶属度函数，即图 3-13 所示的正值（P）、零（Z）和负值（N）。

第二步：为划分控制空间（输出），对 $u(k)$ 在其论域上建立五个隶属度函数，$-24 \leqslant u(k) \leqslant 24$，如图 3-13 所示（注意，图上划分为 7 段，但此问题中只用了 5 段）。

第三步：用表 3-4 所列的 3×3 模糊控制规则表的格式建立 9 条规则（即使可能不需要这么多）。在本系统中为使倒立摆系统稳定，将用到 θ 和 $d\theta/dt$。表 3-4 中的输出即为控制作用 $u(t)$。图 3-14 为输出 u 的分区。

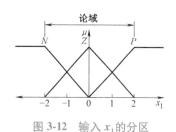

图 3-12　输入 x_1 的分区

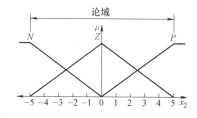

图 3-13　输入 x_2 的分区

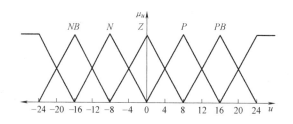

图 3-14　输出 u 的分区

表 3-4　模糊控制规则表

x_1	x_2		
	P	Z	N
P	PB	P	Z
Z	P	Z	N
N	Z	N	NB

第四步：用表 3-4 中的规则导出该控制问题的模型，并用图解法来推导模糊运算。假设初始条件为

$$x_1(0) = 1° \quad 和 \quad x_2(0) = -4\text{rad/s}$$

最后，取离散步长 $0 \leqslant k \leqslant 3$，并用矩阵差分方程式导出模型的四步循环式。模型的每步循环式都会引出两个输入变量的隶属度函数。模糊控制规则表产生控制作用 $u(k)$ 的隶属度函数。用重心法对控制作用的隶属度函数进行精确化，用递归差分方程解得新的 x_1 和 x_2 值。$k=0$ 之后的每步模型循环式都以前一步的 x_1 和 x_2 值为开始，并作为下一步递归差分方程式

的输入条件。

图 3-15 和图 3-16 分别为 x_1 和 x_2 的初始条件。从模糊控制规则表（见表 3-4），得出

IF $(x_1 = P)$ and $(x_2 = Z)$ ，　THEN $(u = P)$ 　　$\min(0.5, 0.2) = 0.2(P)$

IF $(x_1 = P)$ and $(x_2 = N)$ ，　THEN $(u = Z)$ 　　$\min(0.5, 0.8) = 0.5(Z)$

IF $(x_1 = Z)$ and $(x_2 = Z)$ ，　THEN $(u = Z)$ 　　$\min(0.5, 0.2) = 0.2(Z)$

IF $(x_1 = Z)$ and $(x_2 = N)$ ，　THEN $(u = N)$ 　　$\min(0.5, 0.8) = 0.5(N)$

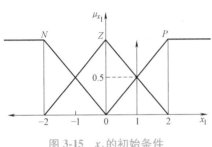

图 3-15　x_1 的初始条件

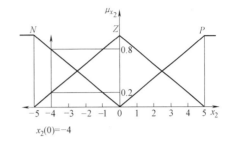

图 3-16　x_2 的初始条件

图 3-17 表示了控制变量 u 的截尾模糊结果的并集。利用重心法精确化计算后的控制值 $u = -2$。

已知在 $u = -2$ 控制下，系统的状态变为

$$x_1(1) = x_1(0) + x_2(0) = -3$$
$$x_2(1) = x_1(0) + x_2(0) - u(0) = -1$$

依次类推，可以计算出下一步的控制输出 $u(1)$。模糊控制器能够满足倒立摆的运动控制。

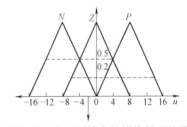

图 3-17　由规则得出的模糊推理结果

第四节　模糊 PID 控制器的设计

众所周知，传统的 PID 控制器是过程控制中应用最广泛、最基本的一种控制器，它具有简单、稳定性好、可靠性高等优点。PID 调节规律对相当多的工业控制对象，特别是对于线性定常系统控制是非常有效的。其调节过程的品质取决于 PID 控制器各个参数的整定。同时，由于模糊控制实现的简易性和快速性，通常以系统误差 e 和误差变化 de 为输入语句变量，因此它具有类似于常规的 PD 控制器特性。由经典控制理论可知，PD 控制器可获得良好的系统动态特性，但无法消除系统的静态误差。由上分析，为了改善模糊控制器的静态性能，提出了模糊 PID 控制器的思想。目前模糊 PID 控制的设计主要涉及两个方面的内容：一是模糊控制器和常规 PID 的混合结构；二是常规 PID 参数的模糊自整定技术。

一、模糊控制器和常规 PID 的混合结构

要提高模糊控制器的精度和跟踪性能，就必须对语言变量取更多的语言值，即分挡越细，性能越好，但同时带来的缺点是规则数和计算量也大大增加，使得调试更加困难，控制器的实时性难以满足要求。解决这一矛盾的一种方法是在论域内用不同的控制方式分段实现控制——即当误差大时采用纯比例控制方式，当误差小于某一阈值时切换到模糊控制方式，

当输入变量误差模糊值为零（ZE）时进入 PI 控制方式；另一种方法是将 PID 控制器分解为模糊 PD 控制器和各种其他类型（如模糊放大器、模糊积分器、模糊 PI 控制器、确定积分器等）的并联结构，达到这两种控制器性能的互补，不同的控制对象可以有不同的控制结构。一般来说，模糊 PID 控制器可归结为五种类型。

1）当被控过程的稳态增益已知或可以测量 K_p 时，积分作用就没有必要了，在这种情况下，模糊逻辑控制器的输出可以用如下方程来描述：

$$U_1 = U_{PD} + U_i = U_{PD} + x/K_p \tag{3-13}$$

式中，U_{PD} 是模糊 PD 控制器输出，x 是闭环系统的期望输出值，如图 3-18 所示。

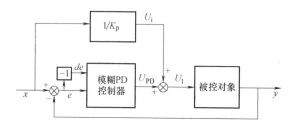

图 3-18　模糊 PID 控制器

2）如果 K_p 未知，则积分项不可缺少。在这种情况下可以将传统的积分控制器并联到模糊 PD 控制器中去构成混合结构，其中积分控制器输出 $u_i = K_i \sum e$，K_i 是已知的积分增益，如图 3-19 所示。

3）由于以上两种混合结构包含了确定性的比例环节和积分环节，因此实质上不是纯粹的模糊 PID 控制器。如果将类型 2）中的积分增益 K_i 进行模糊化就变成了类型 3）的模糊 PID 控制器。

其中控制器的总输出值为

$$U_3 = U_{PD} + \text{Fuzzy}(K_i) \sum e$$

4）另一方案是将模糊 PD 控制器与模糊 PI 控制器并联构成拟模糊 PID 控制器。它们都是由二输入-单输出规则库来控制的，其中模糊 PI 控制器的规则形式为

PI 规则 r：如果 e 是 E^r、de 是 ΔE^r，那么 du 是 ΔU^r　　　$r = 1, 2, \cdots, N$

与 PD 控制器规则不同之处在于模糊 PD 控制器的输出为当前控制值 U，而模糊 PI 控制器的输出为控制增量 ΔU。其控制结构如图 3-20 所示。

5）如果只考虑误差对模糊 PI 输出量有影响，则类型 4）中的规则可以简化为

简易 PI 规则 r：如果 e 是 E^r，那么 du 是 ΔU^r　　　$r = 1, 2, \cdots, N$

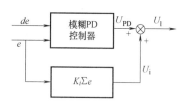

图 3-19　模糊 PID+精确积分

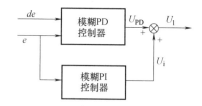

图 3-20　模糊 PD 和模糊 PI 合成的控制结构

这里的模糊积分控制器与模糊 PD 控制器并联，结构图同类型 4）。

【例 3-2】 考虑一个二阶动态系统，其传递函数为

$$G(s) = \frac{K}{s^2 + bs + c}$$

已知输入和输出语言变量的语言值和隶属度值都相同（见表 3-5），系统的参数（K，b，c）= (5，1，1)，模糊 PD 控制器的规则库由表 3-6 给出。

表 3-5 隶属度函数值

	−5	−4	−3	−2	−1	0	1	2	3	4	5
PB	0	0	0	0	0	0	0	0.1	0.4	0.7	1
PM	0	0	0	0	0.1	0.4	0.7	1	0.7	0.4
PS	0	0	0	0.1	0.4	0.7	1	0.7	0.4	0.1	0
ZE	0	0	0.1	0.4	0.7	1	0.7	0.4	0.1	0	0
NS	0	0.1	0.4	0.7	1	0.7	0.4	0.1	0	0	0
NM	0.4	0.7	1	0.7	0.4	0.1	0	0	0	0	0
NB	1	0.7	0.4	0.1	0	0	0	0	0	0	0

表 3-6 模糊控制规划库 ΔE

		NB	NM	NS	ZE	PS	PM	PB
	NB	NB	NB	NB	NM	NM	NS	ZE
	NM	NB	NB	NB	NM	NS	ZE	PS
E	NS	NB	NM	NM	NS	ZE	PS	PM
	ZE	NB	NS	NS	ZE	PS	PM	PB
	PS	NM	NS	ZE	PS	PM	PB	PB
	PM	NS	ZE	PS	PM	PB	PB	PB
	PB	ZE	PS	PM	PM	PB	PB	PB

控制值 U_{PD}

由表 3-6 可知，对于一个二维的 PD 控制器规则库，在 7 个语言值条件下共有 7×7 = 49 条规则，如果要实现模糊 PID 控制器的规则库，则需要 7×7×7 = 343 条规则。因此，输入语言变量的增加会导致规则库的迅速增加。再则，当系统为二输入-二输出的多输入-多输出系统时，其模糊 PID 控制器的规则库将达到 117649 条。

为了实现类型 3）和类型 5）的拟模糊 PID 控制器，必须引入积分环节的规则库。对于类型 3），其模糊增益 K_i 的规则库见表 3-7。

表 3-7 类型 3）的模糊增益 K_i 的规则库

E	NB	NM	NS	ZE	PS	PM	PB
K_i	PS	PM	PM	PB	PM	PM	PS

对于类型 5），其模糊输出增益 ΔU 的规则库见表 3-8。

表 3-8 类型 5）的模糊输出增益 ΔU 的规则库

E	NB	NM	NS	ZE	PS	PM	PB
ΔU	NB	NM	NS	ZE	PS	PM	PB

针对以上被控系统，分别用类型 1）~5）的控制方式对其控制，其单位阶跃响应曲线如图 3-21 所示。五种不同类型的拟模糊 PID 控制器作用下的不同性能指标如上升时间（T_r）、超调量（$\sigma\%$）、绝对误差积分准则（IAE）、时间乘绝对误差积分准则（ITAE）的比较值见表 3-9。

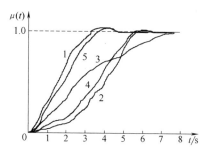

图 3-21　各种模糊 PID 控制响应曲线

表 3-9　类型 1）~5）的不同性能指标的比较值

类型	性能指标			
	T_r	$\sigma\%$	IAE	ITAE
1	2.09	0.9%	26.54	32.59
2	4.36	0.4%	40.29	48.61
3	7.25	0.1%	58.21	82.37
4	4.02	0.6%	30.01	60.98
5	2.21	0.7%	29.91	35.73

二、常规 PID 参数的模糊自整定技术

为了满足不同误差 e 和误差变化 de 对 PID 参数自整定的要求，利用模糊控制规则在线对 PID 参数进行修改，便构成了参数模糊自整定 PID 控制器。这种技术的设计思想是先找出 PID 三个参数与误差 e 和误差变化 de 之间的模糊关系，在运行中通过不断检测 e 和 de，再根据模糊控制原理来对三个参数进行在线修改以满足在不同 e 和 de 时对控制器参数的不同要求，从而使被控对象具有良好的动、静态性能。根据对已有控制系统设计经验的总结，可以得出 PID 参数 K_p、K_i、K_d 的自整定规律如下：

1）当 $|e|$ 较大时，应取较大的 K_p 和较小的 K_d（使系统响应加快）且使 $K_i = 0$（避免过大的超调）。

2）当 $|e|$ 中等时，应取较小的 K_p（使系统响应具有较小的超调），适当的 K_d 和 K_i（K_d 的取值对系统响应的影响较大）。

3）当 $|e|$ 较小时，应取较大的 K_p 和 K_i（使系统响应具有良好的稳态性能），K_d 的取值要适当，以避免在平衡点附近出现振荡。

可以取语言变量 $|e|$ 和 $|de|$ 的语言值为"大""中""小"，其隶属度函数分别用图3-22、图 3-23 来表示。

其中隶属度函数的几个主要参数 e_1、e_2、e_3、de_1、de_2、de_3 可以根据不同情况进行调整以提高 PID 控制器的总体控制性能。依据 $|e|$ 和 $|de|$ 的不同组合状态，其模糊 PID 参数自调整的规则库可以有不同种类，下例给出某种组态下的规则库：

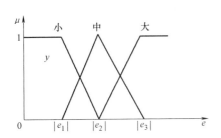

图 3-22　语言变量误差 e 的隶属度函数

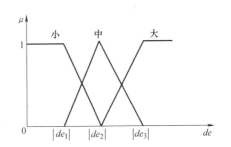

图 3-23　语言变量误差变化 de 的隶属度函数

规则1:　　如果$|e|$是大，则 $K_{p1}=K'_{p1}$，$K_{i1}=0$，$K_{d1}=0$；

规则2:　　如果$|e|$是中且$|de|$是大，则 $K_{p2}=K'_{p2}$，$K_{i2}=0$，$K_{d2}=K'_{d2}$；

规则3:　　如果$|e|$是中且$|de|$也是中，则 $K_{p3}=K'_{p3}$，$K_{i3}=0$，$K_{d3}=K'_{d3}$；

规则4:　　如果$|e|$是中且$|de|$是小，则 $K_{p4}=K'_{p4}$，$K_{i4}=0$，$K_{d4}=K'_{d4}$；

规则5:　　如果$|e|$是小，则 $K_{p5}=K'_{p5}$，$K_{i5}=K'_{i5}$，$K_{d5}=K'_{d5}$。

其中，$K'_{p1}\sim K'_{p5}$、$K'_{i1}\sim K'_{i5}$、$K'_{d1}\sim K'_{d5}$分别是在不同状态下对于参数 K_p、K_i、K_d 用常规 PID 参数整定法得到的整定值。

同理，可以依据$|e|$和$|de|$的不同组态得到不同的模糊 PID 参数自调整规则库。

本 章 小 结

在模糊控制系统中，模糊逻辑控制器是整个控制系统的核心。一个模糊逻辑控制器至少是由模糊化过程、模糊逻辑推理和精确化计算三部分组成。模糊化过程是将实际物理系统的精确测量值、控制值等转化为模糊集，这一工作主要由隶属度函数来完成。模糊逻辑推理又是模糊控制器的核心。模糊逻辑推理由数据库、规则库和模糊逻辑推理方法组成。数据库包括量化等级选择、量化方式、比例因子以及模糊子集的隶属度函数值。建立数据库的主要难点在于正确的输入/输出空间模糊划分，这也是建立完整、兼容、一致性的模糊控制规则库的基础。对于单输入-单输出系统的模糊划分问题，尤其是二维以下的模糊控制器设计已经基本解决，但对于多输入-多输出系统的模糊空间划分仍然存在很大困难。模糊控制规则库的建立主要依赖于专家经验法和观测法。自组织法不失为一种很有前途的方法，但至今还没有一套成熟又通用的方法。

模糊控制器的设计是本章的主要内容。模糊控制器的设计首先是结构设计，并在设计原则的指导下逐步完成模糊逻辑控制器各个环节的设计，即完成模糊逻辑控制器输入/输出变量的选择，确定各个变量的论域、量化等级、量化因子，定义各个变量在论域内模糊子集的隶属度函数，确定模糊控制规则库，最后选择精确化计算的方法。对于离散系统而言，可以通过人工离线计算或仿真实验直接构造出模糊控制表，这样模糊控制的问题就归结为查表法。因此，模糊控制的实时性是没有问题的。

模糊控制系统的一个主要问题是如何保证系统控制的稳态精度。提高输入/输出变量量化等级和进行非线性量化方式虽然有助于模糊控制系统的控制精度改善，但由于量化等级的增加势必导致模糊规则库的急剧增加，从而对规则库的完备性、兼容性、一致性等都带来巨大的困难，因此通过增加量化等级并不是最佳方法。模糊 PID 控制器是解决这一问题的有效方法之一。本章最后讨论了两类模糊 PID 控制器，即模糊控制器和常规 PID 的混合结构及常量 PID 控制器的模糊整定技术。

 习题和思考题

3-1 模糊逻辑控制器由哪几部分组成？各完成什么功能？

3-2 模糊逻辑控制器常规设计的步骤怎样？应该注意哪些问题？

3-3 已知由极大-极小推理法得到输出模糊集为 $C=0.3/-1+0.8/-2+1/-3+0.5/-4+0.1/-5$。试用重心法计算出此推理结果的精确值 z^*。

3-4 已知某一加热炉炉温控制系统，要求温度保持在600℃恒定。目前此系统采用人工控制方式，并有以下控制经验：

1) 若炉温低于600℃，则升压；低得越多电压升得越高。

2) 若炉温高于600℃，则降压；高得越多电压降得越低。

3) 若炉温等于600℃，则保持电压不变。

设模糊控制器为一维控制器，输入语言变量为误差，输出为控制电压。两个变量的量化等级为七级、取五个语言值。隶属度函数根据遵守的基本原则任意确定。试按常规模糊逻辑控制器的设计方法设计出模糊逻辑控制表。

3-5 设在论域 e（误差）$=\{-4, -2, 0, 2, 4\}$ 和控制电压 $u=\{0, 2, 4, 6, 8\}$ 上定义的模糊子集的隶属度函数分别如图 3-24、图 3-25 所示。已知模糊控制规则如下：

规则1：如果误差 e 为 ZE，则 u 为 ZE。

规则2：如果误差 e 为 PS，则 u 为 NS。

试应用玛达尼推理法计算当输入误差 $e=0.6$ 时，输出电压的值（精确化计算采用重心法）。

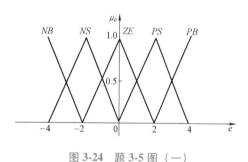

图 3-24 题 3-5 图（一）   图 3-25 题 3-5 图（二）

 上机实验题

已知系统的传递函数为 $G(s)=\dfrac{1}{10s+1}e^{-0.5s}$，假设系统给定为阶跃值 $r=30$，系统的初始值 $r(0)=0$。试分别设计：

1) 常规的 PID 控制器。

2) 常规的模糊控制器。

3) 比较两种控制器的控制效果。

4) 当改变模糊控制器的比例因子时，分析系统响应有什么变化？

第四章

人工神经元网络模型

第一节　神经网络概述

　　模糊逻辑控制解决了智能控制中人类语言的描述和推理问题，尤其是一些不确定性语言的描述和推理问题，从而在机器模拟人脑的感知和推理等智能行为方面迈出了重大的一步。然而，模糊控制在处理数值、数据和自学习能力等方面还远没有达到人脑的境界。本章将从另一个角度出发，即从人脑的生理学和心理学着手，通过人工模拟人脑的信息处理机理来实现机器的部分智能行为。人工神经网络就是模拟人脑细胞的分布式工作特点和自组织功能，实现并行处理、自学习和非线性映射等能力的一种系统模型。

　　自 20 世纪 80 年代以来，神经网络的研究出现了突破性的进展。神经网络作为揭开人脑生理机制的一个重要手段越来越引起各行各业科学家的浓厚兴趣。早在 1943 年，心理学家 McCmloch 和数学家 Pitts 合作提出形式神经元数学模型（MP），揭开了神经科学理论的新时代。1944 年，Hebbian 提出了改变神经元连接强度的 Hebbian 规则，至今仍在各种神经网络模型中起着重要作用。1957 年，Rosenblatt 首次引进了感知器（Perceptron）。它由阈值性神经元组成，试图模拟动物和人脑的感知和学习能力。1976 年，Grossberg 基于生理和心理学的经验，提出了自适应共振理论。各种神经网络模型和结构的提出进一步推动神经网络理论的研究和发展。1982 年，美国加州理工学院物理学家 Hopfield 提出了 HNN 模型，他引入了"计算能量函数"的概念，给出了网络的稳定性判据，HNN 网络的电子电路实现为神经计算机的研究奠定了基础，同时也开拓了神经网络用于记忆和优化计算的新途径。值得一提的是，1986 年，Rumelhart 等人和 PDP 研究小组提出了多层前向传播网络的 BP 学习算法，为前向传播神经网络的快速有导师指导学习提供了十分有效的方法，也为神经网络的实际应用开辟了一条新途径。

　　神经网络经历了半个多世纪的研究和发展已经取得了重大的进展，尤其是 20 世纪 80~90 年代，人工神经网络得到了迅速发展。神经网络系统实质上是由大量的，同时也是很简单的处理单元（或称神经元）广泛地互相连接而形成的复杂网络系统。它反映了人脑功能的许多基本特性，但它并不是人脑神经系统的真实写照，而只是对其作某种简化、抽象和模拟。神经网络系统是一个高度复杂的非线性动力学系统，虽然每一个神经元的结构和功能十分简单，但由大量神经元构成的网络系统的行为却是丰富多彩和十分复杂的。神经网络系统除了具备一般非线性动力学系统的共性之外，还具有一些明显的特点，如快速并行处理能力和自学习能力等。因此，神经网络控制确实是一种很有前途的智能控制方法。但必须指出，神经网络控制仍存在大量的理论问题有待解决。本章将就目前在控制领域中用得相对普遍的神经网络模型、神经网络控制结构及学习算法做一介绍。同时对神经网络系统建模、神经网络络控制等进行研究和总结。作者认为，神经网络理论处在发展阶段，有很多问题，如学习的快速性问题、网络结构的最佳选择问题、新颖的特别适用于控制的专用网络模型和非线性系统的神经网络可辨识性问题、控制算法的收敛性和稳定性问题等都没有明确的答案。作者希望通过本书对神经网络控制的介绍能起到抛砖引玉的效果，促进神经网络控制理论的深入发展。

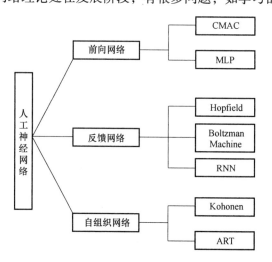

图 4-1　神经网络结构的种类

神经元网络系统的研究主要涉及三个方面的内容，即神经元模型、神经网络结构、神经网络学习方法。从神经元模型角度来看，有线性处理单元和非线性处理单元；从网络结构方面来看，主要表现出三大类，即前向网络、反馈网络和自组织网络。目前已被广泛应用的神经网络结构种类大致如图 4-1 所示。

虽然不同神经网络结构种类的组成原理和结构不尽相同，但是它们都具有学习功能，因此在一般意义上，统称为神经元网络。所谓学习，是指神经元系统能根据某种学习方法调整它内部的参数以完成特定任务的过程。根据不同的神经网络结构，学习方法主要有两大类，有导师指导下的学习和无导师指导下的学习。在全面介绍各种神经网络模型之前，先来讨论人工神经网络的一些共性问题。

一、神经元模型

神经元是生物神经系统的最基本单元，其形状和大小是多种多样的，但从组成结构方面来看，各种神经元是有共性的。神经元模型是生物神经元的抽象和模拟，是模拟生物神经元的结构和功能，并从数学角度抽象出来的一个基本单元。在构造神经网络模型前，首先就要确定神经元的各种特性。神经元一般是多输入-单输出的非线性器件，如图 4-2 所示。

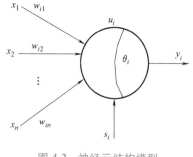

图 4-2　神经元结构模型

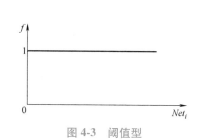

图 4-3　阈值型

图 4-2 中，u_i 为神经元的内部状态；θ_i 为阈值；x_i 为输入信号；$j=1，2，\cdots，n$；w_{ij} 表示从单元 u_j 到单元 u_i 的连接权值；s_i 为外部输入信号。

由图 4-2 可知，上述模型可描述为

$$Net_i = \sum_j w_{ij} x_j + s_i - \theta_i \tag{4-1}$$

$$u_i = f(Net_i) \tag{4-2}$$

$$y_i = g(u_i) = h(Net_i) \tag{4-3}$$

通常情况下，可以假设 $g(u_i) = u_i$，即 $y_i = f(Net_i)$。目前常用的神经元数学模型主要有以下四种：

(1) 阈值型（见图 4-3）

$$f(Net_i) = \begin{cases} 1 & Net_i > 0 \\ 0 & Net_i \leq 0 \end{cases}$$

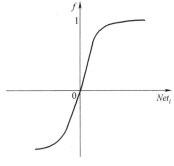

图 4-4 分段线性型

(2) 分段线性型（见图 4-4）

$$f(Net_i) = \begin{cases} 0 & Net_i \leq Net_{i0} \\ kNet_i & Net_{i0} < Net_i < Net_{i1} \\ f_{max} & Net_i \geq Net_{i1} \end{cases}$$

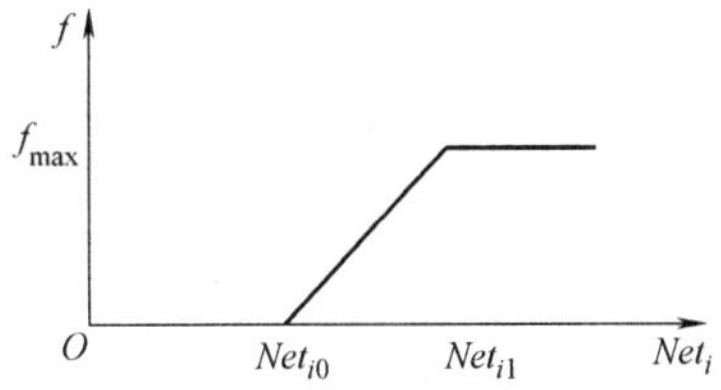

(3) Sigmoid 函数型（见图 4-5）

$$f(Net_i) = \frac{1}{1 + e^{-\frac{Net_i}{T}}}$$

(4) Tan 函数型（见图 4-6）

$$f(Net_i) = \frac{e^{\frac{Net_i}{T}} - e^{-\frac{Net_i}{T}}}{e^{\frac{Net_i}{T}} + e^{-\frac{Net_i}{T}}}$$

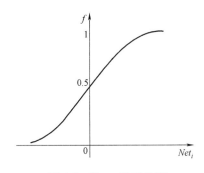

图 4-5 Sigmoid 函数型

图 4-6 Tan 函数型

二、神经网络的模型分类

目前神经网络模型的种类相当丰富，已有 40 余种各式各样的神经网络模型，其中典型的有多层前向传播网络（BP 网）、Hopfield 网络、CMAC 小脑模型、ART 自适应共振理论、BAM 双向联想记忆、SOM 自组织网络、Blotzman 机网络和 Machine 网络等。

神经网络的强大功能就是通过神经元的互连而达到的。根据连接方式的不同，神经网络可分为以下四种形式：

(1) 前向网络 如图 4-7a 所示，神经元分层排列，组成输入层、隐含层（可以有若干层）和输出层。每一层的神经元只接收前一层神经元的输入。输入模式经过各层的顺次变换后，得到输出层输出。各神经元之间不存在反馈。感知器和误差反向传播算法中使用的网络都属于这种类型。

（2）反馈网络 这种网络结构指的是只有输出层到输入层存在反馈，即每一个输入结点都有可能接收来自外部的输入和来自输出神经元的反馈，如图 4-7b 所示。这种模式可用来存储某种模式序列，如神经认知机即属于此类。也可以用于动态时间序列系统的神经网络建模。

（3）相互结合型网络 与前面两种结构模型不同，相互结合型模型属于网状结构，如图 4-7c 所示。这种神经网络模型在任意两个神经元之间都可能存在连接。HNN 网络和 Boltzman 机网络都属于这一类。在无反馈的前向网络中，信号一旦通过某个神经元，过程就结束了，而在相互结合的网络中，信号要在神经元之间反复往返传递，网络处在一种不断改变的状态之中。从某个初态开始，经过若干次变化，才能达到某种平衡状态，根据网络结构和神经元的特性，还有可能进入周期振荡或其他如混沌等状态。

（4）混合型网络 它是层次型网络和网状结构网络的一种结合，如图 4-7d 所示。通过层内神经元的相互结合，可以实现同一层内的神经元的横向抑制或兴奋机制，这样可以限制每层内能同时动作的神经元数，或者把每层内的神经元分成若干组，让每组作为一个整体来动作。

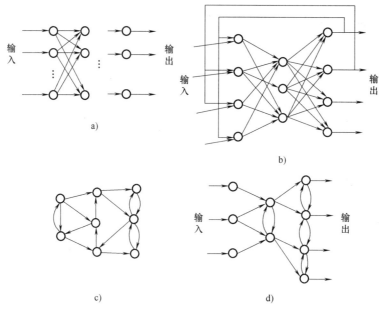

图 4-7 神经网络的四种形式

三、神经网络的学习算法

学习的过程实质上是针对一组给定输入 X_p（$p = 1$，2，$\cdots$，N）使网络产生相应期望输出的过程。总的来说，神经网络的学习算法分为两大类，即有导师学习和无导师学习，分别如图 4-8a、b 所示。

所谓有导师学习，就是在训练过程中始终存在一个期望的网络输出，期望输出和实际输出之间的距离作为误差度量并用于调整权值。而无导师学习指的是网络不存在一个期望的输

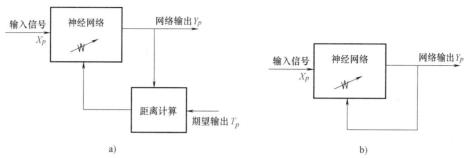

图 4-8　神经网络的学习算法

出值，因而没有直接的误差信息，因此，为实现对网络训练，需建立一个间接的评价函数，以对网络的某种行为趋向作出评价。神经网络学习规则根据连接权系数的改变方式不同又可分为如下三类：

1. 相关学习

仅仅根据连接间的激活水平改变权系数。它常用于自联想网络，执行特殊记忆状态的死记式学习。最常见的学习算法是 Hebbian 学习规则。

1）Hebbian 学习规则：Hebbian 在 1949 年提出了网络学习 Hebbian 规则。Hebbian 学习规则的基本思想是，如果单元 u_i 接收来自另一单元 u_j 的输出，那么，若两个单元都高度兴奋，则从 u_j 到 u_i 的权值 w_{ij} 便得到加强。用数学形式可以表示为

$$\Delta w_{ij} = g(y_i(t), t_i(t)) h(o_j(t), w_{ij}) \tag{4-4}$$

式中，$t_i(t)$ 是对于 u_i 的一种理想输入。

简单地说，式（4-4）意味着，从 u_j 到 u_i 的连接权阵的修改量是由 u_i 的活跃值 y_i 和它的理想输入 t_i 的函数 g，以及 u_j 的输出值 $o_j(t)$ 和连接强度 w_{ij} 的函数 h 的积确定。在 Hebbian 学习规则的最简单形式中没有理想输入，而且函数 g 和 h 与它们的第一个自变量成正比。因此，有

$$\Delta w_{ij} = \eta y_i o_j \tag{4-5}$$

式中，η 表示学习步长。

2）相关学习法：相关学习法实际上是一种有导师指导下的 Hebbian 学习法，它是将 Hebbian 学习法［见式（4-5）］中的 y_i 用期望输出值 t_i 来代替，即

$$\Delta w_{ij} = \eta t_i x_j \qquad i = 1, 2, \cdots, n_o; j = 1, 2, \cdots, n_i$$

相关学习法的权系数初值通常取为 0。

2. 纠错学习

依赖关于输出节点的外部反馈改变权系数。它常用于感知器网络、多层前向传播网络和 Boltzman 机网络。其学习的方法是梯度下降法。最常见的学习算法有感知器学习规则、Delta 学习规则、Widrow-Hoff 学习规则、模拟退火学习规则。

1）感知器学习规则：感知器学习规则是一种最基本的有导师学习方法。其学习信号就是网络的期望输出 t 与网络实际输出 y 的偏差 $\delta_j = t_j - y_j$。连接权阵的更新规则为

$$\Delta w_{ji} = \eta \delta_j y_i \tag{4-6}$$

感知器学习规则只适用于二值输出网络，且是线性可分函数。

2）Delta 学习规则：Delta 学习规则是对感知学习规则的改进。它不但适用于线性可分函数也适用于非线性可分函数，且激励函数的输出可以为连续函数。与感知器学习规则一样，

Delta 学习规则也属于有导师学习方法。它适用于多层前向传播网络，其中 BP 学习算法是最典型的 Delta 学习规则。定义指标函数

$$E_p = \frac{1}{2} \sum_{i=1}^{n_o} (t_i - y_i)^2$$

连接权阵的更新规则为

$$\Delta W = -\eta \, \nabla E_p$$

3) Widrow-Hoff 学习规则：Widrow-Hoff 学习规则是由 Widrow 和 Hoff 在 1962 年共同提出来的，主要用于有导师学习。当输出单元为线性函数时，其校正量为 $\delta_j = t_j - W_i T_X$，因而有

$$\Delta w_{ji} = \eta \delta_j X_i \qquad i = 1, 2, \cdots, n_o$$

实质上，Widrow-Hoff 学习规则是 Delta 学习规则的一个特例，即当输出单元为线性单元时，Delta 学习规则就退化为 Widrow-Hoff 学习规则。

3. 无导师学习

学习表现为自适应实现输入空间的检测规则。它常用于 ART、Kohonen 自组织网络。在这类学习规则中，关键不在于实际结点的输出怎样与外部的期望输出相一致，而在于调整参数以反映观察事件的分布。

Winner-Take-All 学习规则：如图 4-9 所示的前向传播神经网络结构，Winner-Take-All 学习规则的基本思想是：假设输出层共有 n_o 个输出神经元，且当输入为 x 时，第 m 个神经元输出值最大，则称此神经元为胜者。并将与此胜者神经元相连的权系数 W_m 进行更新。其更新公式为

$$\Delta w_{mj} = \eta (x_j - w_{mj}) \qquad j = 1, 2, \cdots, n_i$$

式中，η 为小常数，$\eta > 0$。

有导师指导下的学习中通常有一维矢量组成的训练样本集，并利用这一样本对神经网络进行训练。在这一矢量对中，其中一个矢量对应于网络的输入，另一个矢量表示期望输出。网络训练的目的是通过调整神经网络的权系数矩阵使网络的实际输出与期望输出之间的偏差达到极小。这一过程可以是一个迭代过程，也可以是通过一个闭合方程解，一次性得到权系数矩阵的值。

无导师指导下的学习有时又称为自组织训练，它只需要输入样本就可以进行网络的训练。在整个训练过程中，神经网络权系数调整的目的是保证此网络能够将相类似的输入样本映射到相近似的输出单元中去。这一训练过程实质上是从输入样本集中抽取其统计特性。

虽然学习算法众多，但无论那一种都不是完全理想的，它们都受到这样或那样的限制。因此，在神经网络理论的研究中，学习算法的研究占据重要一席之地。学习速度、算法的可靠性和通用性是评价一个学习算法好坏的重要因素，对学习算法的进一步改进应该着重于这些方面。

除此之外，在神经网络理论的研究中还有许多问题的困扰，例如：

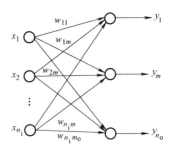

图 4-9　前向传播神经网络结构

1) 神经网络能否实现期望的表示？满足期望输入/输出映射的网络权阵是否存在？

2）学习算法能否保证权值收敛于真值？

3）权值能否通过网络训练达到最佳值？

4）神经网络的泛化能力是否充分？

5）训练样本集是否合理？它们能否充分地描述系统的输入/输出特性？

对于这些问题的满意解答目前还没有定论。因此，人们对人工神经网络的利用还带有许多经验性的判断。目前，人们不能保证对于一个给定的神经网络、学习算法和训练样本集都能够产生满意的逼近结果，因此就现在的背景知识而言，为了得到较好的结果，大量的试验是不可避免的。

四、神经网络的泛化能力

现实世界是五颜六色的，充满着变化和发展。因此，不可能存在两个完全一致的事物。但是人们能够很容易地区别出这里的相同或相异。例如，人能够轻易地从电话中听出朋友的声音，不管其噪声有多大。那么，对于人工神经网络而言，是否也应该具有这样类似的性能呢？希望是肯定的。人们希望人工神经网络也能容许某些变化，如当输入矢量带有噪声时，即与样本输入矢量存在差异时，其神经网络的输出同样能够准确地呈现出应有的输出。这种能力就称为神经网络的泛化能力。

在有导师指导下的学习中，泛化能力可以给出定量的定义。在具有某一个概率分布的样本中随机选取一部分作为神经网络的训练样本，并且首先对这一组样本进行网络训练最终得出神经网络输出的误差 e_1，然后再从全体样本数据中随机选取另一组输入/输出数据。用这一批数据对已经训练好的神经网络进行校对，记它们的校对误差即神经网络的实际输出与期望输出之差为 e_2。那么，定义 $|e_1-e_2|$ 为此神经网络的泛化能力。

神经网络的泛化又可以看作是一种多维插值。为了说明这一点，下面先看一个例子。为了便于分析，考虑一个一维问题。假设给定 5 个样本点，如图 4-10 所示，并假定这 5 个点取于某一条潜在的曲线，通过插值计算就可以得到在这 5 个点之间任意输入点 x 的未知曲线的输出值 $y=f(x)$。图中，给出了三条不同的插值计算曲线，它们分别是五阶多项式、七阶多项式和九阶多项式。虽然通过插值计算可以得到其余输入点的输出值，而且每一条曲线对于已知的 5 个样本的逼近都是完美无缺的，但是，

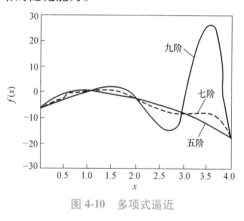

图 4-10　多项式逼近

在没有进一步的信息之前，是无法判断哪一条曲线更符合实际的输出响应的。这一例子说明了泛化存在的一个基本问题，即只用有限的样本数据集难以正确地确定其他点的输出情况。目前神经网络理论对此类问题也无法有满意的解释，因此必须借助于系统的一些背景知识和校验数据来解决。在缺乏任何其他信息的条件下，人们习惯于选择那些比较简单又比较平滑的结果，如上例中，可选五阶多项式曲线来描述输入/输出关系。同样的道理，对于同样的样本集和具有同样精度的不同神经网络结构，人们会选择最简单的那一个网络结构类型。但是必须指出，这样的选择是武断的和主观的，会产生不良结果。

以上分析可知，泛化或插值都需要一定数量的样本训练集。很显然，如果仅仅只有少数

样本点，那么点之间的曲线形状的不确定性将是相当严重的。因此，可以这样说，输入矢量的个数、网络的结点数和权值与训练样本集数目之间存在密切的关系。

第二节　前向神经网络模型

前向神经网络是由一层或多层非线性处理单元组成。相邻层之间通过突触权系数连接起来。由于前一层的输出作为下一层的输入，因此称此类网络结构为前向神经网络。前向神经网络结构的出现是相当早的，1962 年 Rosenblatt 提出的感知器和 1962 年 Widrow 提出的 Adaline 网络是最早的前向神经网络结构。然而前向神经网络真正发挥出它应有的潜力，是在 1986 年 Rumelhart 等提出的多层感知网络及其 BP 学习算法以后。前向神经网络可以看成是一种一组输入模式到一组输出模式的系统变换，这种变换通过对某一给定的输入样本相应的输出数据集训练得到。为了能实现这一行为，网络的突触权系数阵能在某种学习规则的指导下进行自适应学习。通常情况下，前向神经网络的训练需要一组输入/输出样本集，因此这种学习方法又称为有导师指导下的学习。

一、单一人工神经元

单一人工神经元可以看作是某一试图建立人工神经元和生物神经元之间联系的动态模型。根据这一解释，每一神经元的激励输出是由一组连续输入信号 x_i（$i=1$，2，$\cdots$，n_i）决定的，而这些输入信号代表着从另外神经元传递过来的神经脉冲的瞬间激励。设 y 代表神经元的连续输出状态值，一般 y 可取 0 或 1 来表示神经元的兴奋和抑制。

最简单的人工神经元是假设输入项 Net 由输入信号 x_j（$j=1$，2，$\cdots$，n）的线性组合构成，即

$$Net = \theta_0 + \sum_{j=1}^{n} w_j x_j \qquad (4\text{-}7)$$

式中，θ_0 为阈值；w_j 是决定第 j 个输入的突触权系数

$$y = \sigma\left(\theta_0 + \sum_{j=1}^{n} w_j x_j\right) \qquad (4\text{-}8)$$

式中，$\sigma(\cdot)$ 表示神经元的激励函数。

图 4-11 形象地表示了单一人工神经元的输入/输出关系。根据以前的讨论，如果输出变量 y 是一个二值元素，则在平衡点 $y = +1$（1）表示兴奋状态，$y = -1$（0）表示抑制状态。这样，每一个神经元的输出都可以用一个阈值型非线性函数来表示。但是为了分析方便起见，阈值型非线性函数通常用软阈值型非线性函数来代替，即 $\sigma(\cdot)$ 可以用下式来代替：

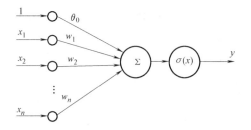

图 4-11　单一人工神经元的输入/输出关系

$$\sigma(x) = \xi^{-1}(x) = \tanh(\beta x) \qquad (4\text{-}9)$$

由前面讨论可知，在最简单的单一神经元中，是假设输入项 Net 是输入信号 x_i 的线性函数。但在一般情况下，Net 应该是输入 x_i 的非线性函数，即

$$Net = \theta_0 + \sum_{j=1}^{n} w_j x_j + \sum_{j=1}^{n} \sum_{k=1}^{n} w_{jk} x_j x_k + \cdots \tag{4-10}$$

此时，神经元的平衡态输出 y 为

$$y = \sigma\Big(\theta_0 + \sum_{j=1}^{n} w_j x_j + \sum_{j=1}^{n} \sum_{k=1}^{n} w_{jk} x_j x_k + \cdots\Big) \tag{4-11}$$

神经元输出只含兴奋和抑制两个状态的神经元可以看作是一个分类器，即能对任意一组输入信号进行是否属于的分类映射。当神经元输出为连续状态值时，单一神经元可以作为一个简单的神经控制器进行参数自适应控制，例如传统的 PID 调节器就可以用单一神经元来实现。这样，可以通过调节神经元的连接权系数来达到 PID 参数的自适应。

二、单层神经网络结构

前面描述的单一神经元是神经网络结构的基本组成部分。为了强调它在神经网络结构中的作用，又把人工神经元称为单元（Unit）。单层神经网络结构由 n_i 个输入单元和 n_o 个输出单元组成，如图 4-12 所示。系统 n_i 个输入变量用 x_j（$j=1$，2，$\cdots$，n_i）表示，n_o 个输出变量用 y_i（$i=1$，2，$\cdots$，n_o）表示。则，每一个输出神经元 y_i 满足

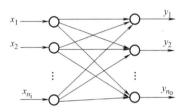

图 4-12　单层神经网络结构

83

$$y_i = \sigma\Big(\sum_{j=1}^{n_i} w_{ij} x_j + \theta_i\Big) \tag{4-12}$$

三、多层神经网络结构

早期对神经网络的研究着重于简单的神经网络如单层具有线性或非线性输出单元的研究。然而，人们很早就发现单靠单层神经元网络无法满足许多复杂问题的求解。许多学者（如 Widrow、Lehr 等人）提出了更复杂的结构来试图克服单层网络的众多缺陷。但真正起决定作用的是 Rumelhart 等人引入的多层传播网络结构和 BP 学习算法。多层传播结构是在输入层和输出层之间嵌入一层或多层隐含层的网络结构。隐含单元既可以与输入/输出单元相连，也可以与其他隐含单元相连。图 4-13 表示了具有一个隐含层的全连接多层前向传播网络的结构。隐含层单元与输入单元之间通过突触权系数 $w_{ij}^{(1)}$ 连接，并可用矩阵 $\boldsymbol{W}^{(1)}$ 表示全部的连接关系，隐含单元与输出单元通过突触权系数 $w_{ij}^{(2)}$ 表示，全部连接关系可用矩阵 $\boldsymbol{W}^{(2)}$ 记之。

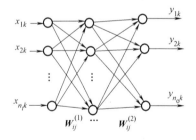

图 4-13　具有一个隐含层的
全连接多层前向传播网络结构

假设如图 4-13 所示的是只含有一个隐含层的神经网络。输入变量 x_i（$i=1$，2，$\cdots$，n_i）向 n_h 个隐含层单元传递输入信号，则每一个隐含单元的激励 o_j 满足如下方程

$$o_j = \rho\Big(\sum_{l=1}^{n_i} w_{jl}^1 x_l + \theta_j\Big) \qquad j = 1, 2, \cdots, n_h \tag{4-13}$$

式中，ρ 为隐含层神经元的激励函数。

每一层内的各神经元激励函数可以是不一样的。不失一般性，这里取为相同的激励

函数。

同样，输出层单元为

$$y_i = \sigma\Big(\sum_{j=1}^{n_h} w_{ij}^2 o_j + \theta_i\Big) \qquad i = 1, 2, \cdots, n_o \tag{4-14}$$

式中，σ 为输出层神经元的激励函数。

不难看出，可以简单地直接将以上结论推广到多层隐含层的神经网络上去。因此，所谓真正意义上的多层神经网络指的是虽然输出单元可以全部是线性单元，但隐含层单元中至少含有一个非线性单元，否则多层前向网络就退化为一个单层的神经网络结构了。为了便于数学推导，不失一般性，假设每一层的神经元激励函数相同，则对于 $L+1$ 层前向传播网络，其网络输出的数学表示关系方程式一律采用

$$Y = \Gamma_L(W^L \Gamma_{L-1}(\cdots W^l \Gamma_{l-1}[\cdots[\Gamma_1(W^1 x+\theta^1)]+\cdots+\theta^l]\cdots)+\theta^L) \tag{4-15}$$

式中，Γ_l 为各层神经元的激励函数；W^l 为 $l-1$ 层到 l 层的连接权系数矩阵，$l=1, 2, \cdots, L$；θ_l 为 l 层的阈值矢量。

四、多层传播网络的 BP 学习算法

前向传播网络实质上表示的是一种从输入空间到输出空间的映射。对于给定的输入矢量 X，其网络的响应可以由方程

$$Y = T(X) \tag{4-16}$$

给出，其中，$T(\cdot)$ 一般取为与网络结构相关的非线性算子。

神经网络可以通过对合适样本集，即输入/输出矢量对 (X_p, T_p)，$p=1, 2, \cdots, N$ 来进行训练。网络的训练实质上是突触权系数阵的调整，以满足当输入为 X_p 时其输出应为 T_p。由于对于某一特定的任务，训练样本集是由外部的导师决定的，因此这种训练的方法就称为有导师学习。

对于给定的一组初始权系数，网络对当前输入 X_p 的响应为 $Y_p = T(X_p)$。突触权系数的调整是通过迭代计算逐步趋向最优值的过程，调整数值大小是根据对所有样本 $p=1, 2, \cdots, N$ 的误差指标 $E_p = d(T_p, Y_p)$ 达到极小的方法来实现的。其中，T_p 表示期望的输出；Y_p 表示当前网络的实际输出；$d(\cdot)$ 表示距离函数。

对于 N 个样本集，性能指标为

$$E = \sum_{p=1}^{N} E_p = \sum_{p=1}^{N} \sum_{i=1}^{n_o} \phi(t_{pi} - y_{pi}) \tag{4-17}$$

式中，$\phi(\cdot)$ 是一个正定的、可微的凸函数。

对于具有 n_o 个输出单元网络，每一个期望输出矢量 T_p 和实际输出矢量 Y_p 之间的误差函数可以用二次方误差和来表示，即

$$E_p = \frac{1}{2} \sum_{i=1}^{n_o} (t_{pj} - y_{pj})^2 \tag{4-18}$$

一般说来，前向神经网络是通过期望输出与实际输出之间误差二次方的极小来进行权阵学习和训练。通常，前向传播网络的训练是一个周期一个周期地进行的，即在每一个周期内，训练将是针对所有的样本集。一旦一个周期完成，下一个周期仍然对此样本集进行重新训练，直到性能指标 E 满足要求为止。

现在考虑多层前向传播网络，如图 4-14 所示。设输入模式为 X_p，则相应的隐含单元的

输出为

$$o_{pj}^{l} = \Gamma_l \left(\sum_{i=1}^{n_i} w_{ji}^l x_{pi} + \theta_j^l \right) \tag{4-19}$$

很显然，隐含单元输出 o_{pj}^l 是输入矢量 $\boldsymbol{X}_p$ 和它们之间的突触权系数矩阵 $\boldsymbol{W}^l$ 的函数。突触权系数矩阵 $\boldsymbol{W}^l$ 由学习算法来训练。因此，对于每一对输入/输出样本矢量 $(\boldsymbol{T}_p, \boldsymbol{X}_p)$，在学习算法中必须包含一个中间矢量 $\boldsymbol{O}_p$ 的计算。根据 L 层网络结构可知，网络的输出为

$$y_{pj} = \Gamma_L(Net_{pj}^L) = \Gamma_L \left(\sum_{i=1}^{n_{L-1}} w_{ji}^L o_{pi}^{(L-1)} + \theta_j^L \right) \quad j = 1,2\cdots,n_o \tag{4-20}$$

第 $r+1$ 个隐含层的输入是第 r 个隐含层的输出，所以

$$Net_{pj}^{(r+1)} = \sum_{l=1}^{n_r} w_{jl}^{r+1} o_{pl}^{(r)} + \theta_j^{r+1} \quad r = 0,1,2,\cdots,L-1 \tag{4-21}$$

$$o_{pj}^{(r+1)} = \Gamma_{r+1} \left(\sum_{l=1}^{n_r} w_{jl}^{r+1} o_{pl}^{(r)} + \theta_j^{r+1} \right) \quad r = 0,1,2,\cdots,L-1 \tag{4-22}$$

式中，$o_{pl}^{(0)} = x_{pl}$。

多层前向传播网络的权系数训练算法是利用著名的误差反向传播学习算法。根据这一算法，训练网络权阵的更新是通过反向传播网络的期望输出（样本输出）与实际输出的误差来实现的。下面详细推导出误差反向传播学习算法（又称 BP 学习算法）。

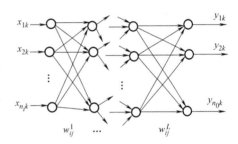

图 4-14　$L+1$ 层前向传播网络结构

由性能指标函数 E_p 的定义〔式（4-18）〕可得

$$\Delta_p w_{ji}^r \propto -\frac{\partial E_p}{\partial w_{ji}^r} \tag{4-23}$$

$$\frac{\partial E_p}{\partial w_{ji}^r} = \frac{\partial E_p}{\partial Net_{pj}^r} \frac{\partial Net_{pj}^r}{\partial w_{ji}^r} \tag{4-24}$$

$$\frac{\partial Net_{pj}^r}{\partial w_{ji}^r} = \frac{\partial}{\partial w_{ji}^r} \sum_k w_{jk}^r o_{pk}^{(r-1)} = o_{pi}^{(r-1)} \tag{4-25}$$

定义

$$\delta_{pj}^r = -\frac{\partial E_p}{\partial Net_{pj}^r} \tag{4-26}$$

其中，δ_{pj}^r 称为广义误差，则式（4-23）可记为

$$-\frac{\partial E_p}{\partial w_{ji}^r} = \delta_{pj}^r o_{pi}^{(r-1)} \tag{4-27}$$

这就是说，要使 E 按梯度下降，就必须按下式进行权值调整：

$$\Delta_p w_{ji}^r = \eta \delta_{pj}^r o_{pi}^{(r-1)} \tag{4-28}$$

式中，上标变量 r 表示第 r 个隐含层，$r=1, 2, \cdots, L$；w_{ji}^r 为第 $r-1$ 层第 i 单元到第 r 层的第 j 单元的连接系数；η 为学习步长。

若 $r=L$，则为输出单元层，有

$$\delta_{pj}^L = -\frac{\partial E_p}{\partial Net_{pj}^L} = -\frac{\partial E_p}{\partial y_{pj}}\frac{\partial y_{pj}}{\partial Net_{pj}^L} = (t_{pj}-y_{pj})\Gamma_L'(Net_{pj}^L) \tag{4-29}$$

若 $r \neq L$，则为隐含层，考虑到所有 $r+1$ 层的神经元输入激励信号 Net_{pk}^{r+1} 都与第 r 层的神经元输出 o_{pj}^r 相关，利用复合微分规则对 o_{pj}^r 求微分需对所有 $r+1$ 层的输入激励信号 Net_{pk}^{r+1} 分别求微分之和来得到，即

$$\begin{aligned}\delta_{pj}^r &= -\frac{\partial E_p}{\partial Net_{pj}^r} = -\frac{\partial E_p}{\partial o_{pj}^r}\frac{\partial o_{pj}^r}{\partial Net_{pj}^r}\\ &= \sum_k \left(-\frac{\partial E_p}{\partial Net_{pk}^{r+1}}\frac{\partial Net_{pk}^{r+1}}{\partial o_{pj}^r}\right)\Gamma_r'(Net_{pj}^r)\\ &= \left(\sum_k \delta_{pk}^{r+1}\cdot w_{kj}^{r+1}\right)\Gamma_r'(Net_{pj}^r)\end{aligned} \tag{4-30}$$

这样，BP 学习算法可归纳如下：

给定 P 组样本（X_1，T_1；X_2，T_2；…；X_p，T_p）。这里 X_i 为 n_i 维输入矢量，T_i 为 n_o 维期望的输出矢量，$i=1$，2，…，P。假设矢量 Y 和 O 分别表示网络的输出层输出和隐含层输出矢量。则训练过程如下：

1）选 $\eta>0$，E_{max} 作为最大容许误差，并将权系数 W^l（$\theta^l l=1,2,\cdots,L$），初始化成小的随机值。$p\leftarrow1$，$E\leftarrow0$。

2）训练开始。

$$o^{(0)}p\leftarrow x_p, \qquad t\leftarrow t_p$$

$$o_{pj}^{(r+1)} = \Gamma_{r+1}\left(\sum_{l=1}^{n_{r+1}} w_{jl}^{r+1}o_{pl}^{(r)} + \theta_j^{r+1}\right) \qquad r=0,1,2,\cdots,L-1$$

$$y_{pj} = \Gamma_L(Net_{pj}^L) = \Gamma_L\left(\sum_{i=1}^{n_1} w_{ji}^L o_{pi}^{(L)} + \theta_j^L\right) \qquad j=1,2,\cdots,n_o$$

3）计算误差。

$$E\leftarrow(t_k-y_k)^2/2+E \qquad k=1,2,\cdots,n_o$$

4）计算广义误差。

$$\delta_{pj}^L = (t_{pj}-y_{pj})\Gamma_L'(Net_{pj}^L)$$

$$\delta_{pj}^r = \left(\sum_k \delta_{pk}^{r+1}w_{kj}^{r+1}\right)\Gamma_r'(Net_{pj}^r) \qquad j=1,2,\cdots,n_o;r=L-1,\cdots,2,1。$$

5）调整权阵系数。

$$\Delta_p w_{ji}^r = \eta\delta_{pj}^r o_{pi}^{(r-1)}$$

$$\Delta_p \theta_j^r = \eta\delta_{pj}^r$$

6）若 $p<P$，$p\leftarrow p+1$ 转 2），否则转 7）。

7）若 $E<E_{max}$，结束，否则 $E\leftarrow0$，$p\leftarrow1$ 转 2）。

虽然从理论上来说，具有一个隐含层的神经网络能逼近任意的连续函数，但在训练过程中仍有许多问题值得讨论。对训练过程有较大影响的是权系数的初值、学习方式、激励函数、学习速率等。

（1）权系数的初值 一般情况下，权系数通常初始化成一个比较小的随机数，并尽量可能覆盖整个权阵的空间域。避免出现初始权阵系数相同的情况。

（2）学习方式 式（4-28）的 BP 学习算法是根据广义误差计算公式（4-29）和式（4-30）获得的，这种学习算法又称为增量型学习。若将误差定义为

$$E = \frac{1}{2} \sum_{p=1}^{P} \sum_{j=1}^{n_o} (t_{pj} - y_{pj})^2 \tag{4-31}$$

则有

$$\Delta w^r = \sum_{p=1}^{P} \Delta w_p^r \tag{4-32}$$

这种学习方法称为累积型学习。增量型学习的优点是它的学习过程是真正的梯度法，而且在计算过程中不必记忆每个权值的变化量。它的缺点是学习过程中的权值调整只向满足逼近最近的那个样本。累积型学习受样本的整体影响，只要学习速率充分小，它也能使网络收敛。对于随机的输入样本，则采用增量型学习算法有望获得较好的训练结果。

（3）激励函数 激励函数的选择对训练有较大影响，由于常规 Sigmoid 函数在输入趋于 1 时其导数接近于 0，因此，会大大影响其训练速度，容易产生饱和现象。所以，可以通过调节 Sigmoid 函数的斜率或采用其他激励单元来改善网络性能。

（4）学习速率 一般说来，学习速率越大，收敛越快，但容易产生振荡；而学习速率越小，收敛越慢。

从以上分析可知，BP 学习算法本质上属于一次收敛的学习算法。由最优化理论可知，BP 学习算法不可避免地存在局部极小问题，且学习速度很慢，甚至会在极值点附近出现振荡现象，不能平滑地趋于最优解。为了减小这种现象，可采用某种平滑的权值更新公式。Rumelhart、Hinton 和 William 在 1986 年提出了一种在权系数更新公式中增加 Momentum 项的新措施，即

$$\Delta w_{ji}^r(k) = \eta \delta_{pj}^r o_{pi}^{r-1} + \alpha w_{ji}^r(k-1) \tag{4-33}$$

式中，η 为学习步长；α 为 Momentum 因子。

式（4-33）指出，增加 Momentum 项对某些问题并不能起到加快学习进程的目的，有时反而会减慢收敛速度。但是有一点是明确的，即在学习过程的后期引入 Momentum 项会加速收敛速度。下面举两个例子进一步说明多层前向传播神经网络的学习过程。

【例 4-1】 在图 4-15 所示的多层前向传播神经网络结构中，假设对于期望的输入 $(x_1, x_2)^T = (1,3)^T$，$(t_1, t_2)^T = (0.95, 0.05)^T$。网络权系数的初始值如图 4-15 所示。试用 BP 算法训练此网络（本例中只给出一步迭代学习过程）。这里，取神经元激励函数 $f(x) = \dfrac{1}{1+e^{-x}}$。学习步长为 $\eta = 1$。

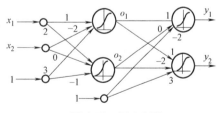

图 4-15 例 4-1 图

解 1）输入最大容许逼近误差值 ε 和最大迭代学习次数 $\text{iterate}_{\max}$，置初始迭代学习次数 $\text{iterate} = 0$。

2）计算当前输入状态下、当前网络的连接权系数下的神经网络输出

$$net_1^1 = w_{11}^1 x_1 + w_{12}^1 x_2 + w_{10}^1 = 1 \times x_1 + (-2) \times x_2 + 3 = -2$$

$$net_2^1 = w_{21}^1 x_1 + w_{22}^1 x_2 + w_{20}^1 = 2 \times x_1 + 0 \times x_2 - 1 = 1$$

$$o_1 = \frac{1}{1+e^{-net_1^1}} = \frac{1}{1+e^2} = 0.1192$$

$$o_2 = \frac{1}{1+e^{-net_2^1}} = \frac{1}{1+e^{-1}} = 0.731$$

$$net_1^2 = w_{11}^2 o_1 + w_{12}^2 o_2 + w_{10}^2 = 1 \times o_1 + 0 \times o_2 - 2 = -1.8808$$

$$net_2^2 = w_{21}^2 o_1 + w_{22}^2 o_2 + w_{20}^2 = 1 \times o_1 + (-2) \times o_2 + 3 = 1.6572$$

$$y_1 = \frac{1}{1+e^{-net_1^2}} = 0.1323 \qquad y_2 = \frac{1}{1+e^{-net_2^2}} = 0.8399$$

3）判神经网络逼近误差满足要求或迭代学习是否达到最大容许值

$$\| t-y \| < \varepsilon \quad \text{or} \quad \text{iterate} \geqslant \text{iterate}_{max}$$

若上述不等式中有一个满足，则退出学习。否则进入 4）。

4）计算广义误差

$$\delta_1^2 = (t_1 - y_1) f'(net_1^2) = (t_1 - y_1) y_1 (1 - y_1) = 0.0938$$

$$\delta_2^2 = (t_2 - y_2) f'(net_2^2) = (t_2 - y_2) y_2 (1 - y_2) = 0.1062$$

$$\delta_1^1 = \sum_k \delta_k^2 w_{k1}^2 o_1 (1 - o_1) = (\delta_1^2 w_{11}^2 + \delta_2^2 w_{21}^2) o_1 (1 - o_1) = 0.2811$$

$$\delta_2^1 = \sum_k \delta_k^2 w_{k2}^2 o_2 (1 - o_2) = (\delta_1^2 w_{12}^2 + \delta_2^2 w_{22}^2) o_2 (1 - o_2) = -0.04176$$

5）连接权系数更新

$$\Delta w_{11}^1 = \eta \delta_1^1 x_1 = 0.2811 \quad \Delta w_{12}^1 = \eta \delta_1^1 x_2 = 0.8433 \quad \Delta w_{10}^1 = \eta \delta_1^1 = 0.2811$$

$$\Delta w_{21}^1 = \eta \delta_2^1 x_1 = -0.04176 \quad \Delta w_{22}^1 = \eta \delta_2^1 x_2 = -0.1253 \quad \Delta w_{20}^1 = \eta \delta_2^1 = -0.04176$$

$$\Delta w_{11}^2 = \eta \delta_1^2 o_1 = 0.0112 \quad \Delta w_{12}^2 = \eta \delta_1^2 o_2 = 0.0686 \quad \Delta w_{10}^2 = \eta \delta_1^2 = 0.0938$$

$$\Delta w_{21}^2 = \eta \delta_2^2 o_1 = 0.01266 \quad \Delta w_{22}^2 = \eta \delta_2^2 o_2 = 0.0776 \quad \Delta w_{20}^2 = \eta \delta_2^2 = 0.1062$$

$$w_{ji}^l(\text{iterate}+1) = w_{ji}^l(\text{iterate}) + \Delta w_{ji}^l \qquad l = 1,2 \quad i = 0,1,2 \quad j = 1,2$$

iterate＝iterate+1；继续迭代计算直至满足终止条件为止。

【例 4-2】 利用多层前向传播神经网络来逼近非线性函数 $y = 0.5(1 + \cos x)$。

解 训练算法采用传统的 BP 学习算法，其中样本集取 20 点，即

$$x = 2\pi i / 20 \qquad i = 0, 1, \cdots, 19$$

$$t = 0.5(1 + \cos x)$$

选择 MLP 网络结构为：一个输入神经元、6 个隐含层神经元和 1 个输出神经元（见图 4-16a）。神经元的激励函数都为 Sigmoid 函数。初始权系数阵由（0，1）之间的随机数组成。学习步长 $\eta = 0.09$。图 4-17a 给出了此神经网络 BP 学习算法二次方误差的收敛过程。为了验证此神经网络逼近的泛化性，这里又选择了 30 个校验样本数据集，它们的取值为 $x = 2\pi i / 30$（$i = 0, 1, \cdots, 29$）；$y = 0.5(1 + \cos x)$。图 4-17b 分别画出了系统的实际输出（如虚线所示）和神经网络的逼近输出（如实线所示）。

本例中为了验证含多隐含层的前向传播网络的逼近性能，针对同样的样本集对含有两个隐含层的 MLP 进行了仿真试验。在此，取第一隐含层的隐含神经元数为 4、第二隐含层的隐含神经元数为 2（见图 4-16b），学习步长 $\eta = 0.08$，则神经网络的学习曲线和样本的校验曲线分别如图 4-17c、d 所示。从图中可以看出，增加隐含层的数目并不一定意味着能够改善逼近精度。对于本例而言，这一非线性函数的神经网络逼近问题用单一隐含层已经可以满足逼近精度了，而且由于神经网络结构更加简单，相应的连接权值系数减小，其结果表现在收敛速度上有明显的优势。

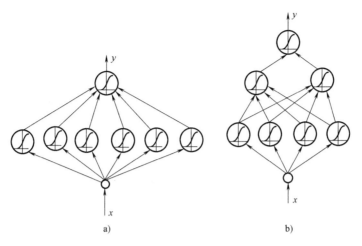

图 4-16　多层前向传播网络结构

注：图中省略了各阈值神经元

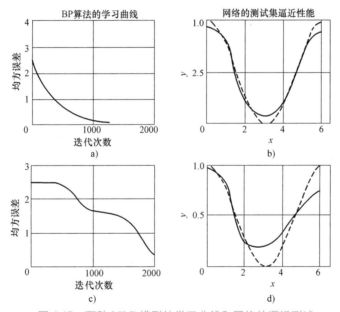

图 4-17　两种 MLP 模型的学习曲线和网络的逼近测试

五、BP 学习算法的 MATLAB 例程

【例 4-3】　同例 4-2，其中取 l 为学习步长，n 为输入样本数，cells 为神经元个数，times 为学习次数，e 为均方误差，取神经元激励函数

$$f(x)=\frac{1}{1+e^{-x}}$$

式中，$f(x)$ 为 BP 网络学习函数，$y=\sin x$。

解　取学习步长为 $\eta=0.05$，输入样本数为 $n=$

20，神经元个数为 cells = 6，那么网络结构如图 4-18 所示。图中省略了神经元的各阈值和网

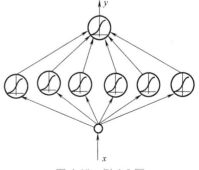

图 4-18　例 4-3 图

络权值。

　　MATLAB 编程如下：

```
function bpsin
%*************初始化各参数****************
l=0.05;                          %取学习步长为 0.05
n=30;                            %输入样本数 n
cells=6;                         %取 6 个神经元
times=3000;                      %设定总学习次数
x=(linspace(0,2*pi,n));          %选取样本点
t=sin(x);                        %样本需要学习的函数 t
w1=rand(cells,1)*0.05;           %取第一层连接权系数初始值为随机量
w2=rand(1,cells)*0.05;           %取第二层连接权系数初始值为随机量
yw1=rand(cells,1)*0.05;          %取第一层阈值初始值为随机量
yw2=rand*0.05;                   %取第二层阈值初始值为随机量
y=rand(1,n)*0.05;                %取输出值初始值为随机量
counts=1;                        %计数值初始化
e=zeros(1,times);                %均方误差初始值设为 0
%***************学习过程*****************
for i=1:times
    ei=0;
        for a=1:n
            net1=w1*x(a)-yw1;
            out=logsig(net1);
            net2=w2*out-yw2;
            y(a)=net2;
            det2=t(a)-y(a);
            det1=((det2*(w2)').*out).*(1-out);
            w1=w1+det1*x(a)*l;
            w2=w2+(det2*out)'*l;
            yw1=-det1*l+yw1;
            yw2=-det2*l+yw2;
            ei=ei+det2^2/2;
            e(i)=ei;
        end
        if ei<0.008                %设定学习要求:均方误差小于 0.008
            break;
        end
    counts=counts+1;
end
%***************逼近学习曲线*****************
```

%逼近曲线
```
for a = 1 : n
    net1 = w1 * x(a) - yw1;
    out = logsig(net1);
    net2 = w2 * out - yw2;
    y(a) = net2;
end
subplot(2,1,1);
plot(x,t,'b-',x,y,'k * -');
grid on;
title('BP 学习算法逼近 y = sin(x)');
xlabel('x 轴');
ylabel('y = sin(x)');
%误差曲线
if(counts<times)
    count = 1 : counts;
    sum = counts;
else
    count = 1 : times;
    sum = times;
end
subplot(2,1,2);
plot(count,e(1:sum));
grid on;
title('BP 算法学习曲线');
xlabel('迭代次数');
ylabel('均方误差');
return;
```

通过运行上述程序可得 BP 学习算法逼近 $y = \sin(x)$ 的仿真曲线如图 4-19 所示。

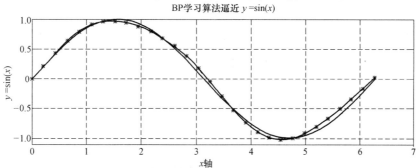

图 4-19 BP 学习算法逼近 $y = \sin(x)$ 的仿真曲线

实线 （—） 为 $y = \sin(x)$ 曲线 星实线 （ *—* ） 为学习曲线

迭代次数与均方误差间的仿真曲线如图 4-20 所示。

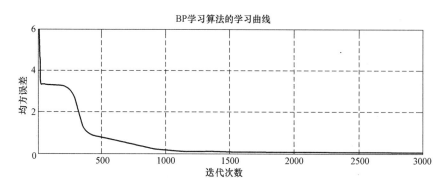

图 4-20　BP 学习算法迭代次数与均方误差间的仿真曲线

第三节　动态神经网络模型

　　上一节讨论的前向传播网络，从学习观点看，它是一种强有力的学习系统，系统结构简单且易于编程，从系统观点看，它是一种静态非线性映射，通过简单非线性处理单元的复合映射可获得复杂的非线性处理能力，但是从计算观点看，它并不是一种强有力的系统，缺乏丰富的动力学行为。大部分前向神经网络都是学习网络，并不注重系统的动力学行为。由于现实世界中的许多系统是非线性动态系统，因此研究动态系统的神经网络模型对于拓宽神经网络的应用领域具有更重要的现实意义。反馈型神经网络就是其中的一种，它具备非线性动力学系统所特有的丰富动力学特性，如稳定性、极限环、奇异吸引子（即浑沌现象）等。一个耗散动力学系统的最终行为是由它的吸引子决定的，吸引子可以是稳定的，也可以是不稳定的。吸引子可以是相空间（即状态空间）的一个不动点（称定点吸引子），也可以是周期重复的循环（称为极限环吸引子），还可以貌似无规则又具有自相似性的奇异吸引子。研究表明，由简单非线性神经元互连而成的反馈动力学神经网络系统具有如下两个重要的特征：

　　（1）系统有若干个稳定状态　如果从某一初始状态开始运动，系统总可以进入某一稳定状态。

　　（2）系统的稳定状态可以通过改变相连单元的权值而产生　如果将神经网络的稳定状态当作记忆，那么神经网络由任一初始状态向稳态的演化过程，实质上是寻找记忆。稳态的存在是实现联想记忆的基础。神经计算就在网络动力学运动过程中悄悄地完成了。因此，神经网络的设计和应用必须建立在对其动力学特性的理解基础上，稳定性是其重要性质，而能量函数是判定网络稳定性的基本概念。下面先给出稳定性定义。

　　定义 4-1　神经网络从任一初态 $X(0)$ 开始运动，若存在某一有限的时刻 t_s，从 t_s 以后神经网络的状态不再发生变化，即

$$X(t_s + \Delta t) = X(t_s) \qquad \Delta t > 0$$

则称网络是稳定的。处于稳定时刻的网络状态叫稳定状态，又称定点吸引子。

　　反馈神经网络的这些优点自然而然地把人们研究神经网络的注意力从研究传统离散空间

的有限状态即静态网络转向研究动态神经网络（又称神经动力学）。虽然神经动力学的研究还处于起步阶段，对神经动力学精确下定义为时尚早，但是可以这么说，神经动力学系统应该具有如下三点共性：

1）非常大的自由度。至今，人们研究仿真系统的神经网络规模还局限于 10^5 个神经元之内。这与人脑的神经细胞 10^{11} 相比差距相当大，而且人脑系统在时空上表现出的完美无缺的一致性也是人工神经元网络远不能比拟的，因此还具有很大的潜力。

2）非线性。非线性是神经动力学系统的主要特征。任何由线性单元组成的神经网络都可以退化为一个等效的单层神经网络，而早在 1969 年，Minsky 和 Papert 就指出单靠单层神经网络无法实现非线性的映射。

3）消耗性。消耗性指的是随着时间的推移系统状态将收敛于某一流形域。系统呈现出来的全局渐渐稳定性对神经网络建模起着重要的作用。全局渐渐稳定的系统意味着系统在任何初始状态下都能最终收敛于稳定点。

动态神经网络模型的实质是其结点方程用微分方程或差分方程来表示而不是简单地用非线性代数方程来表达。动态神经网络的作用尤其在基于神经网络的非线性系统控制中显得更为重要。反馈的引入是构成动态神经网络的基础。反馈网络的一个重要特征是系统具有稳定状态，即系统从某个初始态开始，经过有限时刻后，网络能够达到某一平衡态。而这一平衡态正是实现联想记忆的基础。动态神经网络的典型代表是 Hopfield 神经网络。除此之外，带时滞的多层感知器网络和回归神经网络也是主要的动态神经网络。下面分别讨论以上三种动态神经网络模型及其学习算法。

一、带时滞的多层感知器网络

在讨论真实意义上的动态神经网络之前，先来考虑一下多层前向传播网络是如何来处理动态序列问题的。利用静态网络来描述动态时间序列可以简单地将输入信号按时间座标展开，并将展开后的所有信息作为静态网络的输入模式，换句话说，就是将时间作为另一维信号同时加到神经网络的输入端，从而实现利用静态网络来逼近动态时间序列系统。实际上，只能将输入时间序列展开成有限维的输入信号。最简单的带时滞多层感知器网络的结构如图 4-21 所示。这种网络结构可以有效地描述输出是有限维独立的输入序列函数的动态系统，即可用如下数学关系式来表述：

$$y(k) = f[x(k), x(k-1), \cdots, x(k-n)] \tag{4-34}$$

由于不存在反馈，其训练方法完全套用传统的 BP 学习算法。

带反馈的动态网络系统具有比纯前馈神经网络更优越的性能。例如对于有些问题，只需带一点反馈，在性能上就可能等效于一个巨大规模的甚至可能是无限维的前馈网络。带反馈的系统特别适用于动态系统的辨识和控制。目前在控制领域研究的对象大多数是线性系统，但是，如前所说，现实世界上确实存在许多非线性动态系统。虽然神经网络系统并不是唯一用来研究非线性动态系统的工具，但是由于其可以适用于多种非线性问题和其独有的神经生物机能，因此神经网络仍不失为一种研究非线性系统的手段。对于此类带反馈的神经网络通常又称为回归神经网络。一种将反馈引入到神经网络中来的简单方法是将输出的时延加到网络的输入端（见图 4-22），从而构成一个非线性动态系统。这一特殊的结构首先由 Narendra 等提出应用于非线性系统的辨识和控制。事实上，若用前一节讨论的前向传播网映射原理，从理论上来说，这种网络结构能够逼近任意可用下式描述的系统

$$y(k) = F(x(k), x(k-1), \cdots x(k-n), y(k-1), y(k-2), \cdots, y(k-m)) \tag{4-35}$$

它的学习也可以直接利用静态前向传播神经网络的 BP 学习算法来解决。

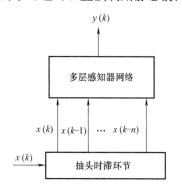

图 4-21　带时滞多层感知器网络的结构

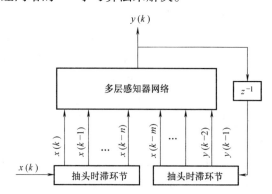

图 4-22　带反馈的时滞神经网络的结构

二、Hopfield 神经网络

　　Hopfield 分别在 1982 年和 1984 年发表了其著名文章 *Neural Networks and physical systems with emergerent collective computation ability* 和 *Neurons with graded response have collective computational properties like those of two state neurons*，从而揭开了反馈神经网络研究的新篇章。在这两篇文章中，他提出了一种具有相互连接的反馈型神经网络模型，将其定义的"能量函数"概念引入到神经网络研究中，给出了网络的稳定性判据。他用模拟电子电路实现了所提出的模型，并成功地用神经网络方法实现了 4 位 A-D 转换。所有这些有意义的成果不仅为神经网络硬件实现奠定了基础，也为神经网络的智能信息处理开拓了新途径（如联想记忆、优化问题求解等）。从时域上来看，Hopfield 神经网络可以用一组耦合的非线性微分方程来表示。下面会看到，当网络神经元之间的连接权系数是齐次对称时，可以找到 Lyapunov 能量函数来描述此非线性动力学系统。且已经证明，此神经网络无论在何种初始状态下都能渐渐趋于稳定态。在一定的条件下，Hopfield 神经网络可以用作联想存储器。Hopfield 神经网络得到广泛应用的另一个特点是它具备快速优化能力，并将其成功地用于推销员旅行路径优化问题。Hopfield 神经网络的主要贡献在于成功地实现了联想记忆和快速优化计算。

　　下面分别介绍二值型的 Hopfield 神经网络、Hopfield 神经网络的联想记忆和连续型 Hopfield 神经网络。

1. 二值型的 Hopfield 神经网络

　　二值型的 Hopfield 神经网络又称离散型 Hopfield 神经网络（简记为 DHNN）。这种网络结构只有一个神经元层次。每个处理单元均有一个活跃值，又可称为状态，它取两个可能的状态值之一，通常用 0 和 1 或 -1 和 1 来表示神经元的两个状态，即抑制和兴奋。整个网络的状态由单一神经元状态组成。网络的状态可用一个由 0(-1)/1 组成的矢量来表示，其中每一元素对应于某个神经元的状态。通常二值型的 Hopfield 神经网络可以用如下结点方程式来描述：

$$Net_i(k) = \sum_{j=1}^{N} w_{ij} y_j(k) + \theta_i \tag{4-36}$$

$$y_i(k+1) = f(Net_i(k)) \tag{4-37}$$

式中，k 表示时间变量；θ_i 表示外部输入；y_i 表示神经元输出；Net_i 表示神经元内部状态；f 表示阈值函数。

　　二值型 Hopfield 神经网络的结构如图 4-23 所示。神经元之间实现全连接，即每个神经元的输出都通过权系数 w_{ij} 反馈到所有其他神经元（包括自身神经元）。

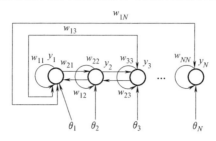

图 4-23　二值型 Hopfield 神经网络的结构

　　对于 n 个结点的离散 Hopfield 神经网络，有 2^n 个可能的状态，网络状态可以用一个包含 0 和 1 的矢量来表示，如 $Y = (y_1 y_2 \cdots y_n)$。每一时刻整个网络处于某一状态。状态变化采用随机性异步更新策略，即随机地选择下一个要更新的神经元，且允许所有神经元结点具有相同的平均变化概率。结点状态更新包括三种情况：$0 \rightarrow 1$、$1 \rightarrow 0$，或状态保持。某一时刻网络中只有一个结点被选择进行状态更新，当该结点状态变化时，网络状态就可以以某一概率转移到另一状态；当该结点状态保持时，网络状态更新的结果保持前一时刻的状态。一般情况下，Hopfield 神经网络能从某一初始状态开始经多次更新达到某一稳定状态。给定网络的权值和阈值，就可以确定网络的状态转移序列。下面举一例子来说明 Hopfield 神经网络的状态转移关系。

　　【例 4-4】　假设一个 3 结点的离散 Hopfield 神经网络，已知网络权值与阈值如图 4-24a 所示。

　　求：计算状态转移关系。

　　解　以初始状态 $y_1 y_2 y_3 = 000$ 为例，依次选择结点 V_1、V_2、V_3，确定其结点兴奋的条件及状态的转移。假设首先选择结点 V_1，激励函数为

$$Net_1(0) = \sum_{j=1}^{N} w_{1j} y_j(0) + \theta_1 = (-0.5) \times 0 + (0.2) \times 0 + 0.1 = 0.1 > 0$$

可见，结点 V_1 处于兴奋状态并且状态 y_1 由 $0 \rightarrow 1$。网络状态由 $000 \rightarrow 100$，转移概率为 $1/3$。同样，其他两个结点也可以以等概率发生状态变化，它们的激励函数为

$$Net_2(0) = (-0.5) \times 0 + 0.6 \times 0 + 0 = 0$$

$$Net_2(0) = (0.2) \times 0 + 0.6 \times 0 + 0 = 0$$

　　结点 V_2 和 V_3 的状态保持不变。因此，状态 000 不会转移到 001 和 010。

　　同理，可以计算出其他状态之间的转移关系，结果如图 4-24b 所示。

　　从例 4-4 可以看出，系统状态 $y_1 y_2 y_3 = 011$ 是一个网络的稳定状态；该网络能从任意一个初始状态开始经几次的状态更新后将到达此稳态。

　　从上述工作过程可以看出，离散 Hopfield 神经网络实质上是一个离散的非线性动力学系统。因此，若系统是稳定的，则它可以从任一初态收敛到一个稳定状态；若系统是不稳定的，则由于网络结点输出只有 1 或 0（-1）两种状态，因此系统不可能出现无限发散，只可能出现限幅自持振荡或极限环。

　　若将稳态视为一个记忆样本，那么初态朝稳态收敛过程便是寻找记忆样本的过程。初态可认为是给定样本的部分信息，网络改变的过程可认为是从部分信息找到全部信息，从而实

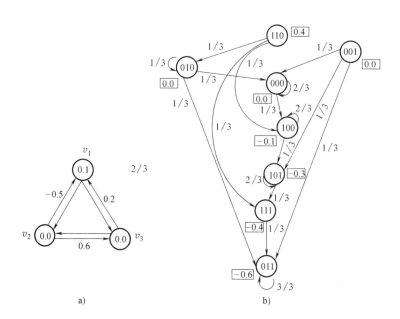

图 4-24 一个 3 结点离散 Hopfield 神经网络状态的转移

a）已知网络权值初值，圈内为阈值，线上为连接系数 b）网络状态转移，圈内为状态，线上为转移概率

现联想记忆的过程。

若将稳态与某种优化计算的目标函数相对应，并作为目标函数的极值点，那么初态朝稳态收敛过程便是优化计算过程。

仔细观察图 4-24b 所示状态转移关系，就会发现 Hopfield 神经网络的神经元状态要么在同一"高度"上变化，要么从上向下转移。这样的一种状态变化有着它必然的规律。Hopfield 神经网络状态变化的核心是每个状态定义一个能量 E，任意一个神经元结点状态变化时，能量 E 都将减小。这也是 Hopfield 神经网络系统稳定的重要标记。Hopfield 利用非线性动力学系统理论中的能量函数方法（或 Lyapunov 函数）研究反馈神经网络的稳定性，并引入了如下能量函数：

$$E = -\frac{1}{2}Y^{\mathrm{T}}WY - Y^{\mathrm{T}}\boldsymbol{\Theta} = -\sum_{i=1}^{n}\left(\frac{1}{2}\sum_{\substack{j=1\\j\neq i}}^{n}w_{ij}y_j + \theta_i\right)y_i \tag{4-38}$$

则 Hopfield 神经网络中的状态变化会导致能量函数 E 的下降，并且能量函数的极小值点与网络稳定状态有着紧密的关系。

定理 4-1 离散 Hopfield 神经网络的稳定状态与能量函数 E 在状态空间的局部极小状态是一一对应的。

现举例说明以上定理的正确性。

【例 4-5】 求解例 4-4 中的各状态能量。

解 首先看状态 $y_1y_2y_3 = 111$ 时，有

$$E = -(-0.5)\times1\times1 - 0.2\times1\times1 - 0.6\times1\times1 - 0.1\times1 = -0.4$$

由图 4-24b 可知，状态 111 可以转移到 011。状态 011 的能量为

$$E = -(-0.5)\times0\times1 - 0.2\times0\times1 - 0.6\times1\times1 - 0.1\times0 - 0\times1 - 0\times1 = -0.6$$

同理，可以计算出其他状态对应的能量，结果如图 4-24b 方框内的数字所示。显然，状

态 $y_1y_2y_3=011$ 处的能量最小。从任意初始状态开始，网络沿能量减小方向更新状态，最终达到能量极小所对应的稳态。

神经网络的能量极小状态又称为能量井。能量井的存在为信息的分布存储记忆、神经优化计算提供了基础。如果将记忆的样本信息存储于不同的能量井，则当输入某一模式时，神经网络就能回想起于其相关记忆的样本实现联想记忆。一旦神经网络的能量井可以由用户选择或产生时，Hopfield 神经网络所具有的能力才能得到充分的发挥。能量井的分布是由连接权值决定的，因此，设计能量井的核心是如何获得一组合适的权值。权值设计通常有两种方法：一是根据求解问题的要求直接计算出所需要的连接权值，这种方法为静态产生方法，一旦权值确定下来就不再改变；二是通过提供一种学习机制来训练网络，使其能够自动调整连接权值，产生期望的能量井，这种方法为动态产生方法，如 TSP 问题等。

【例 4-6】 以图 4-25 所示的 3 结点 DHNN 模型为例，要求设计的能量井为状态 $y_1y_2y_3=010$ 和 111。权值和阈值可在 $[-1，1]$ 区间取值。试确定网络权值和阈值。

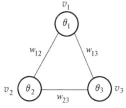

图 4-25 3 结点 DHNN 模型

解 已知，当神经网络达到能量井时也即表示神经网络状态进入稳定态后，网络的状态再也不会发生变化。要想使其进入所选择的稳态，只有修改网络的权值和阈值。

记 $y_1y_2y_3=010$ 为状态 A，$y_1y_2y_3=111$ 为状态 B。对于状态 A，结点激励函数必须满足下列不等式：

$$W_{12}+\theta_1<0 \tag{4-39}$$
$$\theta_2>0 \tag{4-40}$$
$$W_{23}+\theta_3<0 \tag{4-41}$$

因为 $y_1=0$，$y_2=1$，$y_3=0$，V_1 点的神经元输入激励函数值为 $Net_1=W_{12}y_2+W_{13}y_3+\theta_1$，所以当系统处于稳态时，必须要求 $Net_1<0$，这样才能保持 $y_1=0$ 的状态不变。同理，可得其余两个神经元应该满足相应的不等式。

同理，对于状态 B，权系数也必须满足以下不等式：

$$W_{12}+W_{13}+\theta_1>0 \tag{4-42}$$
$$W_{12}+W_{23}+\theta_2>0 \tag{4-43}$$
$$W_{23}+W_{13}+\theta_3>0 \tag{4-44}$$

利用上面六个不等式可以求出六个未知量的允许取值范围。假设取 $W_{12}=0.5$，则：

由式（4-39），$-1<\theta_1\leq-0.5$，取 $\theta_1=-0.7$；

由式（4-42），$0.2<W_{13}\leq1$，取 $W_{13}=0.4$；

由式（4-40），$0<\theta_2\leq1$，取 $\theta_2=0.2$；

由式（4-43），$-0.7<W_{23}\leq1$，取 $W_{23}=0.1$；

由式（4-44），$-1\leq W_{13}<0.5$，取 $W_{13}=0.4$；

由式（4-41），$-1\leq\theta_3<-0.1$，取 $\theta_3=-0.4$。

需要记忆稳态 A 和 B 的 3 点 DHNN 网络的一组权系数值为

$$W_{12}=0.5，W_{13}=0.4，W_{23}=0.1$$
$$\theta_1=-0.7，\theta_2=0.2，\theta_3=-0.4$$

可以验证，利用这组参数构成的 DHNN，对于任何一个初始状态，最终都将达到所期望的稳态 A 或 B，如图 4-26 所示。细心的读者会注意到，由于网络权值和阈值的选择可以在某一个范围内进行，因此它的解并不是唯一的，而且在某种情况下，所选择的一组参数虽然能满足能量井的设计要求，但同时也会产生不期望的能量井。这种稳定状态点称为假能量井。针对上例，如果选择的权值和阈值为

$$W_{12}=-0.5, W_{13}=0.5, W_{23}=0.4$$
$$\theta_1=0.1, \theta_2=0.2, \theta_3=-0.7$$

则可以验证，这组值是满足不等式（4-39）~式（4-44）的。由这组参数构成的 DHNN 有三个能量井，包括期望的能量井 010 和 111，以及假能量井 100。

DHNN 的学习只是在此神经网络用于联想记忆时才有意义。其实质是通过一定的学习规则自动调整连接权值，使网络具有期望的能量井分布，并经记忆样本存储在不同的能量井上。常用的 Hopfield 神经网络学习规则是 Hebbian 学习规则和 δ 学习规则。

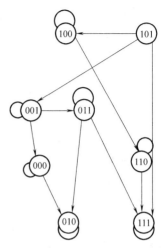

图 4-26　例 4-6 的 DHNN
状态转移图

（1）Hebbian 学习规则的训练方法　设有 N 个神经元相互连接，每个神经元的活化状态 x_i 只能取 0 或 1，分别代表抑制和兴奋。学习过程中调节 w_{ij} 的原则为：若 i 与 j 两个神经元同时处于兴奋状态，则它们之间的连接应加强，即

$$\Delta w_{ij}=\eta y_i y_j \qquad \eta>0 \tag{4-45}$$

对于一给定的需记忆的样本矢量 $\{t^1, t^2, \cdots, t^N\}$，如果 t^k 的状态值为+1 或-1，则其连接权系数的学习可以利用"外积规则"，即

$$W=\sum_{k=1}^{N}(t^k(t^k)^{\mathrm{T}}-I) \tag{4-46}$$

化为标量形式为

$$w_{ij}=(1-\delta_{ij})\sum_{k=1}^{N}t_i^k t_j^k \tag{4-47}$$

对于单端情况，即神经元的活跃值为 1 或 0 时，权系数的学习规则为

$$w_{ij}=(1-\delta_{ij})\sum_{k=1}^{N}(2t_i^k-1)(2t_j^k-1) \tag{4-48}$$

具体的计算步骤可归纳如下：

1）置 $W=[0]$。

2）输入 t_k，$k=1, 2, \cdots, N$；对所有连接对 (i, j) 的权系数分别按式（4-47）或式（4-48）计算。

一旦学习完成，Hopfield 神经网络就可以用作联想记忆，即对于某一带噪声的输入模式，Hopfield 神经网络将收敛于与学习样本最相接近的稳定模式。联想记忆过程可用如下过程来描述：

1）对未知的输入模式 θ_i 进行初始化

$$y_i(0)=\theta_i \qquad i=1,2,\cdots,N \tag{4-49}$$

2）按下式进行迭代计算，直至 $y_i(k+1)=y_i(k)$，有

$$y_i(k+1)=f\left(\sum_{j=1}^{N}w_{ij}y_j\right) \tag{4-50}$$

3）当结点输出保持不变时，其输出值就是对于当前未知输入模式的最佳联想记忆输出。

（2）δ学习规则的训练方法 δ学习算法的基本公式为

$$W_{ji}(k+1)=W_{ji}(k)+\eta\left[t-y_j(k)\right]y_i(k)$$

即计算每一个神经元结点的实际激活值 y_j，并与期望状态 t 进行比较，若不满足要求，则将二者的误差值的一小部分作为调整量，调整具有激活输入（状态为 1 的输入端）结点的权值或阈值；若满足要求，则相应的权值或阈值不需修整。

Hopfield 神经网络学习算法主要采用 Hebb 规则。

2. Hopfield 神经网络的联想记忆

由前面的分析可知，只要神经元之间的连接系数满足一定的条件，通过学习总能设计出一组满足期望的能量井分布的连接权值。下面还会进一步讨论 Hopfield 神经网络的稳定性问题。

前面已经提到，能量井的存在为实现神经网络联想记忆提供了保证。同样，联想记忆功能也是 DHNN 的一个重要应用特征。要实现联想记忆，神经网络必须具备以下两个基本条件：

1）能够收敛于稳定状态，利用此稳态来记忆样本信息。

2）具有回忆能力，能够从某一局部输入信息回忆起与其相关的其他记忆，或者由某一残缺的信息回忆起比较完整的记忆。

DHNN 模型作为一个反馈型神经网络，其稳定性和可学习性为实现联想记忆奠定了基础。DHNN 实现联想记忆分为两个阶段，即学习记忆阶段和联想记忆阶段。学习记忆阶段实质上是设计能量井的分布，对于要记忆的样本信息，通过一定的学习规则训练网络，确定一组合适的权值和阈值，使网络具有期望的稳态。不同的稳态对应于不同的记忆样本。联想回忆阶段是当给定网络某一输入模式的情况下，网络能够通过自身的动力学状态演化过程达到与其在海明距离意义上最近的稳态，从而实现自联想或异联想回忆。如果回忆出的结果为所要寻找的记忆，那么称为正确的回忆；否则称之为错误回忆。当然，所要寻求的记忆根本就没有存储过，则回忆结果一定是不正确的，此时是不能回忆的。联想记忆神经网络可以达到两个目的：一是通过联想记忆网络可以从残缺不全的信息中获取完整的信息；二是可以对受到噪声干扰下的输入模式矢量进行精确的回忆。DHNN 用于联想记忆有两个突出特点，即记忆是分布式的，联想是动态的。这与人脑的联想记忆实现机理相类似。利用网络能量井来存储记忆样本，按照反馈动力学活动规律唤起记忆，显示出 DHNN 联想记忆实现方法的重要价值。

三、回归神经网络

回归神经网络与 Hopfield 神经网络非常相似，它既保留了部分前向传播网络的特性又具备部分 Hopfield 神经网络的动态联想记忆能力。Pineda 在 1987 年首先将传统的 BP 学习算法引入到回归神经网络中来，并提出回归反向传播算法。回归反向传播算法也属于梯度下降法。由于回归神经网络在结构上与前向传播网络有明显差异性，一旦系统规模过大，学习算法收敛于局部极小的概率相当高，因此需要引起足够重视。

离散型回归神经网络（Disdrete-Time Recurrent Neural Network，DTRNN）可以用以下差分方程来描述：

$$y_i(k+1) = f\left(\sum_{j=1}^{N} w_{ij} y_j(k) + x_i(k)\right) \tag{4-51}$$

如果不但考虑输出神经元与其他神经元之间存在相互连接，而且也考虑输入单元与其他神经元之间的连接关系，那么，可以将式（4-51）改为更具普遍意义的 DTRNN 模型方程

$$y_i(k+1) = f\left(\sum_{j=0}^{N+M} w_{ij} y_j(k)\right) \tag{4-52}$$

其中

$$y_j(k) = \begin{cases} 1 & j=0 \\ y_j(k) & j=1,2,\cdots,N \\ x_j(k) & j=N+1,\cdots,N+M \end{cases} \tag{4-53}$$

式中，N 是神经网络的输出结点数；M 是输入矢量 X 的维数；$y_0(k)=1$ 作为常值输入意在将阈值项进行规范化处理，即 w_{i0} 就表示第 i 个神经元的阈值。

这样一类 DTRNN 系统的结构如图 4-27 所示。

不难发现，当 W_2 是下三角阵时，所有的权系数连接都是前馈的，这也就意味着 DTRNN 已经退化为多层前向传播网络了。这种情况下，网络的映射能力、学习算法都与带反馈的时滞神经网络相近似，此处不再重复讨论。当 W_2 不是下三角阵时，离散回归神经网络的学习问题就变得复杂起来了，解决此类神经网络学习问题有两种 DTRNN 学习算

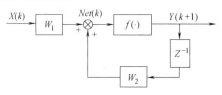

$$Net(k)=W_1 X(k)+W_2 Y(k)$$
$$Y(k+1)=f(Net(k))$$

图 4-27 DTRNN 系统的结构

法：一是将网络模型作适当的处理后利用传统的 BP 学习算法进行学习；二是利用迭代法。

（1）学习算法之一　首先将回归神经网络按时间序列展开成一个多层的复杂前向传播网络来处理。如果系统只考虑 n 个时序长的信号，则可构造出由 n 个回归网络结构复制串联而成的 n 层前向传播网络，如图 4-28 所示。这样，网络训练的进行即如同一个巨大的前向传播网络，其中权系数通过复制的办法达到两个网络在性能上的一致。这种学习方法又可称

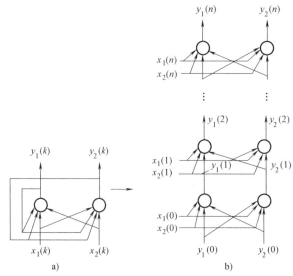

图 4-28 由 n 个回归网络结构复制串联而成的 n 层前向传播网络

a）回归网络　b）通过时域坐标展开的 RNN

为随时间变化的反向传播学习算法。这种学习算法的缺陷在于需求的内存量要求过大。为了减小学习过程中的内存量、提高计算速度，人们往往在不影响系统学习精度的条件下人为地截断 m 个备份作为其近似的网络结构，从而既可以保证一定的精度，又能减小内存量和提高计算速度，达到满足实时信号处理的能力。

（2）学习算法之二 这种学习算法的目的在于如何减小内存记忆单元来实现回归网络的学习。学习算法的思路是通过迭代算法实现递归计算，这样既能保持很小的内存量又能实现精确的网络学习。迭代学习算法仍然依据梯度下降法来搜索二次方误差和的极小值，下面给出迭代学习算法的计算公式。设指标函数为

$$E(w) = \sum_{p=1}^{P} E_p(w) \tag{4-54}$$

其中，P 为训练序列数；$E_p(w)$ 表示第 p 次序列的总平方误差

$$E_p(w) = \frac{1}{2} \sum_{n=1}^{N_p} \sum_{j \in \Omega} (t_{pj}(n) - y_{pj}(n))^2 \tag{4-55}$$

式中，N_p 表示训练样本的长度；Ω 表示输出神经元的集合。

由梯度法可知，

$$w_{ji}(k+1) = w_{ji}(k) - \eta \sum_{p=1}^{P} \frac{\partial E_p(w)}{\partial w_{ji}} \bigg|_{w(k)} \tag{4-56}$$

式中，k 表示迭代次数的下标。

注意：k 和 n 代表不同的意义，n 表示输入序列的时标，而 k 表示权阵更新的时标，它比 n 慢得多。

$$\frac{\partial E_p(w)}{\partial w_{ji}} = - \sum_{n=1}^{N_p} \sum_{s \in \Omega} (t_{ps}(n) - y_{ps}(n)) v_{ji}^s(n) \tag{4-57}$$

其中，$v_{ji}^s(n)$ 是由下式定义的偏微分：

$$v_{ji}^s(n) = \frac{\partial y_s(n)}{\partial w_{ji}} = f' \left(\sum_{q=0}^{N+M} w_{sq} y_q(n-1) \right) \left[\delta_{sj} y_i(n-1) + \sum_{\beta=1}^{N} w_{s\beta} \frac{\partial y_\beta(n-1)}{\partial w_{ji}} \right]$$

$$= f' \left(\sum_{q=0}^{N+M} w_{sq} y_q(n-1) \right) \left[\delta_{sj} y_i(n-1) + \sum_{\beta=1}^{N} w_{s\beta} v_{ji}^\beta(n-1) \right] \tag{4-58}$$

式中，δ_{sj} 是 Kronecter Delta 函数。

注意：对于 n_o 个结点的网络，必须将每个权系数保留 n_o 项，因此对于有 n_o^2 个权系数的神经网络，需要 n_o^3 个存储单元。

将式（4-57）代入式（4-56）得

$$w_{ji}(k+1) = w_{ji}(k) + \eta \sum_{p=1}^{P} \sum_{n=1}^{N_p} \sum_{s \in \Omega} (t_{ps}(n) - y_{ps}(n)) v_{ji}^s(n) \tag{4-59}$$

注意：在上述权系数的更新方程中，权系数需对所有样本数据集进行处理后才更新一次。

归结起来，DTRNN 学习算法可以用以下计算步骤来描述：

1）权系数矩阵 W 初始化，置 $k=1$。

2）取下一组训练样本集 $\{x(n), t(n)\}$，$n = 1, 2, \cdots, N_p$，置所有状态为零，所有 $g_{ji}(k) = 0$；

3）$y_i(n) = f\left(\sum_{j=0}^{N+M} w_{ij}(k) y_j(n-1)\right)$，$n = 1, 2, \cdots, N_p$；

4）$v_{ji}^s(n) = f'\left(\sum_{q=0}^{N+M} w_{sq}(k) y_q(n-1)\right) \cdot \left[\delta_{sj} y_i(n-1) + \sum_{\beta=1}^{N} w_{s\beta} v_{ji}^\beta(n-1)\right]$，对于所有 i、j 和 $s \in \Omega$；

5）$g_{ji}(k) = g_{ji}(k) + \sum_{s \in \Omega} (t_{ps}(n) - y_{ps}(n)) v_{ji}^s(k-1)$；

6）$w_{ji}(k+1) = w_{ji}(k) + \eta g_{ji}(k)$；

7）$k \leftarrow k+1$，判断准则指标满足要求否？若不满足，则转 2）；否则结束。

本 章 小 结

本章首先讨论了神经网络模型的一些共性问题，如神经元模型、神经网络分类以及神经网络的学习方法。虽然神经网络模型的应用领域相当广泛，其网络模型的种类随着应用背景的不同而千差万别，但神经网络的学习方法无外乎有导师学习和无导师学习两大类。本章结合神经控制的特点，着重分析了前向神经网络模型和动态神经网络模型。对于前向神经网络模型，从单一神经元模型开始，分析了单层前向传播神经网络结构、多层前向传播神经网络结构，详细推导了多层前向传播神经网络模型的误差反向传播学习算法，即著名的 BP 学习算法。BP 学习算法的实质是非线性优化问题的梯度下降搜索法。基于这种收敛算法的局限性，本章对 BP 学习算法的改进作了简单的介绍。动态神经网络是实现动态系统逼近和控制的有效途径。本章最后给出了带时滞的多层感知器网络和 Hopfield 神经网络模型结构和学习算法。带时滞的多层感知器网络对于解决有限阶非线性离散系统建模和控制非常有效。而 Hopfield 神经网络则是利用反馈动力学活动规律实现了联想记忆。神经网络的模型远远不止本章提到的这三种，限于本书篇幅，只就比较成熟且便于计算的神经网络模型作了介绍。

 习题和思考题

4-1 神经元的种类有哪些？它们的函数关系如何？

4-2 为什么由简单的神经元连接而成的神经网络具有非常强大的功能？

4-3 神经网络按连接方式分有哪几类、按功能分有哪几类、按学习方式分又有哪几类？

4-4 图 4-29 所示的多层前向传播神经网络，假设对期望输入 $[x_1, x_2] = [1, 3]$，其期望输出为 $[y_{d1}, y_{d2}] = [0.9, 0.3]$。网络权系数初始值如图 4-29 所示。试用 BP 学习算法训练此网络，并详细写出第一次迭代学习的计算结果。这里取神经元激励函数为 $\sigma(x) = \dfrac{1}{1+e^{-x}}$。

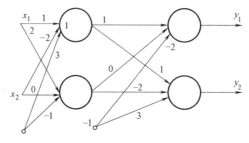

图 4-29 题 4-4 图

4-5 图4-30所示的字符识别系统，要求用离散Hopfield神经网络来记忆A、I、O三个字符（1表示黑，0表示白），如字符A表示为（1, 1, 1, 1, 1, 0, 1, 0, 1, 0, 1, 0, 1, 1, 1, 1）。试求出Hopfield神经网络各连接系数。当输入为（1, 1, 0, 1, 1, 0, 1, 0, 1, 1, 0, 1, 1, 1, 1, 1）时，利用此训练好的网络实现对此输入模式的识别。

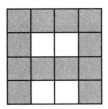 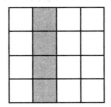 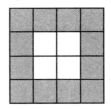

图 4-30 题 4-5 图

第五章

神经网络控制论

第一节 神经网络与神经网络控制器

一、神经网络控制的优越性

由于神经网络具有大规模并行计算能力、冗余性和容错性强，本质上具有非线性，且具备自组织、自学习、自适应等能力，因此，不但在最优化设计、模式识别、信号处理和图像处理等领域首先取得了成效，而且已成功应用于许多不同领域。神经网络理论的诞生同样给不断面临挑战的控制理论带来生机。控制理论虽然在经历了经典控制论、状态空间法、动态规划、最优控制等阶段以及智能控制理论和技术的发展后，在被控对象越来越复杂、控制精度越来越高、对象和环境的先验知识甚少的情况下，已经提供了一些解决方案和控制系统，但由于控制理论在有众多不确定因素和难以确切描述的非线性控制系统中，对控制的要求也越来越高，因此迫切需要新一代具有自适应和自学习、良好的鲁棒性和实时性、计算简单、柔性结构和自组织结构等能力的控制系统。神经网络控制系统就是这样一代新颖的控制系统之一。神经网络研究的兴起给遇到挑战的经典控制再次注入了新鲜的血液。此外，正是由于神经网络本质上是一个大规模并行分布处理的非线性动力学系统，并在更高层次上体现出一些人脑的智能行为，因此其为智能控制提供了新途径，而且由于神经网络本身具备传统的控制手段无法实现的一些优点和特征，因此也使得神经网络控制器的研究迅速发展。从控制角度看，神经网络用于控制的优越性主要表现如下：

1）神经网络可以处理那些难以用模型或规则描述的过程或系统。例如人骑自行车，要用机理模型来描述它的行为是相当困难甚至是不可能的，事实上也不会有人在先辨识自行车的运动模型后再去学习如何骑车。但是，虽然在学骑车的过程中连一些基本的规则都难以表示，人却在处理这类问题时表现得相当出色。这个问题说明，用神经网络理论来研究和模仿人类的这类活动是相当有潜力的。

2）神经网络采用并行分布式信息处理，具有很强的容错性，在处理实时性要求高的自动控制技术显示出了极大的优越性。例如机器人的动力学实时控制问题，用传统控制方式目前都已遇到了很多困难，必须采用更新的、更智能的控制技术。

3）神经网络是本质的非线性系统。目前研究最多的神经网络模型是多层前向传播网络，它是由大量具有 S 形曲线的非线性神经元组成的。它可以实现任何非线性映射。Hornik 等人在 1989 年就已经用泛函分析理论证明了多层前向传播网络能够逼近任意 L^2 上连续的非线性函数，从而为多层前向传播神经网络的应用提供了理论支持。因此，神经网络在非线性系统控制中的应用很有前途。

4）神经网络具有很强的信息综合能力。它能够同时处理大量不同类型的输入，能很好地解决输入信息之间的互补性与冗余性问题，能恰当地协调好互相矛盾的输入信息。利用神经网络的这一特性，人们可以有效地进行信息的融合来达到运动学、动力学和环境模型间的有机结合。

5）神经网络的硬件实现日趋方便。大规模集成电路技术的发展为神经网络硬件实现提供了技术手段，显著提升了复杂大系统控制的实时性，为神经网络的应用开辟了广阔的前景。

二、神经网络控制器的分类

神经网络的控制研究随着神经网络理论研究的不断深入而迅速发展起来。从 20 世纪 60 年代开始，Widrow 和 Hoff 就开始研究神经网络在控制中的应用。1964 年，Widrow 和 Smith 采用 Adaline 和 Madaline 网络结构以及 Widrow-Hoff 的最小均方误差（LMS）算法，进行"邦-邦"控制，复现一个已知的开关曲面，完成了小车-倒立摆的控制，这是神经网络在控制领域中最早得到应用的例子。根据神经网络在控制系统中的作用不同，神经网络可分为两类：一类称神经控制，它是以神经网络为基础形成的独立智能控制系统；另一类称为混合神经网络控制，它代表着那些利用神经网络学习和优化能力来改善传统控制的现代控制方法，如自适应神经控制等。大家知道，线性系统的动力学模型可以通过微分方程来描述，对于离散系统而言可以用差分方程来描述。如果系统是线性的，现代控制理论已经给出了相当有效而又具一般性的解决方法。然而，对于非线性系统来说就没有如此优越的结果了。由于神经网络具备以上几个特点，因此有关控制器或控制对象的动力学特性和映射特征都可以包含在神经网络之中，且可以在没有数学模型的情况下通过学习来产生稳定的、合适的控制输出。目前神经控制器的分类还存在较大的争议，没有一个统一的分类法。综合目前各国专家的分类法，这里将一些典型的神经网络控制结构和学习方式归结为以下七类。

（1）导师指导下的控制器　在许多情况下为了实现某一控制功能，简单地教会神经网络控制器模拟人做同样一件任务的操作行为是可能的。这种控制结构是假设人能够直接进行这类任务的控制，只是从成本、速度、兼容性和安全性考虑需采用自动控制方式。这种神经网络控制结构的学习样本直接取自于专家的控制经验。神经网络的输入信号来自传感器的信息和命令信号，神经网络的输出就是系统的控制信号，其结构如图 5-1 所示。一旦神经网络的训练达到了能够充分描述人的控制行为，则网络训练结束，神经网络控制器就可以直接投入实际系统运行。这种控制器结构简单，控制成功的把握大。在功能上它能模拟人类的控制技巧，同专家控制具有相当的功能，从获取知识的角度来看，神经网络更胜一筹。这种控制器的缺陷是其网络的训练只涉及静态过程，缺乏在线学习机制，且在网络训练时控制器不能投入实际运行。

（2）逆控制器　如果一个动力学系统可以用一个逆动力学函数来表示，则采用简单的控制结构和方式是可能的，图 5-2 给出了这种控制器的结构。神经网络训练目的就是为了逼近此系统的逆动力学模型。神经网络接受系统的被控状态信息，神经网络的输出与该被控系统的控制信号之差作为调整神经网络权系数的校正信号，并可利用常规的 BP 学习算法（当然改进的算法更佳）来进行控制网络的训练。一旦训练成功，从理论上来看只要直接把神经网络控制器接到动力学系统的控制端就可以实现无差跟踪控制，即要实现期望的控制输出只要将此信息加到神经网络的输入端就可以了。

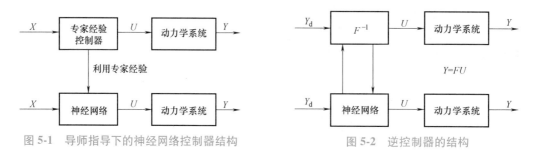

图 5-1　导师指导下的神经网络控制器结构　　　　图 5-2　逆控制器的结构

上述控制方式在有些情况下会产生严重的后果。例如，当被控制系统的动力学模型不可逆时，如果只简单地考虑静态问题，当系统存在多个输入信号下产生同一系统输出的情况时，此系统就不可逆了。此时，对神经网络训练来说，意味着对应一个神经网络输入存在两个以上的期望输出，因此网络的训练是不可接受的。另一种情形是，当某一系统的动态性能相当复杂以至于系统的频率响应在某一频率下为零。在这种情况下神经网络的训练在此频率输入信号时其控制期望输出为无穷大，因此在物理上也是不可实现的。

尽管直接逆控制存在这些不足，但在对被控系统的动态特性比较了解且逆动力学模型存在时，直接逆模型控制还是值得考虑的。

（3）自适应网络控制器　利用神经网络将线性系统经典的自适应控制设计理论和思想方法直接引到非线性系统自适应控制系统中来是可能的，而且被证明是可行的。这一思想首先在 1990 年由 Narendra 等提出，并成功地应用于非线性系统的神经网络自适应控制。这一控制器在结构上完全等同于线性系统的自适应控制器，只是利用非线性神经网络代替了线性系统中的线性处理单元。自适应控制系统要求控制器能够随着系统环境或参数变化而对控制器进行调节以便达到最优控制的目标。图 5-3 给出了模型参考自适应网络控制器的系统结构。在这里，将控制误差 e_c（实际系统的输出与参考模型的输出之差）反馈到控制器中去并利用它对控制器特性进行修改最终使其误差趋于极小。在线性系统的自适应控制中已知，这种对控制器特性进行修改的机制是相当复杂的。即使这样，还是可以将这些结果直接用于非线性系统，虽然这种情况相当少且非常专一。自适应网络控制器有两种控制结构：一是直接自适应网络控制结构；二是间接自适应网络控制结构。直接自适应网络控制结构是将系统误差信号 e_c 直接用于神经控制器的自适应调整，但其目前还没有一种可行的方法来解决未知动力学模型的控制问题。间接自适应网络控制结构利用神经网络逆模型辨识器和神经网络

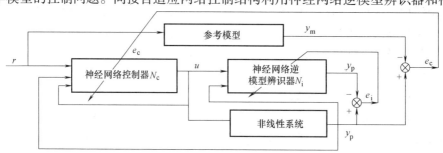

图 5-3　自适应网络控制器的系统结构

控制器代替经典控制结构中的辨识模型和控制器，使得系统的学习和控制能够实现。控制器的设计准则仍然是依赖于系统的输出预报误差最小原则。

（4）神经内模控制结构　内模控制以其较强的鲁棒性和易于进行稳定性分析的特点，在过程控制中获得广泛的应用。在这种控制结构中，在反馈回路中直接使用系统的前向模型和逆模型。如图 5-4 所示，在内模控制结构中，与实际系统并行的网络模型一并建立，系统的实际输出与模型 M 的输出信号差用于反馈的目的。这个反馈信号通过前向通道上的控制子系统 G 预处理。通常 G 是一个滤波器，用于提高系统的鲁棒性。系统模型 M 和控制器 N_c 可以由神经网络来实现。

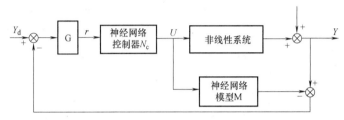

图 5-4　神经网络内模控制结构

（5）前馈控制结构　这种结构是基于鲁棒性问题而提出来的。通常单纯的求逆控制结构不能很好地起到抗干扰作用，因此需结合反馈控制的思想组成前馈补偿器的网络控制结构，如图 5-5 所示。反馈控制的目的在于提高抗随机扰动的能力，而控制器的主要成分，特别是非线性成分将由网络控制器来完成。这种控制器设计的主要困难是如何找到一种有效的学习方法实现对系统模型未知条件下网络控制的在线学习。

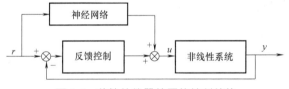

图 5-5　前馈补偿器的网络控制结构

（6）自适应评价网络　经常有这样一类系统，在一系列控制作用进行时没有一个直接的对系统控制效果的暗示信号。例如两人下棋，除了最后一步外，在下棋过程中每一步的走法都无法得出胜负的结论。因此，这种现象属于缺乏系统的中间信息，但是，对有经验的棋手来说，能够在每一步作出准确的判断，直至最后胜利。这个例子也说明了在最后结果到来之前对每一步作出准确的评价是一件相当困难的事。自适应评价网络是由 Barto、Sutten 和 Anderson 在 1983 年提出来的。整个学习系统由一个相关的搜索单元和一个自适应评价单元组成，在这个算法中，相关搜索单元是作用网络，如图 5-6 所示。自适应评价单元为评价网络，它不需要控制系统数学模型，只是通过对某一指标准则 J 的处理和分析得到奖励或惩罚信号。

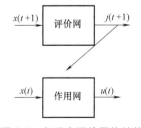

图 5-6　自适应评价网络结构

（7）混合控制系统　混合控制系统是由神经网络技术与模糊控制、专家系统等相结合形成的一种具有很强学习能力的智能控制系统。它集合了人工智能各分支的优点，使系统同时具有学习、推理和决策能力，成为智能控制最新发展的方向。

从以上分析可知，不管采用何种神经网络控制结构，要真正实现神经网络的智能控制，必须具备一种有效的学习机制来保证神经控制器的自学习、自适应功能，达到真实意义上的智能控制。此外，不难看出，神经网络模型对于未知动力学系统的控制是至关重要的。因此，在讨论神经控制器的学习问题之前先来看一下非线性动力学系统的神经网络辨识问题。

三*、神经网络的逼近能力

在研究控制系统的神经网络辨识和控制时，首先要搞清楚到底什么样的被控系统可以用神经网络来描述。对于众多的神经网络类型来说，要得到一个统一的神经网络逼近理论是不现实的，况且，还有很多神经网络结构的逼近性问题的理论至今尚未得到证明。考虑到多层前向传播神经网络在控制系统的辨识和控制有广泛应用，本节给出多层前向传播神经网络的逼近能力。大家知道，许多神经网络的应用实例已经表明，多层前向传播神经网络能够相当好地逼近许多实际问题中的非线性函数。那么，这些成功应用的背后是否意味着多层前向传播神经网络有更深入、更基本的内含呢？是不是多层前向传播神经网络仅仅局限于已经得到成功应用的这些场合呢？下面的讨论将回答这些问题。

神经网络的逼近能力问题是随着神经网络理论的形成而相继提出的。1987 年，由 Cun L. 和 Lapedes 给出了如下结论：含有两个隐含层的前向传播神经网络，且神经元激励函数为单调的 S 型函数，则此神经网络能够得到合适的逼近精度。1988 年，Gallant 和 White 利用 Fourier 级数理论证明单层隐含层前向传播神经网络的映射能力。他们指出，对于在紧凑集中的任何二次方可积函数都可以通过有限个隐含神经元组成的二层前向传播神经网络来逼近，并能达到任意逼近精度。考虑具有单个隐含层的前向传播神经网络，其输出属于集合

$$\sum(\boldsymbol{\Psi}) = \{f: R^n \to R$$
$$f(\boldsymbol{x}) = \sum \boldsymbol{v}_j \boldsymbol{\Psi}(\bar{\boldsymbol{x}}^{\mathrm{T}} \boldsymbol{w}_j); \boldsymbol{x} \in R^n \quad \boldsymbol{v}_j \in R \quad \boldsymbol{w}_j \in R^{n+1} \tag{5-1}$$
$$j = 1, 2, \cdots, q\}$$

式中，$\boldsymbol{x}$ 表示 n 维输入矢量，$\bar{\boldsymbol{x}} = (1, \boldsymbol{x}^{\mathrm{T}})^{\mathrm{T}}$；$\boldsymbol{v}_j$ 表示隐含层第 j 个神经元到输出层的权值；$\boldsymbol{w}_j$ 表示输入矢量到隐含层第 j 个神经元的权值矢量，$j = 1, 2, \cdots, q$；q 为隐含层神经元个数；$\boldsymbol{\Psi}(\cdot)$ 为隐含层神经元特性。

这里，只考虑了仅含一个隐含层的神经元网络。不难看出，只要这样的神经网络能够逼近任意非线性函数，那么，对于含有多个隐含层的神经网络肯定也能逼近任意非线性函数。为了讨论输出函数集合 $\sum(\boldsymbol{\Psi})$ 在函数空间中的逼近能力，先引入一些数学定义。

定义 5-1 S 型函数——如果函数 $\boldsymbol{\Psi}(\cdot): R \to [0, 1]$ 是非递减函数，且满足

$$\lim_{\lambda \to \infty} \boldsymbol{\Psi}(\lambda) = 1; \qquad \lim_{\lambda \to -\infty} \boldsymbol{\Psi}(\lambda) = 0 \tag{5-2}$$

则称函数 $\boldsymbol{\Psi}(\cdot)$ 为 S 型函数。

定义 5-2 距离函数 ρ——给定的函数空间 S，设 $f, g, h \in S$。则距离函数 ρ 满足以下条件：

1) 正定性 $\rho(f, g) \geqslant 0$，且仅当 $f = g$ 时等号成立。
2) 对称性 $\rho(f, g) = \rho(g, f)$。

3）三角不等式关系 $\rho(f,g)\le\rho(f,h)+\rho(h,g)$。

定义 5-3　ρ-稠密——一个度量空间 (X,ρ) 中的子集 S 称为是在子集 T 上的 ρ-稠密，只有当对于任意一个给定的 $\varepsilon>0$，对所有的 $t\in T$，存在一个 $s\in S$ 时，有 $\rho(s,t)<\varepsilon$。

这一定义实际上说明的是，S 集中的任意元素都可以用 T 集中的某一元素进行任意精度的逼近。

若定义 $U\in R^n$ 是 n 维的单位超立方体，$C(U)$ 为定义在 U 上的所有连续函数 $g(x)$ 的集合，距离函数 $\rho(s,t)=\mathrm{Sup}|s-t|$，则存在以下定理。

定理 5-1　若神经元的激励函数 $\Psi(\cdot)$ 是 S 型连续函数。那么，$\sum(\Psi)$ 在 $C(U)$ 中是 ρ-稠密。

这个定理说明，只要是有限空间中的连续函数 $g(x)$，总存在具有上述神经元特性 $\Psi(\cdot)$ 的三层网络 $\sum(\Psi)$，使得其输出函数 $f(x)$ 能够以任意精度逼近 $g(x)$。对于连续函数 $g(x)$ 而言，已经有了明确的结论，那么，对于非连续函数是否也有类似的神经网络来逼近它呢？如果能够实现这样的逼近，则非连续函数 $g(x)$ 应该满足什么样的条件呢？Hornik 等人在 1989 年发表论文中[56]阐明了多层前向传播神经网络可以逼近任意连续函数或分段连续函数。详细的定理证明见参考文献 [53]。

第二节　非线性动态系统的神经网络辨识

一、神经网络的辨识基础

系统辨识是 20 世纪 60 年代开始迅速发展起来的一门学科，它是现代控制理论的重要组成部分。数字计算机的快速发展为系统辨识提供了十分有效的计算工具。在过去 30 多年中，单变量线性系统的辨识理论和方法已趋成熟。然而对于多变量线性系统辨识，包括多变量系统的结构辨识，近 10 年来受到了普遍的重视。但由于在噪声背景下辨识问题的高度复杂性，多变量系统的辨识还有很多问题有待解决。与多变量系统辨识相比，非线性系统的辨识更加复杂，且研究进展也十分缓慢。传统的非线性系统辨识都是基于如下三种基本结构模式：函数级数展开、方块图系统和非线性微分（或差分）方程模型。神经网络理论的出现为非线性系统辨识提供了新的思路。

所谓辨识，扎德（L. A. Zadeh）曾经下过这样的定义："辨识是在输入和输出数据的基础上，从一组给定的模型中，确定一个与所测系统等价的模型。"这个定义明确了辨识的三个基本要素：

1）输入/输出数据：指能够测量到的系统输入/输出。

2）模型类：指所考虑的系统的结构。

3）等价准则：指辨识的优化目标。

由于实际上不可能找到一个与实际系统完全等价的模型，因此从实用角度来看，辨识就是从一组模型中选择一个模型，按照某种准则，使之能最好地拟合所关心的实际系统动态或静态特性。神经网络辨识就是从神经网络模型中选择一个模型来逼近实际系统模型。一旦确认系统具有非线性特征以后，系统辨识的任务就是选择适当模型来描述它。描述非线性系统的模型结构不同，其参数估计的方法也有所不同。由于非线性系统的复杂性，至今还没有一套适用于所有非线性系统模型参数估计的有效方法。神经网络系统本质上来说是一种非线性映射，它从某一输入空间通过网络变换，映射到输出空间，这种非线性逼近关系在系统控制中同样也是相当重要的。使用非线性系统的输入/输出数据来训练神经网络可认为是非线性函数的逼近问题。逼近理论是一种经典的数学方法。大家知道，多项式函数和其他逼近方法都可以逼近任意的非线性函数，但由于其学习能力和并行处理能力不及神经网络，从而使得神经网络的逼近理论研究得到迅速发展。前面已提到，多层前向传播网络能够逼近任意 L^2 连续的非线性函数，因此对于多层前向传播神经网络逼近问题的关键在于如何确定隐含层和隐含激励神经元的个数，以便能最佳地逼近给定的非线性对象。Chester（1990）从实验观察和分析中给出了理论上的支持，认为双隐层的神经网络比单隐层的神经网络具备更高的逼近精度。至于对于 N 个变量的连续函数到底需要多少隐含层、多少隐含神经元，目前暂没有公认的结论。

神经网络用于系统辨识的实质就是选择一个适当的神经网络模型来逼近实际系统，即 $\hat{S}_M$ 为神经网络模型类，$\hat{P} \in \hat{S}_M$ 为一个神经网络。考虑到多层前向传播网络具备良好的学习算法，本章选择多层前向传播网络为模型类 $\hat{S}_M$，$\hat{P}$ 为一个能充分逼近实际系统而又不过分复杂的多层网络。与传统基于算法的系统辨识一样，神经网络辨识同样也需首先考虑以下三大因素：

1）模型的选择：模型只是在某种意义下对实际系统的一种近似描述，它的确定要兼顾其精确性和复杂性。因为如果要求模型越精确，模型就会变得越复杂；相反，如果适当降低模型精度要求，只考虑主要因素而忽略次要因素，模型就可以简单些。所以在建立实际系统模型时，存在着精确性和复杂性这一对矛盾。在神经网络辨识这一问题上主要表现为网络隐含层数的选择和隐含层内结点数的选择。由于神经网络隐含结点的最佳选择目前还缺乏理论上的指导，因此实现这一折中方案的唯一途径是进行多次仿真实验。

2）输入信号的选择：为了能够精确有效地对未知系统进行辨识，输入信号必须满足一定的条件。从时域上来看，要求系统的动态过程在辨识时间内必须被输入信号持续激励，即输入信号必须充分激励系统的所有模态；从频域上来看，要求输入信号的频谱必须足以覆盖系统的频谱。通常在神经网络辨识中可选用白噪声或伪随机信号作为系统的输入信号。对于实际运行系统而言，选择测试信号需考虑对系统安全运行的影响。

3）误差准则的选择：误差准则是用来衡量模型接近实际系统的程度的标准，它通常表示为一个误差的泛函，记作

$$E(W) = \sum_k f(e(k)) \tag{5-3}$$

其中，$f(\cdot)$ 是误差矢量 $e(k)$ 的函数，用得最多的是二次方函数，即

$$f[e(k)] = e^2(k) \tag{5-4}$$

这里的误差 $e(k)$ 指的是广义的误差，即既可以表示输出误差又可以表示输入误差甚至是两种误差函数的合成。

神经网络的辨识在以上三大因素确定以后就归结为一个最优化问题。传统辨识算法是建立依赖于参数的系统模型，并把辨识问题转化为对模型参数的估计问题。与传统辨识方法不同，神经网络辨识具有以下五个特点：

1）不要求建立实际系统的辨识格式。因为神经网络本质上已作为一种辨识模型，其可调参数反映在网络内部的权值上。

2）可以对本质非线性系统进行辨识，而且辨识是通过网络外部的输入/输出来拟合系统的输入/输出，网络内部隐含着系统的特性。因此这种辨识是由神经网络本身实现的，是

非算法式的。

3）辨识的收敛速度不依赖于待辨识系统的维数，只与神经网络本身及其所采用的学习算法有关，传统的辨识方法随模型参数维数的增大而变得很复杂。

4）由于神经网络具有大量的连接，这些连接之间的权值在辨识中对应于模型参数，通过调节这些权值使网络输出逼近系统输出。

5）神经网络作为实际系统的辨识模型，实际上也是系统的一个物理实现，可以用于在线控制。

二、神经网络辨识模型的结构

非线性动力学系统的神经网络建模问题根据模型的表示方式不同主要有两大类：前向建模法和逆模型法。所谓前向建模法指的是利用神经网络来逼近非线性系统的前向动力学模型，其结构如图 5-7 所示。其中，TDL 表示延迟抽头。神经网络模型在结构上与实际系统并行。网络训练的导师信号直接利用系统的实际输出，即将系统的实际输出与神经网络输出的误差作为网络训练的信号。目前对于动态系统的建模有两种方法。一种是把系统动力学特性直接引入到网络本身中来，如回归网络模型和动态神经元模型；另一种是在网络输入信号中考虑系统的动态因素，即将输入/输出的滞后信号加到网络输入中来，形成一种动态关系。由于多层前向传播网络具备良好的学习算法，因此动态系统的这一建模方

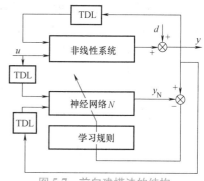

图 5-7 前向建模法的结构

法往往选择前向多层传播网络。不失一般性，考虑这样一类非线性离散动态系统

$$y(k+1)=f(y(k),\cdots,y(k-n+1),u(k),u(k-1),\cdots,u(k-m+1)) \tag{5-5}$$

当前 $k+1$ 时刻的系统输出依赖于过去时刻的 n 个输出值和过去时刻的 m 个控制值。比较直观的一种建模方法是选择的神经网络的输入/输出结构与系统的结构一致，即记 y_N 为神经网络的输出，则

$$y_N(k+1)=f(y(k),\cdots,y(k-n+1),u(k),\cdots,u(k-m+1)) \tag{5-6}$$

式中，f 为神经网络的输入/输出非线性映射。

注意，网络的输入包括实际系统输出的过去值 $y(k),y(k-1),\cdots,y(k-n+1)$。式(5-6)表示的是一种通用的非线性动态系统模型。通常说来，针对同一非线性离散动态系统，用神经网络来辨识系统也是相当复杂的，即可有多种神经网络结构来逼近此系统模型。前向建模的方法建立起来的神经网络模型表示的系统是从系统的输入 u 经过前向网络传播后输出 y。这种方法确实反映了系统动力学模型的输入/输出关系。然而，在大多数基于神经网络控制的非线性系统中，往往要考虑动态系统的逆模型，如何建立非线性系统的逆模型对于以后将讨论的神经控制是至关重要的。因此有必要先引入逆模型法。逆模型建立的最直接的方法是将系统输出作为网络的输入，网络输出与其期望输出即系统的输入进行比较得到误差作为此神经网络训练的信号，如图 5-8 所示。

但是这种逆模型法在实用上并不理想。其主要原因在于此方法存在以下缺陷：

（1）学习过程不一定是目标最优的 大家知道，如果要求神经网络准确地逼近给定的非线性函数，其训练的样本空间应尽量地选择系统可能达到的大范围内的数据。然而实际系

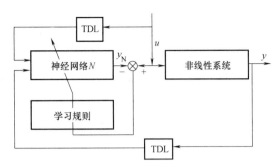

图 5-8　逆模型直接法

统运行中的控制信号往往是针对某一过程而言的，这样用来训练神经网络模型的学习信号并不能完全表示整个非线性系统的特性，因此存在局部逼近的问题。

（2）一旦非线性系统的对应关系不是一对一的，那么不准确的逆模型可能会被建立
克服缺陷（1）的方法可以参考其他系统辨识的方法，适当地在稳定工作态下加入一个小幅值的随机输入信号，从而提高系统的可辨识能力。解决这一问题的另一途径是可采用图 5-9 所示的逆模型建模结构。在这种结构中，逆模型的输入可以遍及整个系统的输入空间。由于它的指导思想和学习方法与神经网络控制器有相近之处，因此详细讨论可参见本章第三节。下面先讨论非线性系统的前向建模问题。

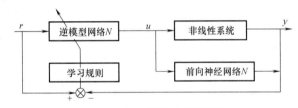

图 5-9　实用逆模型建模结构

大家知道，在系统理论中，相当一部分系统可以用矢量微分方程或矢量差分方程来描述。即可用以下两式分别表示：

$$\begin{cases} \dot{\boldsymbol{X}}(t) = \boldsymbol{\Phi}(\boldsymbol{X}(t), \boldsymbol{U}(t)) \\ \boldsymbol{Y}(t) = \boldsymbol{\Psi}(\boldsymbol{X}(t)) \end{cases} \tag{5-7}$$

式中，$\boldsymbol{X}(t)$ 为状态矢量，$\boldsymbol{X}(t) = (x_1(t), x_2(t), \cdots, x_n(t))^{\mathrm{T}}$；$\boldsymbol{U}(t)$ 为控制输入矢量，$\boldsymbol{U}(t) = (u_1(t), u_2(t), \cdots u_p(t))^{\mathrm{T}}$；$\boldsymbol{Y}(t)$ 为输出矢量，$\boldsymbol{Y}(t) = (y_1(t), y_2(t), \cdots y_m(t))^{\mathrm{T}}$；$\boldsymbol{\Phi}$ 为静态非线性映射，$R^n \times R^p \rightarrow R^n$；$\boldsymbol{\Psi}$ 为静态非线性映射，$R^n \rightarrow R^m$。
或

$$\begin{cases} \boldsymbol{X}(k+1) = \boldsymbol{\Phi}(\boldsymbol{X}(k), \boldsymbol{U}(k)) \\ \boldsymbol{Y}(k+1) = \boldsymbol{\Psi}(\boldsymbol{X}(k+1)) \end{cases} \tag{5-8}$$

式中，$\boldsymbol{X}(k)$、$\boldsymbol{U}(k)$、$\boldsymbol{Y}(k)$ 分别为 n 维、p 维、m 维状态矢量序列。

神经网络系统辨识的基本思想是利用神经网络的非线性映射特性来逼近动态系统的非线性函数 $\boldsymbol{\Phi}$ 和 $\boldsymbol{\Psi}$。其最基本的辨识系统框图如图 5-10 所示。由于前向传播网络具备良好的学习性能，因此其已被广泛地用于模式识别、图像处理、信号处理等领域。但是对于一般控制系统而言，动态特性是最基本的。如何利用静态神经网络来描述动态系统一直是控制工程师们致力解决问题的方向。对于神经网络辨识而言，在通常情况下，神经网络模型会与其他一些如控制器、反馈环节等进行不同方式的连接构成一般性的神经网络结构。下面，在讨论动态系统的神经网络辨识问题之前，先来看一下动态前向传播网络模型。1990 年，美国著名的自适应控制专家 Narendra 教授和他的博士生共同在这一方面做了开拓性的工作。他们重点讨论了由非线性神经网络和线性的动态模型组成的四种典型非线性系统（见图 5-11）的学习问题，其中 NN 表示多层前向传播网络，$W(z)$ 表示线性系统的传递函数。把它们组合起来即成为一个非线性动态系统。不难看出，在第三种结构中，当 $W(z)=0$ 时，网络就退化为多层前向传播网络；而当 $W(z)=\mathrm{diag}(z^{-1},\ z^{-1},\ \cdots,\ z^{-1})$，即对角线上全为单位时延算子的矩阵时，这一网络就是多层前向传播网络与

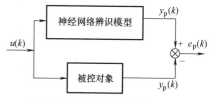

图 5-10　神经网络辨识系统框图

Hopfield 网络的结合。一旦 NN 退化为单层时，整个网络就变成了纯 Hopfield 网络了。现在的问题是如何对这些动态网络结构进行训练。在这里，仍然借用误差反向传播算法。由于在通常的多层前向传播网络中该反向传播算法是静态的，因此每次反向传播的误差只与网络当前的误差分布有关，而引入动态系统 $W(z)$ 后误差的传播则实质上变成了一个动态过程。动态反向传播的关键就是要找到反映该动态过程的关系式。

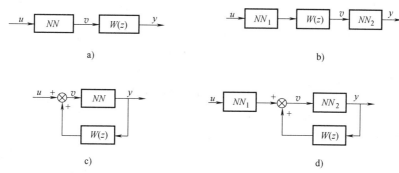

a)

b)

c)

d)

图 5-11　非线性动态系统神经网络框图

设网络的观察输出 $\boldsymbol{Y}=(y_1,y_2,\cdots,y_m)^{\mathrm{T}}$，目标输出 $\boldsymbol{T}=(t_1,t_2,\cdots,t_m)^{\mathrm{T}}$，相应的输入模式为 $\boldsymbol{U}=(u_1,u_2,\cdots,u_n)^{\mathrm{T}}$，设网络训练的指标为

$$J=\sum_j \|e_j\|^2 = \sum_j \|t_j - y_j\|^2 \tag{5-9}$$

当输入模式动态地在各采样时刻提供给网络时，指标函数也可以取作某一时间段内各误差的方均值，即取

$$J=\frac{1}{P}\sum_{j=k-P+1}^{k} \|e(j)\|^2 \tag{5-10}$$

式中，P 为适当选取的整数。

动态反向传播算法仍然依据梯度法的思想，即

$$\Delta w_{ji} = -\eta\, \nabla J\big|_{w_{ji}=w_{ji\mathrm{norm}}} \tag{5-11}$$

式中，$w_{ji\mathrm{norm}}$ 为 w_{ji} 的当前值。

同传统的 BP 学习算法一样，动态反向传播算法的关键问题在于计算 $\partial e/\partial w_{ji}$。下面针对以上四种非线性一般化神经网络动态模型结构分别给出相应的学习算法。

对于图 5-11a 所示模型，有

$$Y(z) = W(z)V(z)$$

$$\frac{\partial e}{\partial w_{ji}} = -\frac{\partial y}{\partial w_{ji}} = -W(z)\frac{\partial v}{\partial w_{ji}} \tag{5-12}$$

用静态 BP 学习算法计算 $\partial v/\partial w_{ji}$，经过一个动态系统 $W(z)$ 后得到当前时刻的 $\partial e/\partial w_{ji}$ 各个值。

对于图 5-11b 所示模型，若针对神经网络 NN_2 的权系数训练，可直接套用 BP 学习算法，而对于神经网络 NN_1 的权系数训练，则可利用复合微分的规则得到

$$\frac{\partial e}{\partial w_{ji}} = -\frac{\partial y}{\partial w_{ji}} = -\sum_k \frac{\partial y}{\partial v_k}\frac{\partial v_k}{\partial w_{ji}} \tag{5-13}$$

式中，$\partial v_k/\partial w_{ji}$ 可用图 5-11a 所示模型的方法计算，$\partial y/\partial v_k$ 用静态 BP 学习算法计算。

对于图 5-11c 所示模型，有

$$\frac{\partial e}{\partial w_{ji}} = -\frac{\partial y}{\partial w_{ji}} = -\frac{\partial NN(v)}{\partial v}\left[W(z)\frac{\partial y}{\partial w_{ji}}\right] + \frac{\partial NN(v)}{\partial w_{ji}} \tag{5-14}$$

式中，$\partial NN(v)/\partial v$ 和 $\partial NN(v)/\partial w_{ji}$ 分别表示在当前点取值的 Jacobi 矩阵和矢量，它们可以在每一个时刻求出，作为这个线性差分方程的系数矩阵和矢量。

对于图 5-11d 所示模型，NN_2 可用图 5-11c 所示模型的方法训练，而对 NN_1 则有

$$\frac{\partial e}{\partial w_{ji}} = -\frac{\partial y}{\partial w_{ji}} = -\frac{\partial NN_2(v)}{\partial v}\left[\frac{\partial NN_1(u)}{\partial w_{ji}} + W(z)\frac{\partial y}{\partial w_{ji}}\right] \tag{5-15}$$

从上面的分析可以看出，由于计算是反向进行的，前面的网络计算不受后面网络计算的影响，即对通用网络，反向传播方法对以单个 BP 网络为单元的情况也是适用的，这在结构复杂网络的训练中显得尤为重要。但动态反向传播一般总比静态反向传播要复杂得多，因此在选取辨识模型时应尽量利用静态反向传播算法。

前面介绍了通用动态神经网络的辨识问题。有了通用神经网络结构的学习算法以后，接下来就是如何解决单一神经元模型的辨识和学习问题。对于离散的非线性动态模型式(5-8)，如果式 (5-8) 是线性系统，具有未知的模型参数，且系统是可控可观的，则可以采用以下两种辨识模型：

$$\hat{y}_p(k+1) = \sum_{i=0}^{n-1}\hat{\alpha}_i\hat{y}_p(k-i) + \sum_{j=0}^{m-1}\hat{\beta}_j u(k-j) \tag{5-16}$$

$$\hat{y}_p(k+1) = \sum_{i=0}^{n-1}\hat{\alpha}_i y_p(k-i) + \sum_{j=0}^{m-1}\hat{\beta}_j u(k-j) \tag{5-17}$$

式中，$\hat{\alpha}_i(i=0,1,\cdots,n-1)$ 和 $\hat{\beta}_j(j=0,1,\cdots,m-1)$ 为可调参数。

式 (5-16) 和式 (5-17) 所表示的模型分别称为并联模型和串联模型。为产生稳定的自适应控制规律，并联模型比串联模型更可取，在这种情况下，自适应算法的一个典型形式为

$$\hat{\boldsymbol{\xi}}_i(k+1) = \hat{\boldsymbol{\xi}}_i(k) - \eta\frac{e(k+1)y_p(k+1)}{1 + \sum_{i=0}^{n-1}y_p^2(k-i) + \sum_{j=0}^{m-1}u^2(k-j)} \tag{5-18}$$

式中，η 为步长，$\eta>0$；$\hat{\boldsymbol{\xi}}_i$ 为辨识模型的可调参数矢量，$\hat{\boldsymbol{\xi}}_i = [\hat{\alpha}_0,\hat{\alpha}_1,\cdots,\hat{\alpha}_{n-1},\hat{\beta}_0,\cdots,\hat{\beta}_{m-1}]^{\mathrm{T}}$。

但是对于非线性系统，尽管有许多专家学者对诸如可控性、可观性、反馈稳定性以及观察器的设计等进行了一些研究，都没有得到像线性系统那样有效的结论。因此如何选择非线

性系统的辨识模型和控制模型是个困难的问题。

由于实际上不可能寻找到一个与实际系统完全等价的模型，因此从更实用的观点来看，辨识就是从一组模型中选择一个模型，按照某种准则，使之能最好地拟合实际系统的动态或静态特性。图 5-12 给出了常见的神经网络辨识结构。

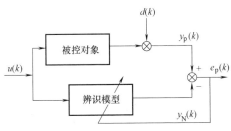

图 5-12　神经网络辨识结构

设系统的输入空间为 Ω_u，输出空间为 Ω_g，实际系统可以表示为一个从输入空间到输出空间的算子 $P: \Omega_u \rightarrow \Omega_g$；给定一个模型类 S_M，设 $P \in S_M$，则辨识的目的就是确定一个 S_M 的子集类 $\hat{S}_M \subset S_M$，使其中存在 $\hat{P}_M \subset \hat{S}_M$，且 P 在给定的准则下，$\hat{P}$ 为 P 的一个最佳逼近。无论是静态或动态系统，实际系统的静/动态特性必然表现在其变化着的输入/输出数据之中，而辨识只不过是利用数学的方法从这些数据序列中提炼出系统 P 的学习模型 $\hat{P}$ 而已。即确定 $\hat{P}$，使下式成立：

$$\| y_N - y_p \| = \| \hat{P}(u) - P(u) \| \leqslant \varepsilon \qquad \forall u \in \Omega_u \tag{5-19}$$

式中，ε 可预先由辨识准则给定，$\varepsilon > 0$。

三*、非线性动态系统神经网络的辨识

非线性离散时间动态系统模型是计算机数字控制系统中用得最多的模型形式。因此，研究和讨论非线性离散时间动态系统的神经网络辨识问题对于非线性系统的建模、控制都是十分重要的。由于多层前向传播网络具有良好的学习算法，因此通常采用此类网络来逼近非线性离散时间动态系统。考虑神经网络辨识模型的结构优化设计，针对不同类型的非线性离散系统有以下四种辨识模型：

$$\text{I} \qquad y(k+1) = \sum_{i=0}^{n-1} \alpha_i y(k-i) + g[u(k), u(k-1), \cdots, u(k-m+1)] \tag{5-20}$$

$$\text{II} \qquad y(k+1) = f[y(k), y(k-1), \cdots, y(k-n+1)] + \sum_{i=0}^{m-1} \beta_i u(k-i) \tag{5-21}$$

$$\text{III} \qquad y(k+1) = f[y(k), y(k-1), \cdots, y(k-n+1)] + g[u(k), u(k-1), \cdots, u(k-m+1)] \tag{5-22}$$

$$\text{IV} \qquad y(k+1) = f[y(k), y(k-1), \cdots, y(k-n+1), u(k), u(k-1), \cdots, u(k-m+1)] \tag{5-23}$$

式中，f、g 分别为非线性函数；$[u(k), y(k)]$ 表示在 k 时刻的输入-输出对。

可以采用多种神经网络模型对如上四种类型的系统进行辨识。假定：

1）线性部分的阶次 n、m 已知。

2）系统是稳定的，即对于所有给定的有界输入，其输出响应必定也是有界的。反映在模型 I 上要求线性部分的特征多项式 $z^n - \alpha_0 z^{n-1} - \cdots - \alpha_{n-1} = 0$ 的根应全部位于单位圆内。

3）系统是最小相位系统，反映在模型Ⅱ上要求 $\beta_0 z^m + \beta_1 z^{m-1} + \cdots + \beta_{m-1} = 0$ 的零点全部位于单位圆内。

4）$\{u(k-i), i=0,1,\cdots\}$ 与 $\{y(k-j), j=0,1,\cdots\}$ 可以量测。

基于以上假设，可以利用带时滞的多层感知网络模型来描述非线性动态系统，并结合动态误差反向回归学习算法，完成对实际系统的辨识。与线性系统的辨识相似，非线性动态系统的神经网络辨识也存在两种辨识模型结构，即并行模型和串行模型。以模型Ⅲ为例（其余类同），神经网络的并行模型表示形式为

$$\hat{y}(k+1) = N_1[\hat{y}(k), \hat{y}(k-1), \cdots, \hat{y}(k-n+1)] + N_2[u(k), u(k-1), \cdots, u(k-m+1)] \quad (5\text{-}24)$$

式中，$\hat{y}(k+1)$ 是辨识模型的输出；N_1 和 N_2 代表多层网络实现的算子。

该模型在 $k+1$ 时刻的输出依赖于它在 $k+1$ 时刻以前的输出和系统的输入。尽管已假设待辨识系统是稳定的，然而在学习开始并不能保证 $\hat{y}(k+1)$ 逼近 $y(k+1)$。这种结构存在产生不稳定因素的可能性，因此并不是相当可靠的。串行模型具有更稳定的因素，即在辨识模型的网络输入端总是利用系统的实际有界输出，因此网络的输出肯定也是有界的，从而保证的学习算法是收敛的。这种模型结构可用下列方程描述：

$$\hat{y}(k+1) = N_1[y(k), y(k-1), \cdots, y(k-n+1)] + N_2[u(k), u(k-1), \cdots, u(k-m+1)] \quad (5\text{-}25)$$

由于串行模型具有较好的收敛性，下面将采用串行模型分别对非线性动态离散模型Ⅰ至Ⅳ进行讨论。根据模型中是否含有线性系统部分又可将四种模型分为两大组，即模型Ⅰ、Ⅱ和模型Ⅲ、Ⅳ。对于第一大组模型的辨识问题，根据参数是否已知其辨识方法可分为以下两种：

（1）线性部分的参数已知　这种情况下模型的辨识问题可简单地归结为带时滞的多层感知网络模型的学习问题。这样，模型Ⅰ和Ⅱ的辨识思想就基本相同，只是两种模型的输入/输出信号代表的意义有所不同而已。它们的神经网络辨识结构如图 5-13 所示。因为线性部分已知，系统实际输出与模型输出（神经网络输出与线性部分输出之和）的差可以用来训练神经网络模型。这种情形比较简单，读者不难得出其学习算法。

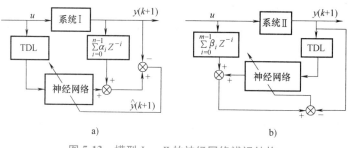

图 5-13　模型Ⅰ、Ⅱ的神经网络辨识结构

（2）线性部分的参数未知　这种情况下模型的辨识问题可简单地归结为带时滞的多层感知网络模型的学习和线性系统的参数估计问题。已知，多层感知器网络的权系数学习规则是通过求误差二次方极小来得到的，同时，线性系统的参数估计算法——最小二乘法公式也是通过误差二次方极小来实现的。因此，从这个角度看，两者的参数学习算法的判断准则是一致的。由于神经网络的权阵更新是通过递推的方式来实现的，因此，为了把两者结合起来，线性部分的参数估计算法也可采用递推最小二乘辨识算法。作者在分析了最小二乘学习算法和 BP 学习算法的共同点后，并结合模型Ⅰ和模型Ⅱ的特点提出了一种新的神经网络辨

识结构，如图 5-14 所示。

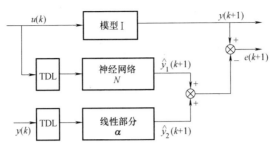

图 5-14　新的神经网络辨识结构

设线性部分的未知参数用矢量 α 表示，非线性部分的神经网络模型参数 N 用 $\mathbf{W}$ 矩阵表示。则对于模型 I 的混合递推辨识算法可归纳为

$$\hat{\boldsymbol{\alpha}}(l+1) = \hat{\boldsymbol{\alpha}}(l) + \mathbf{K}(l+1)\left[\mathbf{Z}(l+1) - \boldsymbol{\varphi}^{\mathrm{T}}(l+1)\hat{\boldsymbol{\alpha}}(l)\right] \tag{5-26}$$

$$\mathbf{K}(l+1) = \mathbf{P}(l)\boldsymbol{\varphi}(l+1)\left[\boldsymbol{\lambda}(l+1) + \boldsymbol{\varphi}^{\mathrm{T}}(l+1)\mathbf{P}(l)\boldsymbol{\varphi}(l+1)\right]^{-1} \tag{5-27}$$

$$\mathbf{P}(l+1) = \left[\mathbf{I} - \mathbf{K}(l+1)\boldsymbol{\varphi}^{\mathrm{T}}(l+1)\right]\mathbf{P}(l) \tag{5-28}$$

$$w_{ji}(l+1) = w_{ji}(l) + \eta\delta_{pj}o_{pi} + \beta\Delta w_{ji}(l) \tag{5-29}$$

$$\delta_{pj} = \begin{cases} (t_{pj} - o_{pj})\,\Gamma'(Net_{pj}) & \text{（输出层）} \\ \left(\sum_s \delta_{ps}w_{sj}\right)\Gamma'(Net_{pj}) & \text{（隐藏层）} \end{cases} \tag{5-30}$$

式中，s 为前一隐含层的神经元下标变量。

当输出层神经元为线性单元、隐含层神经元为 Sigmoid 函数时，广义误差的计算公式可写为

$$\delta_{pj} = \begin{cases} t_{pj} - o_{pj} & \text{（输出层）} \\ o_{pj}(1 - o_{pj})\sum_s \delta_{ps}w_{sj} & \text{（隐藏层）} \end{cases} \tag{5-31}$$

针对模型 I，有

$$\boldsymbol{\varphi}(l+1) = \left[y(l), y(l-1), \cdots, y(l-n+1)\right] \tag{5-32}$$

特别要注意的是，由于线性模型和非线性模型的期望输出 $\mathbf{Z}(l+1)$ 和 t_{pj} 在这里都是未知的，已知的只是两个模型的输出之和，而它们的期望值应该是系统在当前时刻 $k+1$ 的实际输出矢量 $y(k+1)$ 值，因此在实际对如上算法进行计算时可交替使用 $y(k+1) - y_2(k+1)$ 和 $y(k+1) - y_1(k+1)$ 去近似地代替 $\mathbf{Z}(k+1)$ 和 t_{pj}。在一定条件下（即可用神经网络逼近非线性函数 f）可以保证如上算法随着学习过程的进行而逐步逼近真实参数。其中，l 表示迭代学习的下标标量；k 表示系统的时间变量。

在初始条件完全未知的情况下可以取

$$\hat{\boldsymbol{\alpha}}(0) = 0; \mathbf{P}(0) = \rho\mathbf{I} \tag{5-33}$$

式中，ρ 为比较大的数字。

下面的仿真例子可以进一步说明上文提出的混合学习辨识结构是稳定的。

【例 5-1】　考虑如下非线性离散系统：

$$y(k+1) = ay(k) + by(k-1) + g(u) \tag{5-34}$$

在此仿真例子中，取 $a = 0.3$、$b = 0.6$，有

$$g(u) = u^3 + 0.3u^2 - 0.4u$$

对于这个可分离系统，待辨识的参数有线性部分的系数 a、b 和非线性函数 $g(u)$ 两部分。其中线性部分采用最小二乘学习法、非线性部分 $g(u)$ 采用前向传播多层神经网络来逼近。且选择神经网络结构为 $\Pi_{1,8,4,1}$，即一个神经网络输入单元 $u(k)$、一个输出单元 $g(u(k))$、两层隐含层其隐含单元分别为 8 个和 4 个。神经网络的辨识结构模型见图 5-13a。取初始估计

$$\hat{\boldsymbol{\alpha}}(0) = \begin{pmatrix} a \\ b \end{pmatrix} = \begin{pmatrix} 0 \\ 0 \end{pmatrix} \tag{5-35}$$

$$\boldsymbol{\rho}(0) = \begin{pmatrix} 10 & 0 \\ 0 & 10 \end{pmatrix} \tag{5-36}$$

遗忘因子 $\lambda = 0.95$，学习因子 $\eta = 0.2$，$\beta = 0$。

那么，经过 780 次学习后，其辨识模型输出与实际系统输出的二次方误差小于 0.0818。线性部分的参数估计值为 $\hat{a} = 0.292$，$\hat{b} = 0.582$。整个学习过程的收敛曲线如图 5-15 所示。

为了进一步说明此辨识模型的有效性，本文对其进行了模型校验。取模型校验输入信号为

$$u(k) = \sin \frac{2\pi k}{100} \qquad k = 0, 1, 2, \cdots, 100 \tag{5-37}$$

则辨识模型和实际系统的输出响应曲线如图 5-16 所示。其中，实线表示实际系统的输出，"+"线表示辨识模型的系统响应。

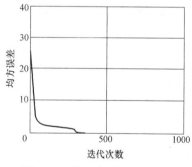

图 5-15　学习过程的收敛曲线

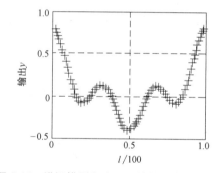

图 5-16　辨识模型和实际系统的输出响应曲线

对于第二大组的模型类型，根据其输入信号和输出信号是否可分离又可以分为两类模型形式，即模型Ⅲ和模型Ⅳ。对于模型Ⅳ，系统的输入/输出关系没有任何特殊性，因此它的神经网络辨识方法完全可以套用前向传播多层网络的构成方法和学习算法，在此不再重复。下面重点讨论模型Ⅲ的神经网络建模问题。

考虑模型

Ⅲ　$y(k+1) = f[y(k), y(k-1), \cdots, y(k-n+1)] + g[u(k), u(k-1), \cdots, u(k-m+1)]$

从中可以看出，此系统是由两个可分离的非线性函数来组成的。因此，从结构上来分析可以将 $f+g$ 看成是一个非线性函数，即可用一个适当的神经网络来逼近。显然这种方案是不经济的。那么，对于两个可分离非线性函数组合的系统是否也可以有两个可分离的非线性映射网络来逼近呢？其学习规则又该是如何呢？这就是下面要讨论的模型Ⅲ神经网络建模问题。

记 N_f 网络用来逼近可分离的非线性函数之一 $f(\cdot)$，N_g 网络用来逼近可分离的非线性函

数之二 $g(\cdot)$，则问题就转化为如何寻求 N_f 和 N_g 的学习规则使得 N_f+N_g 收敛于 $f(\cdot)+g(\cdot)$。其辨识模型的结构如图 5-17 所示。

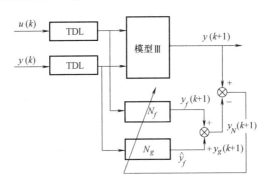

图 5-17　模型Ⅲ的神经网络辨识结构

对于未知模型，假设模型的阶已知，即 n、m 已知，则可以得到的信息只有系统的输入 $[u(k),u(k-1),\cdots,u(k-m+1)]$ 和系统的输出 $[y(k+1),y(k),\cdots,y(k-n+1)]$。假如仅用一个神经网络模型来逼近此系统，则其学习规则完全可引用传统的 BP 学习算法。但是对于此类辨识模型结构，由于两个网络模型 N_f 和 N_g 的期望输出 y_f 和 y_g 都是未知的，因此传统的 BP 学习算法无法应用于此类模型。因为系统的实际输出 $y(k+1)$ 是已知的，即两个网络模型 N_f 和 N_g 的期望输出之和 y_f+y_g 是已知的，所以问题是如何利用此样本信息来进行神经网络辨识模型的学习。考虑一般情况，对于给定的 P 个样本 $[t_{pj},x_{pj}]$，选指标函数

$$E = \sum_{p=1}^{P} E_p = \frac{1}{2}\sum \left[t_{pj} - (o_{pj}^1 + o_{pj}^2) \right]^2 \tag{5-38}$$

式中，o_{pj}^1、o_{pj}^2 分别为两个不同的并联网络的输出，且这两个并联的神经网络取相同的多层前向传播网络结构。它们的连接矩阵分别用符号 w_{ji}^1、w_{ji}^2 来表示。同样，依据梯度法的学习思想，推导出两个并联神经网络辨识模型的学习算法

因为

$$\Delta w_{ji} \propto -\frac{\partial E_p}{\partial w_{ji}} \tag{5-39}$$

所以由式（5-38）可知，当考虑网络 1 的输出只与网络 1 的权矩阵 w_{ji}^1 相关，而与网络 2 的权矩阵 w_{ji}^2 无关，则

$$\frac{\partial E_p}{\partial w_{ji}^1} = \frac{\partial E_p}{\partial Net_{pj}^1} \frac{\partial Net_{pj}^1}{\partial w_{ji}^1} = \delta_{pj}^1 o_i^1 \tag{5-40}$$

$$\frac{\partial E_p}{\partial w_{ji}^2} = \frac{\partial E_p}{\partial Net_{pj}^2} \frac{\partial Net_{pj}^2}{\partial w_{ji}^2} = \delta_{pj}^2 o_i^2 \tag{5-41}$$

式中，o_i^1 表示网络 1 中第 i 个神经元的输出值；δ_{pj}^1 表示网络 1 中第 j 个神经元的广义误差；o_i^2 表示网络 2 中第 i 个神经元的输出值；δ_{pj}^2 表示网络 2 中第 j 个神经元的广义误差。

不失一般性，假设两个多层前向传播神经网络具有 L 层的网络结构。为了便于自学，这里分别在各变量中引入一个上标变量 (r)，如 $o_i^1(r)$ 表示网络 1 中第 r 层第 i 个神经元的输出值，则对于输出层有

$$\delta_{pj}^{1(L)} = \left[\, t_{pj} - (\, o_{pj}^{1(L)} + o_{pj}^{2(L)}\,)\,\right] \frac{\partial o_{pj}^{1(L)}}{\partial Net_{pj}^{1(L)}} \tag{5-42}$$

$$= \left[\, t_{pj} - (\, o_{pj}^{1(L)} + o_{pj}^{2(L)}\,)\,\right] f_1'(\, Net_{pj}^{1(L)}\,)$$

$$\delta_{pj}^{2(L)} = \left[\, t_{pj} - (\, o_{pj}^{1(L)} + o_{pj}^{2(L)}\,)\,\right] f_2'(\, Net_{pj}^{2(L)}\,) \tag{5-43}$$

同样，对于隐含层利用反向传播的思想不难得出

$$\delta_{pj}^{1(r)} = f_1'(\, Net_{pj}^{1(r)}\,) \sum_k \delta_{pk}^{1(r+1)} w_{kj}^{1(r+1)} \tag{5-44}$$

$$\delta_{pj}^{2(r)} = f_2'(\, Net_{pj}^{2(r)}\,) \sum_k \delta_{pk}^{2(r+1)} w_{kj}^{2(r+1)} \tag{5-45}$$

式（5-44）、式（5-45）中，求和变量 r 遍及上一层的所有层内神经元

$$\Delta w_{ji}^{1(r)} = \eta_1 \delta_{pj}^{1(r)} o_i^{1(r)} \tag{5-46}$$

$$\Delta w_{ji}^{2(r)} = \eta_2 \delta_{pj}^{2(r)} o_i^{2(r)} \tag{5-47}$$

在整个算法的计算过程中，交替使用网络的实际输出值 $o_{pj}^{1(L)}$ 和 $o_{pj}^{2(L)}$，使得广义误差信号可以不断地进行计算和修正，直至最终收敛。

为了验证上述学习算法的有效性，下面通过一个仿真例子来说明两网络辨识模型的学习算法是收敛的且具有比单一神经网络模型更快的学习速度和更简单的网络模型规模。

【例 5-2】　考虑如下非线性离散系统：

$$y(k+1) = \frac{y(k)}{1 + y^2(k)} + u^3(k) \tag{5-48}$$

求：采用双模型法解决该系统的辨识问题。

解　如采用单一模型辨识法，即可以将一个多层前向传播神经网络来逼近此非线性动态系统 $\hat{y}_N(k+1) = N[\, y(k), u(k)\,]$，显然这种方法要达到一定的辨识精度其网络的结构模型将趋于复杂化。针对以上例子，选择网络的结构为 $\Pi_{2,20,10,1}$，即网络选用 2 个隐含层且它们的隐含神经元分别为 20 个和 10 个，2 个输入单元和 1 个输出神经元。则经过 300 次的迭代学习后其总的样本二次方误差和达到 23.06。它们的数值还相当大且学习的收速度已相当慢了。学习过程的二次方误差曲线如图 5-18a 所示。然而若采用两神经网络模型辨识法去逼近同样的系统，则其神经网络的复杂程度和学习的收敛速度都有明显的改善，即

$$\hat{y}_N(k+1) = N_f[\, y(k)\,] + N_g[\, u(k)\,]$$

针对此例，选 N_f、N_g 两个网络的结构都为 $\Pi_{1,6,2,1}$，则利用式（5-42）~式（5-47）更新网络的权系数矩阵，只需 150 次迭代学习后其样本的二次方误差已经小于 0.0133，因此整个精度远远优于单一网络模型的辨识方法。同时，在整个辨识模型的隐含神经元总共有 $2 \times (2 + 6) = 16$ 个，而单一神经网络模型的辨识需要 $20 + 10 = 30$ 个隐含神经元，且辨识精度还不及网络结构简单的辨识模型。因此，若能够用两神经网络模型，或者推广至多神经网络模型辨识的系统，则应尽量选用此类网络模型结构。图 5-18b 给出了两网络模型结构辨识法的学习收敛曲线。为了验证这个结构模型的辨识精度，这里选用了另一组输入信号对模型响应和系统的实际响应作一个比较，发现其辨识精度是相当高的。图 5-19 给出了当 $u(k) = \sin\dfrac{2\pi k}{25} +$

$\sin\dfrac{2\pi k}{10}$，$k = 0, 1, \cdots, 50$ 时的辨识结果。

120

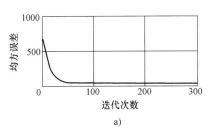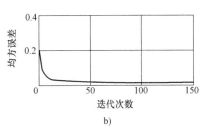

图 5-18 例 5-2 图

a）单一模型辨识法学习曲线　b）两模型辨识法学习曲线

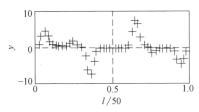

图 5-19 两模型辨识法辨识结果

第三节　神经网络控制的学习机制

神经网络控制的基本结构在本章第一节中已经作了介绍。要使神经网络控制器真正有效地对未知系统或非线性动态系统实现控制，就必须要求网络控制器具备一定的学习能力。与神经网络辨识完全不同的是，神经网络辨识器的期望输出值应该是系统的实际输出值。网络辨识器的样本信息是已知的，而神经控制器的样本信息应该是系统的最佳控制量。一般说来往往预先是无法知道的，尤其在被控系统模型未知的情况下。因此，如何解决神经网络控制器的学习问题是网络控制能否成功应用于非线性系统控制的关键所在。与传统控制器设计思想相仿，神经元控制器的目的在于如何设计一个有效的神经元网络去完成代替传统控制器的作用，使得系统的输出跟随系统的期望输出。为了达到这个目的，神经网络的学习方法就是寻找一种有效的途径进行网络连接权阵或网络结构的修改，从而使得网络控制器输出的控制信号能够保证系统输出跟随系统的期望输出。根据控制系统的不同结构和系统存在的不同已知条件，有两种基本学习模式：监督式学习和增强式学习。所谓监督式学习，实质上是有导师指导下的控制网络学习。根据导师信号的不同和学习框架的不同，监督式学习又可分为离线学习法、在线学习法、反馈误差学习法和多网络学习法。所谓增强式学习，指的是无导师指导下的学习模式，它通过某一评价函数来对网络的权系数进行学习和更新，最终达到有效控制的目的。

一、监督式学习

神经网络控制器的学习规则不同于神经网络辨识器的学习规则。由于网络控制器的期望输出预先无法知道，因此系统的输入/输出样本信息不能直接用于控制网络的学习算法。对于神经网络控制器的学习，唯一能利用的信息就是系统期望输出 y_d 和系统实际输出 y。因此，如何利用系统信息寻求一种稳定快速的学习途径是监督式学习要解决的主要内容。下面介绍几种常见的监督式学习算法。

1. 离线学习法

这种学习方法的思路是首先通过对一批系统样本输入/输出数据的训练，建立一个系统的逆模型，然后用这个逆模型进行在线控制。网络结构如图 5-20 所示。整个过程利用已知系统输入 u 产生的系统输出 y 作为神经网络的输入，那么网络的输出为 u_c。学习的目的要求 u 和 u_c 的二次方误差为最小，一旦学习过程结束，神经网络中神经元之间的连接权阵就固定了，并把这个网络作为此系统的控制器直接连接在非线性系统的输入端，从而构成了一个逆动力学模型的控制系统。从上面的分析可以知道，样本空间的选择应该尽量遍及整个控制域，这样才能保证逆动力学系统网络能够在最大范围内逼近系统的逆模型。同时也应注意到，一旦离线学习结束，神经网络控制器 N_c 的学习能力就将停止。因此，这种控制系统在变化的环境下是无法使用的，而且，在网络离线训练中选择的性能指标为 $u-u_c$ 的二次方误差极小，这一指标并不能保证系统的最终性能 y_d-y 的二次方误差极小。综上所述，这类控制结构在实际系统应用中还是存在相当大的困难的。

2. 在线学习法

为了克服离线学习法的困难，首先应该要考虑的是如何增强网络控制器的学习功能，保证整个控制器具备自适应、自学习的能力。在线学习法的网络结构如图 5-21 所示。在这种控制器训练中，学习只能在期望输出 y_d 值域内进行。同一般的网络控制器学习一样，此网络结构学习的目的是找出一个最优控制量 u 使得系统输出 y 趋于期望输出 y_d。权阵的调整应该使得 y_d-y 的误差减少最快。下面详细讨论在线学习法的学习算法。

不失一般性，假设非线性系统模型为

$$y=f(u,t) \tag{5-49}$$

选用控制器网络为多层感知器神经元网络。取最优性能指标函数为

$$E_p=\frac{1}{2}\left[y_d(k)-y(k)\right]^2 \tag{5-50}$$

则权阵的学习规则可以通过最快速下降法寻优来求得，即

$$\begin{aligned}w_{ji}(k+1)&=w_{ji}(k)-\eta\frac{\partial E_p}{\partial w_{ji}}\\&=w_{ji}(k)+\eta\left[y_d(k)-y(k)\right]\frac{\partial y(k)}{\partial w_{ji}(k)}\\&=w_{ji}(k)+\eta\left[y_d(k)-y(k)\right]\frac{\partial y(k)}{\partial u(k)}\frac{\partial u(k)}{\partial w_{ji}(k)}\end{aligned} \tag{5-51}$$

那么，如果系统模型已知，则 $\frac{\partial y(k)}{\partial u(k)}$ 可以求得，而 $\frac{\partial u(k)}{\partial w_{ji}(k)}$ 则利用广义的 Delta 规则来计算。

这样，对于已知 Jacobian 矩阵 $\frac{\partial y(k)}{\partial u(k)}$ 的系统，其求逆网络控制器的学习问题已经解决。整个自适应学习控制器就能很好地跟踪系统的期望输出，达到控制的目的。然而，一旦系统模型发生变化，且这种变化是未知时，这类网络控制器结构就失去了原有的优点，从而导致控制轨迹偏离了期望轨迹。

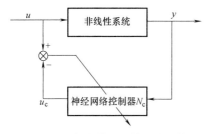

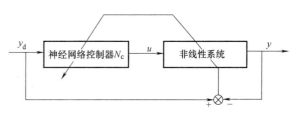

图 5-20　离线学习法的网络结构　　　　　图 5-21　在线学习法的网络结构

3. 反馈误差学习法

在线学习法在权系数矩阵的学习过程中需要已知系统的 Jacobian 阵。这在系统模型未知的情况下难以应用，反馈误差学习法就是为了克服这个困难而提出来的。这种控制系统的结构通常有前馈控制和反馈控制两部分组成，把反馈控制的输出作为网络控制器的训练误差信号，其网络结构如图 5-22 所示。在此，神经网络控制器就是其前馈控制器。大家知道，反馈控制的优点是保持系统的稳定并能实现无静差控制，但在许多非线性系统的控制中单靠反馈控制已不能满足控制精度要求，因此，需引入前馈补偿控制以加快控制速度。由于前馈控制器的这一优点，在外部信号的充分激励下，由反馈误差不断训练的神经网络前馈控制器将逐渐地在控制行为中占主导地位。一旦训练完毕，整个控制系统将主要由前馈神经网络控制器来实现，而反馈控制只用于解决诸如扰动之类的问题。必须指出的是，由于直接使用系统的误差信号去更新控制网络的权矩阵，而忽略了非线性系统本身的动态性能，因此有可能导致学习算法的发散现象。这种控制结构只适用于非线性系统线性绝对占优条件下的网络学习。

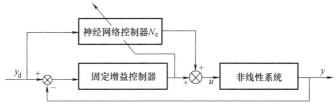

图 5-22　反馈误差学习法的网络结构

4. 多网络学习法

以上三种学习算法都不能从根本上解决未知非线性系统的学习问题。解决这类问题的方法之一就是利用神经网络辨识的手段在线识别出未知系统的动态模型，并利用此模型进行神经网络控制的设计和学习，且在学习过程中进一步改善模型的精确性，达到高精度控制的目的。多网络学习法根据系统模型的建模方式不同有两种学习算法：一是建立未知非线性动态系统的前向模型，利用此前向模型实现系统误差信息的反向传播，从而完成网络控制的权阵学习，其结构如图 5-23 所示；二是建立未知非线性动态系统的逆模型，利用期望的输出 y_d 作为逆神经网络模型的输入信号，由此网络模型产生期望的控制信号 u_d，并将此信号与实际的网络控制器信号 u 进行比较，产生的误差作为神经网络控制器 N_c 的学习信号，从而解决系统模型未知的网络控制器学习问题。其结构如图 5-24 所示。

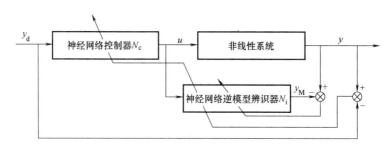

图 5-23 前向建模多网络控制结构

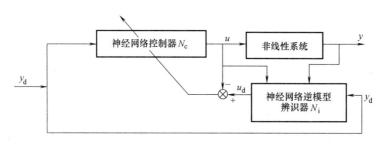

图 5-24 逆模型建模的多网络控制结构

二、增强式学习

当某些被控系统的导师信号无法得到时，监督式学习算法就不能使用了。与监督式学习不同的增强式学习是利用当前控制是否成功来决定下一次控制该如何进行的学习方式。神经网络的增强式学习最早始于自动机理论。对给定的一组行为 $a = \{a^{(0)}, a^{(1)}, \cdots, a^{(m)}\}$，自动机从中选取某行为 $a^{(i)}$ 的概率 $p^{(i)}$。则对应于行为 a，该行为发生的概率 $p(t) = \{p^{(0)}(t), p^{(1)}(t), \cdots, p^{(m)}(t)\}$。其中 $p^{(i)}(t) = P_r[y(t) = a(t)]$。在自动机产生行为 $a^{(i)}$ 后，环境对该行为的评价用一标量因子 $r(t)$（称为增强因子）表示。这里，$r = [0, 1]$，0 表示失败，1 表示成功。假设采取行为 $a^{(i)}$ 的最大成功概率为 $d(t) = \{d^{(0)}(t), d^{(1)}(t), \cdots, d^{(m)}(t)\}$，则自动机的学习目标是修正概率 $p^{(i)}(t)$，使成功的概率最大。修正的办法是对某一成功的行为进行鼓励，而对不成功的行为进行惩罚。与传统学习方法不同的是，在增强式学习中，预先不知道下一步该怎么做，只知道某一行为好不好，因此其学习的思路是一旦某一行为比较好时应该增强此行为的分量，减弱其他行为的影响，以达到奖惩的目的。一种最常用的次优奖励方法如下：

当第 i 个行为成功时

$$\Delta p^{(i)} = \alpha(1 - p^{(i)}) \tag{5-52}$$

$$\Delta p^{(j)} = -\alpha p^{(j)} \qquad j \neq i \tag{5-53}$$

式中，α 为学习速率，$\alpha \in [0, 1]$。

上述学习算法表明，若某行为正确，则提高它的发生概率，并减少其他行为的发生概率。当此算法用神经网络来实现时，则权值空间的学习代替了概率空间的学习。令

$$p_i(t) = f(w_i(t)) = \frac{1}{1 + e^{-w_i}} \tag{5-54}$$

则权值更新为

$$\Delta w_i = dr(y_i - p_i) \tag{5-55}$$

上述学习算法的收敛速度比较慢。为了加快学习速率，人们提出了众多改进算法。限于篇幅，这里不再详细介绍。

第四节　神经网络控制器的设计

一、神经网络直接逆模型控制法

直接逆模型控制法是最直观的一种神经网络控制器实现方法，其基本思想就是假设被控系统可逆，通过离线建模得到系统的逆模型网络，然后用这一逆模型网络去直接控制被控对象。

考虑如下单输入-单输出系统：

$$y(k+1) = f(y(k-1), \cdots, y(k-n+1), u(k), \cdots, u(k-m)) \tag{5-56}$$

式中，y 为系统的输出变量；u 为系统的输入变量；n 为系统的阶数；m 为输入信号滞后阶；$f(\cdot)$ 为任意的线性或非线性函数。

如果已知系统阶次 n、m，并假设系统式（5-56）可逆，则存在函数 $g(\cdot)$，有

$$u(k) = g(y(k+1), \cdots, y(k-n+1), u(k-1), \cdots, u(k-m)) \tag{5-57}$$

对于式（5-57），若能用一个多层前向传播神经网络来实现，则网络的输入/输出关系为

$$u_N = \Pi(X) \tag{5-58}$$

式中，u_N 为神经网络的输出，它表示训练完成后神经网络产生的控制作用；Π 为神经网络的输入/输出关系式，它用来逼近被控系统的逆模型函数 $g(\cdot)$；X 为神经网络的输入矢量

$$X = (y(k+1), y(k), \cdots, y(k-n+1), u(k-1), \cdots, u(k-m))^T$$

这样，神经网络共有 $n+m+1$ 个输入结点、1 个输出结点。神经网络的隐含结点数根据具体情况决定。

大家知道，如果以上逆动力学模型可以用某个神经网络模型来逼近，则直接逆模型控制法的目的在于产生一个期望的控制量使得在此控制作用下系统输出为期望输出。为了达到这一目的，只要将神经网络输入矢量 X 中的 $y(k+1)$ 用期望系统输出值 $y_d(k+1)$ 去代替，就可以通过神经网络的输入/输出关系式 Π 产生期望的控制量 u，即

$$X = (y_d(k+1), y(k), \cdots, y(k-n+1), u(k-1), \cdots, u(k-m))^T \tag{5-59}$$

逆神经网络动力学模型的训练结构如图 5-25 所示。

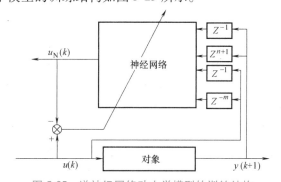

图 5-25　逆神经网络动力学模型的训练结构

定义训练的误差函数为

$$E(k) = [u(k) - u_N(k)]^2/2 \qquad (5\text{-}60)$$

为了实现有效的训练，对于离线训练的神经网络而言，通常采用批处理训练方式。即取被控系统实际输入/输出的数据序列

$$[(y(k), u(k-1)), (y(k-1), u(k-2)), \cdots, (y(k-n-P+1), u(k-n-P+1))]$$

因此，有神经网络的输入矢量样本集

$$\boldsymbol{X}(k,k) = (y(k+1), y(k), \cdots, y(k-n+1), u(k-1), \cdots, u(k-m))^{\mathrm{T}} \qquad (5\text{-}61)$$

$$\boldsymbol{X}(k,k-1) = (y(k), y(k-1), \cdots, y(k-n), u(k-2), \cdots, u(k-m-1))^{\mathrm{T}} \qquad (5\text{-}62)$$

$$\vdots$$

$$\boldsymbol{X}(k,k-P) = (y(k-P+1), y(k-P), \cdots, y(k-n-P+1), u(k-P-1), \cdots, u(k-m-P))^{\mathrm{T}} \qquad (5\text{-}63)$$

于是取目标函数

$$E(k,P) = \frac{1}{2} \sum_{p=0}^{P-1} \lambda_p [u(k-p) - u_N(k-p)]^2 \qquad (5\text{-}64)$$

式中，λ_p 为常值系数，类似于系统辨识中的遗忘因子，且有

$$0 \le \lambda_0 \le \lambda_1 \le \cdots \le \lambda_{P-1} \le 1$$

利用误差准则式（5-64），不难推导出相应的 BP 学习算法步骤如下：

1）随机选取初始权系数矩阵 $\boldsymbol{W}_0$，选定学习步长 η、遗忘因子 λ_p 和最大误差容许值 $E_{\max}$。

2）按式（5-61）~式（5-63）构成神经网络输入矢量空间样本值。

3）$l \leftarrow 0$。

4）$\boldsymbol{W}_{l+1} \leftarrow \boldsymbol{W}_l$，计算神经网络各神经元的隐含层输出和神经网络的输出 u_N。

5）计算误差 $E(k,P) = \dfrac{1}{2} \sum\limits_{p=0}^{P-1} \lambda_p [u(k-p) - u_N(k-p)]^2$，判 $E(k, P) < E_{\max}$？若是，则训练结束；否则继续下一步。

6）求反向传播误差

$$\delta_j = \sum_{p=0}^{P-1} \lambda_p (u(k-p) - u_N(k-p)) \qquad （输出层） \qquad (5\text{-}65)$$

$$\delta_j = \left(\sum_q \delta_q w_{qj} \right) \varGamma'(Net_j) \qquad （隐含层） \qquad (5\text{-}66)$$

7）调整权系数阵

$$\Delta w_{ji} = \eta \delta_j o_i \qquad w_{ji}(l) \leftarrow w_{ji}(l) + \Delta w_{ji} \qquad (5\text{-}67)$$

8）$l \leftarrow l+1$，转步骤 4）。

直接逆模型控制法是在被控系统的逆动力学神经网络模型训练完毕后直接投入控制系统的运行。在神经网络得到充分训练后，由于 $y_d(k)$ 与 $y(k)$ 基本相等，因此在控制结构中可以直接用 $y_d(k), y_d(k-1), \cdots, y_d(k-n+1)$ 来代替 $y(k), y(k-1), \cdots, y(k-n+1)$。直接逆模型控制法的结构如图 5-26 所示。

值得指出的，直接逆模型控制法不进行在线学习，因此，这种控制器的控制精度取决于逆动力学模型的精度，并且在系统参数发生变化的情况下无法进行自适应调节。这种控制方式还有很大局限性。为了改善控制系统的性能，可在系统的外环增加一个常规的反馈控制。

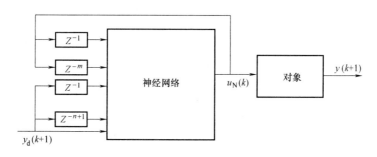

图 5-26　直接逆模型控制法的结构

二、直接网络控制法

由于直接逆模型控制法缺乏学习机制，且在控制器的设计中又没有考虑到系统本身的输入/输出状态，因此，一旦系统运行的环境、参数发生变化时，这类控制器就无法适应了。为了改善控制性能，人们提出了众多改进措施。直接网络控制法就是在神经网络的输入端引入了系统的状态信号，并将学习机制实时在线地用于网络控制器的调整和改善。通过系统输入/输出信号的馈入，大大提高了系统的自适应能力。

【例 5-3】　考虑被控系统

$$y(k+1)=\frac{y(k)y(k-1)y(k-2)u(k-1)\left[y(k-1)-1\right]+u(k)}{1+y^2(k-1)+y^2(k-2)} \qquad (5\text{-}68)$$

假设系统的动力学逆模型成立，即有

$$u(k)=g\left[y(k+1),y(k),y(k-1),y(k-1),u(k-1)\right]$$

其直接神经网络控制法的控制结构如图 5-27 所示。

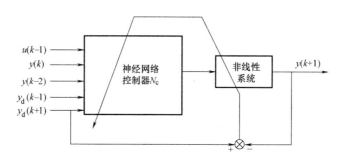

图 5-27　直接神经网络控制法的控制结构

根据控制性能的要求，选目标函数为

$$E=\sum E_p=\frac{1}{2}\sum\left[y_d(k)-y(k)\right]^2 \qquad (5\text{-}69)$$

神经网络模型选用四层前向传播神经网络，并假设输出单元层的神经元为线性单元，其余层的神经元为 Sigmoid 激励元。则其学习规则可归结为

$$w_{ij}(k+1)=w_{ij}(k)+\eta\delta_{pj}o_{pi} \qquad (5\text{-}70)$$

$$\delta_{pj} = \left[y_d(k) - y(k) \right] \frac{dy(k)}{du(k)}$$

$$= \left[y_d(k) - y(k) \right] \frac{1}{1 + y^2(k-2) + y^2(k-3)} \qquad （输出层） \qquad (5-71)$$

$$\delta_{pj} = o_{pj}(1 - o_{pj}) \sum_l \delta_{pl} w_{lj} \qquad （隐含层） \qquad (5-72)$$

根据多次仿真研究后，取直接网络控制法的神经网络结构为 $\Pi_{5,25,12,1}$。$\eta = 0.05$，期望输出为

$$y_d(k) = \sin \frac{2\pi k}{100} + 0.2\sin \frac{6\pi k}{100}$$

则经过 100 次的在线学习和训练后，其均方误差已经小于 0.005，其系统响应曲线如图 5-28 所示，其中图 5-28a 为直接逆模型控制法的系统响应曲线，图 5-28b 为直接网络控制法的系统响应曲线，虚线代表系统的期望输出，实线代表系统的实际输出。从图中也可以看出，直接网络控制法的控制精度远远优于直接逆模型控制法。

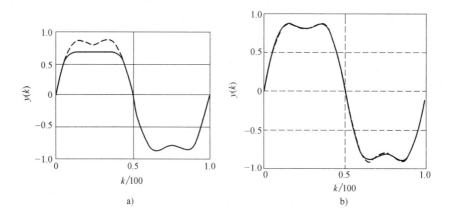

图 5-28 系统响应曲线

a）直接逆模型控制法的系统响应曲线 b）直接网络控制法的系统响应曲线

直接网络控制法虽然解决了神经控制网络的学习问题，对系统的自适应能力、自学习能力有显著的提高。但是，它需要系统的 Jacobian 矩阵 dy/du。显然，这一要求对大多数复杂系统、未知系统而言是没法满足的。为了克服这一缺陷，许多专家学者提出了各种不同的方法。归结起来，主要有以下四种解决措施：

1）摄动法：用 $\frac{\Delta y_i}{\Delta u_i}$ 来代替 $\frac{\partial y_i}{\partial u_i}$。这虽然是一种近似的计算方法，但一般说来，在采样间隔比较短的情况下还是可行的。

2）符号函数法：简单地采用符号函数 $\mathrm{sgn}\left(\frac{y_i}{u_i} \right)$ 来代替 $\frac{\partial y_i}{\partial u_i}$。这种方法比摄动法更为简单且实用。因为，对于大多数系统而言系统的输出变化随输入变化的趋势是容易知道的，简单地采用符号函数来代替 Jacobian 矩阵函数既能保持神经网络学习算法的稳定性，又有计算简单、已知条件较小情况下系统的控制能力。

3）前向神经网络仿真模型法：采用另一神经网络模型来仿真系统的动力学模型，并利用它得到系统的 Jacobian 矩阵 dy/du 信息，从而实现神经网络控制的学习。

4）多网络自学习控制法：采用神经网络的系统逆动力学模型来产生系统的期望控制信号，从而解决神经网络控制器的导师信号问题，实现了网络控制器的学习。

三、多神经网络自学习控制法

对于未知动力学行为的非线性系统，单纯地依靠前面提到的控制方法都无法达到满意的控制效果。多网络自学习控制方法就是利用神经网络的众多优点，将神经网络的辨识和神经网络的控制分离出来，从而构造出一套有效的学习控制算法，使得系统的输出能够在神经网络控制器的作用下精确快速地跟踪系统的期望输出，如图 5-29 所示。下面进一步分析这种控制结构下的神经网络辨识器和神经网络控制器的学习算法，并通过一个例子来说明多神经网络自学习控制方法的有效性。

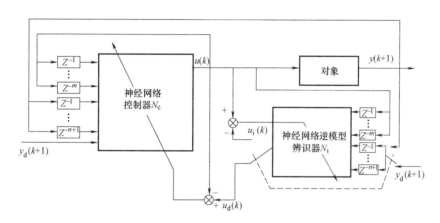

图 5-29　多神经网络自学习控制法的结构

对于非线性系统

$$y(k+1)=f(y(k),y(k-1),\cdots,y(k-n+1),u(k),\cdots,u(k-m)) \tag{5-73}$$

控制器的控制目的在于希望找到 $u(k)$，使得 $y(k+1)\to y_{\mathrm{d}}(k+1)$。同样，假设被控系统的逆动力学模型存在，即

$$u(k)=g(y(k+1),y(k),\cdots,y(k-n+1),u(k-1),\cdots,u(k-m)) \tag{5-74}$$

是唯一的，则可以通过神经网络的辨识器实现被控对象的逆动力学模型的逼近，从而为神经网络控制器的学习创造条件。见图 5-29，N_i 采用的是逆动力学神经网络模型，它可以实时地利用系统的输入/输出信息 $(u(k),y(k+1))$ 来改善神经网络模型的精度，并且也实现了自适应的功能。这里，仍然选用前向传播神经网络结构模型，则神经辨识器的学习规则可归纳为

$$u_i(k)=\Pi_{N_i}(y(k+1),y(k),\cdots,y(k-n+1),u(k-1),\cdots,u(k-m)) \tag{5-75}$$

式中，$\Pi_{N_i}(\cdot)$ 是系统逆模型函数 $g(\cdot)$ 的神经网络逼近函数

$$e_{\mathrm{u}}(k)=u(k)-u_i(k) \tag{5-76}$$

$$\begin{cases} \delta^i_{pj}=e_{uj}(k) & （输出层） \\ \delta^i_{pj}=o^i_j(1-o^i_j)\sum_l \delta^i_{pj}w^i_{lj} & （隐藏层） \end{cases} \tag{5-77}$$

$$w^i_{lj}(k+1)=w^i_{lj}(k)+\eta_i\delta^i_{pj}o^i_l+\alpha_i\Delta w^i_{lj}(k) \tag{5-78}$$

式中，$e_{uj}(k)$ 为矢量 $e_{\mathrm{u}}(k)$ 的第 j 个分量。

系统逆模型的在线学习保证了在系统参数发生变化的情况下能及时地调节神经辨识器连接权系数，达到精确逼近系统模型的目的。从而也保证了基于这个逆模型的神经网络控制器能够实现准确的输出跟踪控制。神经网络控制器 N_c 设计的前提是这个神经网络辨识器能够精确地表示此系统的逆动力学模型，只有这样，神经控制器的导师信号才是可靠的。因此，神经网络辨识器的在线学习特性对整个控制器的控制性能影响是至关重要的。多神经网络自学习控制器的基本思想是利用逆动力学模型和系统的期望输出 $y_d(k+1)$ 去构造一个期望的控制量 $u_d(k)$，从而解决了神经网络控制器 N_c 在系统模型未知情况下的学习问题。在多层前向传播神经网络结构下，其学习规则为

$$u_d(k) = \Pi_{N_i}(y_d(k+1), y_d(k), \cdots, y_d(k-n+1), u(k-1), \cdots, u(k-m)) \tag{5-79}$$

式中，$\Pi_{N_i}(\cdot)$ 是系统逆模型函数 $g(\cdot)$ 的神经网络逼近函数

$$e_c(k) = u_d(k) - u(k) \tag{5-80}$$

$$\begin{cases} \delta_{pj}^c = e_{cj}(k) & \text{（输出层）} \\ \delta_{pj}^c = o_j^c(1 - o_j^c) \sum_l \delta_{pj}^c w_{lj}^c & \text{（隐藏层）} \end{cases} \tag{5-81}$$

$$w_{lj}^c(k+1) = w_{lj}^c(k) + \eta_i \delta_{pj}^c o_l^c + \alpha_c \Delta w_{lj}^c(k) \tag{5-82}$$

式中，$e_{cj}(k)$ 为矢量 $e_c(k)$ 的第 j 个分量；η_i、η_c 分别为两个神经网络的学习因子；α_i、α_c 分别为两个神经网络的 Momentun 系数。

四、单一神经元控制法

单一神经元模型实质上是一个非线性控制器，对许多单输入-单输出系统完全可以通过单一神经元模型进行控制。单一神经元控制系统的结构如图 5-30 所示。

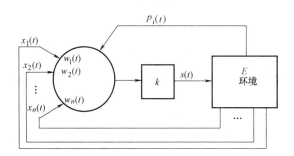

图 5-30　单一神经元控制系统的结构

$x_i(t)(i=1, 2, \cdots, n)$ 是神经元的 n 个输入状态量，神经元输出可表示为

$$s(t) = k \sum_{i=1}^n w_i(t) x_i(t) \tag{5-83}$$

式中，$k>0$ 是神经元的比例系数；$w_i(t)$ 为对应于元输入 $x_i(t)$ 的加权值。

权值的学习根据神经网络的学习算法进行。

根据 D. O. Hebb 提出的著名假设，神经元是前置与后置突触同时触发时，加权值增加。则有以下学习规则：

$$w_i(t+1) = \gamma w_i(t) + \eta p_i(t) \tag{5-84}$$

式中，$1>\gamma>0$ 为衰减速率；$\eta>0$ 为学习速率；$p_i(t)$ 表示递进学习策略。

神经元的简单学习策略主要有以下三种：

1）Hebbian 学习，即

$$p_i(t) = s(t)x_i(t)$$

表示对一个动态特性未知的环境，自适应神经元通过学习，可逐步使神经元控制器适应被控制对象特性以达到最佳控制的目的。同时，自适应神经元也能通过其自身的学习能力适应外界的变化。

2）监督学习，即

$$p_i(t) = z(t)x_i(t)$$

表示对一个动态特性未知的环境，神经元在导师信号 $z(t)$ 的指导下进行强迫学习，使神经元控制器尽快适应被控制对象的特性以达到最佳控制的目的，同时，又能满足适应外界变化的要求。

3）联想式学习，即

$$p_i(t) = z(t)s(t)x_i(t)$$

表示自适应神经元采用 Hebbian 学习和监督学习相结合的方式，通过关联搜索对未知的外界环境作出反应。这意味着神经元在导师信号 $z(t)$ 的指导下，通过自组织关联搜索进行递进式学习修正加权值来产生控制作用。

采用神经元非模型控制基本方法构成的控制系统的一般形式如图 5-31 所示。

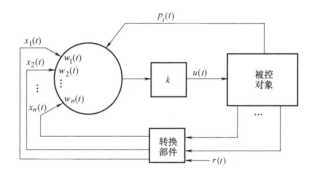

图 5-31 采用神经元非模型控制基本方法构成的控制系统的一般形式

在图 5-31 中，转换部件的输入为反映被控对象及控制指标的状态变量，如设定值 $r(t)$、对象输出测量值 $y(t)$ 等。转换部件的输出为神经元学习所需的状态，如设定值 $r(t)$、误差 $e(t)$、误差变化 $\Delta e(t)$ 等，控制信号 $u(t)$ 由神经元通过关联搜索来产生。根据以上模型，采用联想式学习方法，可以得出以下规范化神经元非模型控制方法：

$$u(t) = \frac{k \sum_{i=1}^{n} w_i(t)x_i(t)}{\sum_{i=1}^{n} w_i(t)} \tag{5-85}$$

$$w_i(t+1) = w_i(t) + \eta[r(t) - y(t)]u(t)x_i(t)$$

式中，$x_i(t)$ 为神经元的输入状态，$i = 1, 2, \cdots, n$；k 为神经元的比例系数；η 为神经元的学习速率。

神经元的输入状态可在进行控制系统设计时根据需要选取。例如当选择神经元的输入状态如下时（$n = 3$）：

$$x_1(t) = r(t), \quad x_2(t) = r(t) - y(t), \quad x_3(t) = x_2(t) - x_2(t-1)$$

则神经元非模型控制器转化为

$$u(t) = k_1 r(t) + k_2 e(t) + k_3 \Delta e(t)$$

式中，$e(t) = r(t) - y(t)$，$\Delta e(t) = e(t) - e(t-1)$

分别为前馈比例控制、反馈比例控制和反馈微分控制。

若取

$$\Delta u(t) = \frac{k \sum_{i=1}^{n} w_i(t) x_i(t)}{\sum_{i=1}^{n} w_i(t)} \tag{5-86}$$

$$w_i(t+1) = w_i(t) + \eta \left[r(t) - y(t) \right] u(t) x_i(t) \tag{5-87}$$

其中，$\Delta u(t) = u(t) - u(t-1)$，并取神经元的输入状态 $x_i(t) (i=1,2,3)$ 为

$$x_1(t) = r(t) - y(t), \quad x_2(t) = x_1(t) - x_1(t-1), \quad x_3(t) = x_2(t) - x_2(t-1)$$

则此控制器与增量型 PID 控制相似。

以上分析说明，单一神经元模型控制方法十分灵活，可以通过神经元输入状态的选择、学习速率的确定，甚至神经元结构的设计等多种方法来满足控制系统的设计要求。

本 章 小 结

神经网络控制在那些具有非线性、时变、多信息处理等特点的系统控制中具有明显的优越性。正由于神经网络控制面对的被控对象相当复杂，因此，其神经网络控制器的结构也随着控制对象、控制目的不同而不同。本章介绍了七种常见的神经网络控制结构。本章的重点是应用多层前向传播神经网络实现系统建模、系统控制的原理、方法和学习算法，并给出了四种典型的离散非线性系统的神经网络辨识算法。在神经网络控制方面，本章着重讨论了有导师指导下的控制器设计问题，此时，神经网络控制器设计的关键是寻求期望的导师信号来迫使神经控制器的输出达到期望的控制输出。正确选择神经控制器的结构和相应的学习算法是实现有效控制的关键。最后，本章简单讨论了神经网络的自适应控制。

 习题和思考题

5-1　神经网络控制系统的结构有哪几种？在设计神经网络控制系统时应如何选择最佳控制结构？

5-2　实现神经网络控制器有导师指导下的学习的关键是什么？

5-3　神经网络可以作为非线性动态系统辨识器的条件是什么？

5-4　已知一非线性动态系统

$$y(k+1) = \frac{y(k)}{1+y^2(k)} + u^3(k)$$

给定的期望轨迹为 $y_d(k) = \sin\dfrac{2\pi k}{25} + \sin\dfrac{2\pi k}{10}$，求：

1）假设系统已知，即 $\dfrac{\partial y(k)}{\partial u(k)}$ 从方程中可以求出，采用直接网络控制法实现期望轨迹的跟踪控制；

2）假设仅已知 $\dfrac{\partial y(k)}{\partial u(k)}$ 的符号，重新设计直接网络控制法实现期望轨迹的跟踪控制；

3）利用神经网络辨识器，设计多神经网络控制器实现期望轨迹的跟踪控制。

5-5　假定参考模型由三阶差分方程描述如下：

$$y_m(k+1) = 0.8y_m(k) + 1.2y_m(k-1) + 0.2y_m(k-2) + r(k)$$

式中，$r(k)$ 为有界参考输入。

过程的动态方程是

$$y(k+1) = \frac{-0.8y(k)}{1+y^2(k)} + u(k)$$

试用间接自适应控制方法，利用神经元网络对过程进行控制，并画出 $r(k) = \sin(2\pi k/25)$ 时的控制响应曲线。

第六章*

智能控制的集成技术

第一节　模糊神经网络控制

　　模糊控制利用专家经验建立起来模糊集、隶属度函数和模糊推理规则等实现了对复杂系统的控制，在许多难以用准确数学模型描述的系统控制中已发挥出巨大作用，但至今为止，人们还没有一套系统的方法来设计模糊控制器。大多数模糊控制器的设计是基于人们对操作系统实践中积累的一些经验知识，其最直接的逼近方法，就是通过研究人的操作经验或对已存在的控制器性质来定义隶属度函数和模糊控制规则，然后进行合适的试验。如果试验失败，则必须重新调整隶属度函数或控制规则直至满足要求为止。因此，这种设计方法存在很大的主观性。所以，寻求一种比较客观又有自身调节能力的模糊控制系统是当前研究的热点之一。自适应模糊控制系统的设计思想是利用自身的控制经验，并从中获取有用的信息来调整和修改模糊控制规则或隶属度函数达到模糊控制器的自适应，如 Sugeno 提出的将模糊控制规则的结论部用过程的状态变量的线性组合来表示而不是用传统的隶属度函数法及精确化计算步骤。这样，规则的自组织问题就转化为参数估计问题了。虽然这些规则的自组织方法展示了一定的自适应能力，但从总体上来看仍然存在较大的主观性。怎样把学习机制引到模糊控制中来，使系统本身能够通过不断的学习修改并完善隶属度函数和模糊推理规则，使其达到最佳控制状态，是一件非常有意义的事。

　　神经网络具有的高度非线性映射能力和自学习能力是实现非线性系统控制的重要因素。神经网络的两大主要特征——分布表示和学习能力，是改善非线性系统自适应控制的重要措施。利用神经网络模型可以将某一个值、某一个规则分布地表示在大量的计算单元上，并以一种隐含的表示形式将其反映出来，而且这种分布性的特点使得神经网络具有硬件实现简单、泛化能力强、容错性好等优点。同时，神经网络的学习能力是另一个重要特征，也是实现自学习、自适应控制的关键所在。神经网络的主要缺陷是无法处理语言变量，也不可能将专家的先验控制知识注入到神经网络控制系统的设计中去，从而使得原来并不属于"黑箱"结构的系统设计问题只能用"黑箱"系统设计理论来进行。此外，神经网络的训练往往从某一随机点出发，因此容易导致局部收敛问题。还有，虽然在模糊控制系统设计中，人们很容易将专家的知识化为模糊控制规则，使它在这些人类生活中经常碰到的不确定性系统的控制中显示出强大的生命力，但是由于专家知识的局限性以及环境的可变性，任何一个专家都无法得到一个最佳的规则或最优的隶属度函数。因此，利用神经网络的学习功能来优化模糊控制规则和相应的隶属度函数，将一些专家知识预先分布到神经网络中去，是模糊神经网络理论的两个基本出发点。模糊神经网络系统实现了模糊逻辑控制思想与神经网络学习能力的结合，从而使模糊控制规则和隶属度函数可以通过对样本数据的学习而自动地生成起来，克服了人为选择模糊控制规则主观性较大的缺陷。此外，这种神经网络结构很容易将专家经验加到系统中去，从而大大提高了神经网络自身的控制能力。

把神经网络的学习能力引到模糊控制系统中去，将模糊控制器的模糊化处理、模糊推理、精确化计算通过分布式的神经元网络来表示是实现模糊控制器自组织、自学习的重要途径。在这样一个模型结构中，神经网络的输入、输出结点用来表示模糊控制系统的输入、输出信号，隐含结点用来表示隶属度函数和模糊控制规则。模糊神经网络结构的另一个主要特点是保留了与人类推理控制相近的模糊逻辑推理，而且由于神经网络的并行处理能力，使得模糊逻辑推理的速度大大提高。因此可以说，模糊神经网络控制器是一种非常优秀的智能控制器。目前，模糊神经网络的研究毕竟刚刚开始，对于什么样的网络结构最好、什么样的学习算法最佳、如何保证网络学习的收敛性等诸多问题，都还没有明确的答案。

一、模糊神经网络的结构

本节将介绍一种用多层前向传播神经网络结构来逼近的模糊神经网络系统，使读者对模糊神经网络有初步的了解。系统的结构如图 6-1 所示。整个神经网络模型分成五个层次，其中第一层结点为输入结点（语言结点），用来表示语言变量；最后一层是输出层，每个输出变量有两个语言结点，一个用于在训练神经网络时需要的期望输出信号的馈入，另一个表示模糊神经网络推理控制的输出信号结点；第二层和第四层的结点称为项结点，用来表示相应语言变量语言值的隶属度函数。实际上第二层的结点既可以用单一的神经元函数（如三角形函数、钟形函数等）来表示隶属度函数，也可以用一个子网络来表示较复杂的隶属度函数特性。第三层结点称为规则结点，用来实现模糊逻辑推理。这样，整个模糊神经网络结构需要五个层次来实现模糊逻辑推理的功能。第三层与第四层结点之间的连接模型实现了连接推理过程，从而避免了传统模糊推理逻辑的规则匹配推理方法。其中，第三层与第四层结点之间的连接系数定义规则结点的结论部，第二层与第三层结点之间的连接系数定义规则结点的条件部。这样，对于每一个规则结点，至多只有一个语言变量的语言值与之相连。这一点对于第三层与第四层结点之间的连接、第三层与第二层结点之间的连接都是成立的。而第二层和第五层结点语言变量与其相应语言值结点之间是全连接的。在图 6-1 中，箭头方向表示系统信号的走向，从下到上，表示模糊神经网络训练完成以后的正常信号流向，而从上到下，表示模糊神经网络训练时所需期望输出的反向传播信号流向。

上面已经定义模糊神经网络结构，接下来的任务是定义神经网络中每一层各个结点的基本功能和函数关系。一个典型的神经元函数通常是由一个神经元输入函数和激励函数组合而成的。神经元输入函数的输出是与其相连的有限个其他神经元的输出和相连接系数的函数，通常可表示为

$$Net = f(u_1^k, u_2^k, \cdots, u_p^k, w_1^k, w_2^k, \cdots, w_p^k) \tag{6-1}$$

式中，上标 k 表示所在的层次；u_i^k 表示与其相连接的神经元输出；w_i^k 表述相应的连接权系数，$i = 1, 2, \cdots, p$。

神经元的激励函数是神经元输入函数响应 f 的函数，即

$$output = o_i^k = a(f) \tag{6-2}$$

式中，$a(\cdot)$ 表示神经元的激励函数。

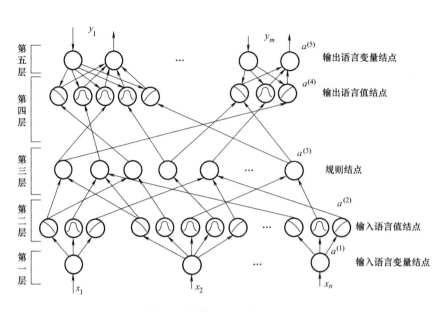

图 6-1 模糊神经网络的结构

最常用的神经元输入函数和激励函数是

$$f_j = \sum_{i=1}^{p} w_{ji}^k u_i^k \qquad a_j = \frac{1}{1 + e^{-f_j}}$$

但是由于模糊神经网络的特殊性，为了满足模糊化计算、模糊逻辑推理和精确化计算，对每一层的神经元函数应有不同的定义。下面给出一种满足要求的各层神经元结点的函数定义。

第一层， 这一层的结点只是将输入变量值直接传送到下一层。所以

$$f_j^{(1)} = u_j^{(1)} \qquad a_j^{(1)} = f_j^{(1)} \tag{6-3}$$

且输入变量与第一层结点之间的连接系数 $w_{ji}^{(1)} = 1, u_j^{(1)} = x_j, j = 1, \cdots, n$。

第二层， 如果采用一个神经元结点而不是一个子网络来实现语言值的隶属度函数变换，则这个结点的输出就可以定义为隶属度函数的输出。如钟形函数就是一个很好的隶属度函数

$$f_j^{(2)} = M_{X_i}^j(m_{ji}^{(2)}, \sigma_{ji}^{(2)}) = -\frac{(u_i^{(2)} - m_{ji}^{(2)})^2}{(\sigma_{ji}^{(2)})^2} \qquad a_j^{(2)} = e^{f_j^{(2)}} \tag{6-4}$$

式中，m_{ji} 和 σ_{ji} 分别表示第 i 个输入语言变量 X_i 的第 j 个语言值隶属度函数的中心值和宽度。

因此，可以将函数 $f(\cdot)$ 中的参变量 m_{ji} 看作是第一层神经元结点与第二层神经元结点之间的连接系数 $w_{ji}^{(2)}$，将 σ_{ji} 看作是与 Sigmoid 函数类似的一个斜率参数。

第三层， 这一层的功能是完成模糊逻辑推理条件部的匹配工作。因此，由最大、最小推理规则可知，规则结点实现的功能是模糊"与"运算，即

$$f_j^{(3)} = \min(u_1^{(3)}, u_2^{(3)}, \cdots, u_p^{(3)}) \qquad a_j^{(3)} = f_j^{(3)} \tag{6-5}$$

且第二层结点与第三层结点之间的连接系数 $w_{ji}^{(3)} = 1$。

第四层， 在这一层次上的结点有两种操作模式：一是实现信号从上到下的传输模式；二是实现信号从下到上的传输模式。在从上到下的传输模式中，此结点的功能与第二层中的结点完全相同，只是在此结点上实现的是输出变量的模糊化，而第二层结点实现的是输入变量

的模糊化。这一结点的主要用途是为了使模糊神经网络的训练能够实现语言化规则的反向传播学习。在从下到上的传输模式中，此结点实现的是模糊逻辑推理运算。根据最大、最小推理规则，这一层上的神经元实质上是模糊"或"运算，用来集成具有同样结论的所有激活规则

$$f_j^{(4)} = \max(u_1^{(4)}, u_2^{(4)}, \cdots, u_p^{(4)}) \qquad a_j^{(4)} = f_j^{(4)} \tag{6-6}$$

或
$$f_j^{(4)} = \sum_{i=1}^{p} u_i^{(4)} \qquad a_j^{(4)} = \min(1, f_j^{(4)}) \tag{6-7}$$

且第三层结点与第四层结点之间的连接系数 $w_{ji}^{(4)} = 1$。

第五层，在这一层中有两类结点。第一类结点执行从上到下的信号传输方式，实现了把训练数据反馈到神经网络中去的目的，提供模糊神经网络训练的样本数据。对于这类结点，其神经元结点函数定义为

$$-f_j^{(5)} = y_j^{(5)} \qquad a_j^{(5)} = f_j^{(5)} \tag{6-8}$$

第二类神经元结点执行从下到上的信号传输方式，它的最终输出就是此模糊神经网络的模糊推理控制输出。在这一层上的结点主要实现模糊输出的精确化计算。如果设 $m_{ji}^{(5)}$、$\sigma_{ji}^{(5)}$ 分别表示输出语言变量各语言值的隶属度的中心位置和宽度，则下列函数可以用来模拟重心法的精确化计算方法：

$$f_j^{(5)} = \sum w_{ji}^{(5)} u_i^{(5)} = \sum_i (m_{ji}^{(5)} \sigma_{ji}^{(5)}) u_i^{(5)} \qquad a_j^{(5)} = \frac{f_j^{(5)}}{\sum_i \sigma_{ji}^{(5)} u_i^{(5)}} \tag{6-9}$$

即第四层结点与第五层结点之间的连接系数 $w_{ji}^{(5)}$ 可以看作是 $m_{ji}^{(5)} \cdot \sigma_{ji}^{(5)}$。$i$ 遍及第 j 个输出变量的所有语言值。

至此，已经得到了模糊神经网络结构和相应神经元函数的定义，下面的问题是如何根据提供的有限样本数据对此模糊神经网络进行训练。在对被控对象的先验知识了解较少的情况下，选用混合学习算法是解决问题的有效途径之一。

二、模糊神经网络的学习算法

模糊控制引入神经网络的目的在于实现模糊控制规则的自组织和自适应。针对以上提出的模糊神经网络结构，采用混合学习算法是非常有效的。混合学习算法分为两大部分：自组织学习阶段和有导师指导下的学习阶段。在第一阶段，使用自组织学习方法进行各语言变量语言值隶属度函数的初步定位以及尽量发掘模糊控制规则的存在性（即可以通过自组织学习删除部分不可能出现的规则）；在第二阶段，利用有导师指导下的学习方法来改进和优化期望输出的各语言值隶属度函数。

要实现混合学习算法，必须首先确定和提供：①初始模糊神经网络结构；②输入/输出样本训练数据；③输入/输出语言变量的模糊分区（如每一个输入/输出变量语言值的多少等）。

模糊神经网络混合学习算法第一阶段的主要任务是进行模糊控制规则的自组织和输入/输出语言变量各语言值隶属度函数参数的预辨识，以得到一个符合该被控对象合适的模糊控制规则和初步的隶属度函数分布。在对系统的模糊控制规则了解较少的条件下，初始的规则结点可以与所有的输出语言值结点相联系。模糊神经网络的自组织学习阶段任务之一就是利用样本数据对不必要的推理输出连接进行删除或重组，以便获取更加简炼的模糊神经网络控

制结构。如果规定一个语言变量中只有一个语言值与某一规则结点相连，则对于 n 个输入语言变量 x_i 共有 $\prod\limits_{i=1}^{n}|T(x_i)|$ 个规则结点。这里 $|T(x_i)|$ 表示语言变量 x_i 的语言值个数。因此，初始模糊神经网络结构中首先选择 $|T(x_1)|\times|T(x_2)|\times\cdots\times|T(x_n)|$ 个能够表示所有前提条件的规则结点，而且规则结点与每一输出语言变量的所有语言值结点全部连接。这也意味着输出的结论部在初始模糊神经网络结构中没有反映出来，只有通过自组织学习才能将与最合适语言值结点的连接关系保留下来。模糊神经网络混合学习算法第二阶段的主要任务是优化隶属度函数的参数以满足更高精度的要求。

1. 自组织学习阶段

自组织学习问题可以这样来描述：给定一组输入样本数据 $x_i(t)\,(i=1,2,\cdots,n)$、期望的输出值 $y_i(t)\,(i=1,2,\cdots,m)$、模糊分区 $|T(x)|$ 和 $|T(y)|$ 以及期望的隶属度函数类型（即三角形、钟形等）。则学习的目的是找到隶属度函数的参数和系统实际存在的模糊逻辑控制规则。在这一学习阶段，神经网络输入/输出结点都工作在信息输入状态，即第四层结点处于从上到下的信息传输方式。这样，输入/输出数据即从两边馈入神经网络内供网络训练用。

自组织学习方法类似于统计分类方法，首先通过估计覆盖在已有训练样本数据上的隶属度函数域，来确定现有配制的模糊神经网络结构中各语言值的隶属度函数的中心位置（均值）和宽度（方差）。隶属度函数中心值 m_i 的估计算法采用 Kohonen 的自组织映射法，宽度值 σ_i 则与重叠参数 r 以及中心点 m_i 邻域内分布函数值相关。大家知道，由于 Kohonen 神经网络能够实现自组织映射，因此当输入样本足够多时，输入样本与 Kohonen 输出结点之间的连接权系数经过一段时间的学习后，其分布可以近似地看作输入随机样本的概率密度分布。如果输入的样本有几种类型，则它们会根据各自的概率分布集中到输出空间的各个不同区域内。Kohonen 自组织学习算法计算隶属度函数中心值 m_i 的公式为

$$\|x(t)-m_{\text{closest}}(t)\|=\min_{1\leq i\leq k}\{\|x(t)-m_i(t)\|\} \tag{6-10}$$

其中，初始的 $m_i(0)$ 为一个小的随机数

$$m_{\text{closest}}(t+1)=m_{\text{closest}}(t)+\alpha(t)\left[x(t)-m_{\text{closest}}(t)\right] \tag{6-11}$$

$$m_i(t+1)=m_i(t),\text{当 } m_i(t)\neq m_{\text{closest}}(t) \tag{6-12}$$

式中，$\alpha(t)$ 是一个单调递减的标量学习因子。

这一自组织公式对于每一个输入/输出语言变量都可独立地进行各自隶属度函数的中心值估计计算。至于选择哪一个 m_i 作为 m_{closest} 则是经过有限时间训练学习后由 Winner-take-all 学习方法决定。

一旦隶属度函数的中心点找到，则此语言变量语言值所对应的宽度 σ_i 的计算是通过求下列目标函数的极小值来获取，即

$$E=\frac{1}{2}\sum_{i=1}^{N}\left[\sum_{j\in N_{\text{nearest}}}\left(\frac{m_i-m_j}{\sigma_i}\right)^2-r\right]^2 \tag{6-13}$$

式中，r 为重叠参数；N 为最近邻域法的阶数。

通常，由于这里的自组织学习法只是找到语言变量的初始分类估计值，其精确的中心值 m_i 和宽度值 σ_i 会在第二阶段的有导师指导下的学习中得到进一步校正，因此没有必要得出非常精确的估计值，一般可以采用一阶最近邻域法来计算，即

$$\sigma_i = \frac{|m_i - m_{\text{closest}}|}{r} \tag{6-14}$$

在完成了隶属度函数的训练以后，下面的任务是确定模糊逻辑推理规则，即确定第三层规则结点和第四层输出语言值结点之间的连接关系。因为规则结点只能与同一输出语言变量中的一个语言值结点相连，所以在这里自组织学习的目的是寻找一组最合适的连接关系规则。达到这一目的的学习方法是竞争学习法（Competitive Learning Algorithm）。已知，一旦输入、输出变量各语言值的隶属度函数确定后，输入、输出信号就可经过这些神经元到达第二层和第四层，从而为规则的自组织学习提供必要的条件。进一步，注意到第二层输入语言值结点的输出经过初始权系数 $w^{(3)}$ 传递到第三层规则结点。这样可以得出每一个规则结点的激励强度。如果记 $o_i^{(3)}(t)$ 为规则结点的激励强度、$o_j^{(4)}(t)$ 为第四层输出语言值结点输出，则可以通过对样本数据的竞争学习得出其模糊推理规则。如前所述，在模糊逻辑推理规则完全未知的条件下，通常可以将规则结点的输出与输出语言变量的所有语言值结点相连，即实现全连接。然而，模糊逻辑控制的推理输出只可能有一个输出结论，因此现在讨论的规则学习过程实质上是要找到一组合适的规则，换句话说是删除一些不必要的连接关系，从而使一个规则结点只与一个语言变量的语言值结点相连。再记 w_{ij} 为第 i 个规则结点与第 j 个输出语言值结点的连接权系数，则对于每一个样本数据权值的更新公式为

$$\Delta w_{ij}(t) = o_j^{(4)}(-w_{ij}(t) + o_i^{(3)}) \tag{6-15}$$

在极端的情况下，即如果第四层的神经元是一个阈值函数，则上述算法就退化为只有胜者才能学习的一个简单学习公式，而其余没有输出样本响应的连接权系数都不进行学习更新。

通过对样本数据的竞争学习后，规则结点与输出变量语言值结点之间连接权系数就反映了相应规则存在的强度。因为模糊逻辑推理规则的输出对于一个输出语言变量而言只能有一个语言值与之对应。所以模糊规则的选取就是将此规则结点与同一输出语言变量的所有语言值结点的连接系数最大的那个连接关系保留下来，而将其余的连接关系删除，从而保证模糊逻辑推理的合理性。此外，当某一规则结点与某一输出语言变量所有语言值结点之间的连接系数都非常小时，所有的连接关系都可以删除。这也意味着该规则结点与该输出语言变量没有或很少有联系。如果某一规则结点与第四层中的所有结点的连接系数都很少而被删除的话，则该规则结点对输出结点不产生任何影响。因此，该规则结点可以删除。

通过以上规则的竞争学习和规则处理以后，已经得到了由神经网络实现的该模糊控制系统的模糊推理规则（即结论部）。为了进一步简化神经网络的结构，可以再通过规则结合的办法来减少系统总的规则数，也即减少第三层的规则结点数。可以对一组结点进行规则结点合并的条件如下：

1）该组结点具有完全相同的结论部（如图 6-2 中输出变量 y_i 中的第二个语言值结点）。

2）在该组规则结点中某些条件部是相同的（如图 6-2 中输入变量 x_0 中的第一个语言值结点的输出与该组规则结点全部相连）。

3）该组规则结点的其他条件输入项包含了所有其他输入语言变量的某一语言值结点的输出。

如果存在一组规则结点满足以上三个条件，则可以将具有唯一相同条件部的一个规则结点来代替这一组规则结点。图 6-2 给出了规则结点合并的一个例子。

2. 有导师指导下的学习阶段

至此，通过自组织学习阶段的学习，已经确定了模糊神经网络的规则结点数以及与输出结点之间的连接关系，换句话说，也就是确定了模糊逻辑控制规则。此外，输入、输出语言变量各语言值隶属度函数的粗略估计也由 Kohonen 自组织学习法得到。因此，有导师指导下的学习阶段主要完成的是利用训练样本数据实现输入、输出语言变量各语言值隶属度函数的最佳调整。同时，它也为模糊神经网络的在线学习提供了保证。有导师指导下的学习的模糊神经网络训练问题可以这样来描述：给定的训练样本数据 $x_i(t)$ $(i=1,2,\cdots,n)$、期望的输出样本值 $y_i(t)$ $(i=1,2,\cdots,m)$、模糊分区 $|T(x)|$ 和 $|T(y)|$ 以及模糊逻辑控制规则。有导师指导下的学习过程实质上是最优地调整隶属度函数的参数 ($m_{ji}^{(2)}$、$\sigma_{ji}^{(2)}$、$m_{ji}^{(5)}$、$\sigma_{ji}^{(5)}$) 的过程。模糊控制规则的获取可以直接通过专家给出。实际上，对于一些问题由专家给出的规则库会更合适一点，比如"温度太高、快速关小"这样一条控制规则，很容易取自于控制经验，且有明确的物理含义。当然，对于一些更加复杂的控制问题，当专家经验也难以获取时，利用竞争学习法来组织模糊控制规则也不失为一种非常有效的办

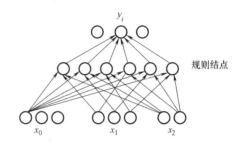

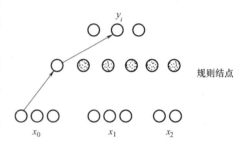

图 6-2　规则结点合并示例

法。在模糊控制规则确定以后，即模糊神经网络的结构确定后，学习的任务就是调整隶属度函数的参数以满足更高精度的要求。如前所述，这里采用的模糊神经网络结构是多层前向传播网络。因此，有导师指导的学习算法也可以套用传统的反向传播学习算法（BP）的思想。取寻优的指标函数为期望输出与实际输出的误差二次方和极小，即

$$E=\frac{1}{2}\left[y(t)-\hat{y}(t)\right]^2=\min \tag{6-16}$$

式中，$y(t)$ 是当前时刻的期望系统输出；$\hat{y}(t)$ 是当前时刻的模糊神经网络实际输出。

对于每一个样本数据对，从输入结点开始通过前向传播计算出各结点的输出值，然后再从输出结点开始利用偏导 $\dfrac{\partial E}{\partial \hat{y}}$，并使用反向传播计算出所有隐含结点的偏导数。假设 w 是某一结点的调整参数（如隶属度函数的中心值），则广义学习规则应为

$$\Delta w \propto -\frac{\partial E}{\partial w} \tag{6-17}$$

$$w(t+1)=w(t)+\eta\left(-\frac{\partial E}{\partial w}\right) \tag{6-18}$$

式中，η 为学习因子。

假设隶属度函数为钟形函数，其中 m_i、σ_i 为可调参数，则根据复合微分原理

$$\frac{\partial E}{\partial w}=\frac{\partial E}{\partial (net)}\frac{\partial (net)}{\partial w}=\frac{\partial E}{\partial f}\frac{\partial f}{\partial w}=\frac{\partial E}{\partial f}\frac{\partial f}{\partial a}\frac{\partial a}{\partial w} \tag{6-19}$$

从输出层（即第五层）开始计算目标函数对寻优参数的导数。

第五层：由式（6-9）、式（6-19）可得，第五层语言值神经元的隶属度函数中心值 $m_{ji}^{(5)}$ 的自适应学习规则为

$$\frac{\partial E}{\partial m_{ji}^{(5)}} = \frac{\partial E}{\partial a_j^{(5)}} \frac{\partial a_j^{(5)}}{\partial f_j^{(5)}} \frac{\partial f_j^{(5)}}{\partial m_{ji}^{(5)}} = -\left[y(t) - \hat{y}(t) \right] \frac{\sigma_{ji}^{(5)} u_i^{(5)}}{\sum_i \sigma_{ji}^{(5)} u_i^{(5)}} \qquad (6-20)$$

因此，中心值 $m_{ji}^{(5)}$ 的更新公式为

$$m_{ji}^{(5)}(t+1) = m_{ji}^{(5)}(t) + \eta \left[y(t) - \hat{y}(t) \right] \frac{\sigma_{ji}^{(5)} u_i^{(5)}}{\sum_i \sigma_{ji}^{(5)} u_i^{(5)}} \qquad (6-21)$$

同样，也可以得出隶属度函数宽度 $\sigma_{ji}^{(5)}$ 的更新公式

$$\frac{\partial E}{\partial \sigma_{ji}^{(5)}} = \frac{\partial E}{\partial a_j^{(5)}} \frac{\partial a_j^{(5)}}{\partial f_j^{(5)}} \frac{\partial f_j^{(5)}}{\partial \sigma_{ji}^{(5)}} = -\left[y(t) - \hat{y}(t) \right] \frac{m_{ji}^{(5)} u_i^{(5)} \left(\sum_i \sigma_{ji}^{(5)} u_i^{(5)} \right) - \left(\sum_i m_{ji}^{(5)} \sigma_{ji}^{(5)} u_i^{(5)} \right) u_i^{(5)}}{\left(\sum_i \sigma_{ji}^{(5)} u_i^{(5)} \right)^2} \qquad (6-22)$$

$$\sigma_{ji}^{(5)}(t+1) = \sigma_{ji}^{(5)}(t) + \eta \left[y(t) - \hat{y}(t) \right] \frac{m_{ji}^{(5)} u_i^{(5)} \left(\sum_i \sigma_{ji}^{(5)} u_i^{(5)} \right) - \left(\sum_i m_{ji}^{(5)} \sigma_{ji}^{(5)} u_i^{(5)} \right) u_i^{(5)}}{\left(\sum_i \sigma_{ji}^{(5)} u_i^{(5)} \right)^2} \qquad (6-23)$$

系统输出误差反向传播到上一层的广义误差 $\delta_j^{(5)}$ 为

$$\delta_j^{(5)} = -\frac{\partial E}{\partial f_j^{(5)}} = -\frac{\partial E}{\partial a_j^{(5)}} \frac{\partial a_j^{(5)}}{\partial f_j^{(5)}} = y(t) - \hat{y}(t) \qquad (6-24)$$

第四层：在从下向上的传输模式中，此层主要完成模糊推理运算。在这一模糊神经网络结构中没有任何参数进行更新，唯一需要做的是实现误差的反向传播计算。由复合微分法可得，广义误差信号 $\delta_j^{(4)}$ 为

$$\delta_j^{(4)} = \frac{\partial E}{\partial f_j^{(4)}} = \frac{\partial E}{\partial f_j^{(5)}} \frac{\partial f_j^{(5)}}{\partial f_j^{(4)}} = \frac{\partial E}{\partial f_j^{(5)}} \frac{\partial f_j^{(5)}}{\partial u_j^{(5)}} \frac{\partial u_j^{(5)}}{\partial f_j^{(4)}} = \frac{\partial E}{\partial f_j^{(5)}} \frac{\partial}{\partial u_j^{(5)}} \left(\frac{\sum_i m_{ji}^{(5)} \sigma_{ji}^{(5)} u_i^{(5)}}{\sum_i \sigma_{ji}^{(5)} u_i^{(5)}} \right)$$

$$= \left[y(t) - \hat{y}(t) \right] \frac{m_{jj}^{(5)} \sigma_{jj}^{(5)} \left(\sum_i \sigma_{ji}^{(5)} u_i^{(5)} \right) - \left(\sum_i m_{ji}^{(5)} \sigma_{ji}^{(5)} u_i^{(5)} \right) \sigma_{jj}^{(5)}}{\left(\sum_i \sigma_{ji}^{(5)} u_i^{(5)} \right)^2} \qquad (6-25)$$

在多输出的情况下，它们的反向传播广义误差计算公式与式（6-25）相同。对每一个输出语言变量可以独立地进行计算。

第三层：与第四层相似，第三层上没有直接的神经元参数需要更新，其主要的工作是计算出反向传播的广义误差 $\delta_j^{(3)}$。根据式（6-26）或式（6-27），广义误差信号 $\delta_j^{(3)}$ 的计算公式为

$$\delta_j^{(3)} = \frac{\partial E}{\partial f_j^{(3)}} = \frac{\partial E}{\partial a_j^{(3)}} \frac{\partial a_j^{(3)}}{\partial f_j^{(3)}} = \frac{\partial E}{\partial f_j^{(4)}} \frac{\partial f_j^{(4)}}{\partial a_j^{(3)}} = \delta_j^{(4)} \frac{\partial f_j^{(4)}}{\partial u_i^{(3)}} = \delta_j^{(4)} \qquad (6-26)$$

如果输出语言变量有 m 个，则

$$\delta_j^{(3)} = \sum_{k=1}^{m} \delta_k^{(4)} \qquad (6\text{-}27)$$

式（6-27）表明，规则结点的误差是所有结论部控制产生的误差之和。

第二层，由式（6-4）、式（6-19）可知，$m_{ji}^{(2)}$ 的自适应学习规则为

$$\frac{\partial E}{\partial m_{ji}^{(2)}} = \frac{\partial E}{\partial a_j^{(2)}} \frac{\partial a_j^{(2)}}{\partial f_j^{(2)}} \frac{\partial f_j^{(2)}}{\partial m_{ji}^{(2)}} = \frac{\partial E}{\partial a_j^{(2)}} e^{f_j^{(2)}} \frac{2(u_i^{(2)} - m_{ji}^{(2)})}{(\sigma_{ji}^{(2)})^2} \qquad (6\text{-}28)$$

又因为

$$\frac{\partial E}{\partial a_j^{(2)}} = \sum_k \frac{\partial E}{\partial f_k^{(3)}} \frac{\partial f_k^{(3)}}{\partial a_j^{(2)}} = \sum_k \delta_k^{(3)} \frac{\partial f_k^{(3)}}{\partial a_j^{(2)}} \qquad (6\text{-}29)$$

根据式（6-5）可知

$$\frac{\partial f_k^{(3)}}{\partial a_j^{(2)}} = \frac{\partial f_k^{(3)}}{\partial u_j^{(3)}} = \begin{cases} 1 & 如果 f_k^{(3)} = u_j^{(3)} = \min(u_1^{(3)}, u_2^{(3)}, \cdots) \\ 0 & 否则 \end{cases} \qquad (6\text{-}30)$$

因此

$$\frac{\partial E}{\partial a_j^{(2)}} = \sum_k q_k^{(3)} \qquad (6\text{-}31)$$

其中，求和是针对 $a_j^{(2)}$ 馈入的规则结点进行的，即下标 k 指的是与第二层结点输出 $a_j^{(2)}$ 相连接的规则结点

$$q_k^{(3)} = \delta_k^{(3)} \qquad （当 a_j^{(2)} 是第 k 个规则结点输入值中的最小值时） \qquad (6\text{-}32)$$

$$q_k^{(3)} = 0 \qquad （其他情况下） \qquad (6\text{-}33)$$

至此，已经推导出了输入语言变量各语言值隶属度函数中心值 $m_{ji}^{(2)}$ 的学习公式

$$m_{ji}^{(2)}(t+1) = m_{ji}^{(2)}(t) - \eta \frac{\partial E}{\partial a_j^{(2)}} e^{f_j^{(2)}} \frac{2(u_i^{(2)} - m_{ji}^{(2)})}{(\sigma_{ji}^{(2)})^2}$$

$$(6\text{-}34)$$

同理，根据式（6-19）、式（6-4）、式（6-29）~式（6-33）可得输入语言变量各语言值隶属度函数宽度值 $\sigma_{ji}^{(2)}$ 的学习公式为

$$\frac{\partial E}{\partial \sigma_{ji}^{(2)}} = \frac{\partial E}{\partial a_j^{(2)}} \frac{\partial a_j^{(2)}}{\partial f_j^{(2)}} \frac{\partial f_j^{(2)}}{\partial \sigma_{ji}^{(2)}} = \frac{\partial E}{\partial a_j^{(2)}} e^{f_j^{(2)}} \frac{2(u_i^{(2)} - m_{ji}^{(2)})^2}{(\sigma_{ji}^{(2)})^3}$$

$$(6\text{-}35)$$

$$\sigma_{ji}^{(2)}(t+1) = \sigma_{ji}^{(2)}(t) - \eta \frac{\partial E}{\partial a_j^{(2)}} e^{f_j^{(2)}} \frac{2(u_i^{(2)} - m_{ji}^{(2)})^2}{(\sigma_{ji}^{(2)})^3}$$

$$(6\text{-}36)$$

整个混合学习过程的流程可以用图 6-3 来示意。

由于混合学习算法在第一阶段已经进行了大量的自组织学习训练，因此第二阶段有导师指导下学习的 BP 学习算法通常比常规的 BP 学习算法收敛要快。最后要指出的，上面推导出来的学习算法是针对第二层中用单一神经元来实现语言值的隶属度函数，但它可以很容易

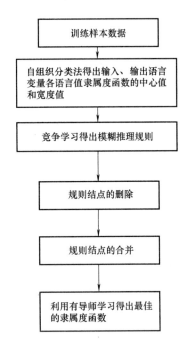

图 6-3　模糊神经网络混合学习的流程图

地扩展到用子神经网络逼近的隶属度函数的情形。如果子神经网络也是前向传播神经网络，则利用反向传播的思想，可以将输出误差信号反传到子网络中去，从而实现子网络参数的学习和调整。

第二节　基于神经网络的自适应控制

一、自适应控制技术

自适应控制技术包括模型参考自适应控制和自校正控制，已经在线性多变量系统中得到广泛的应用，但非线性系统的自适应控制进展却相当缓慢。然而神经网络控制论的兴起为非线性系统的自适应控制提供了生机。大家知道，自适应控制系统能够实时、在线地了解对象，根据不断丰富的对象信息，通过一个可调节环节的调节，使系统的性能达到技术要求或最优。由上可见，自适应系统应该具有三大要素：①在线、实时地了解对象；②有一个可调节环节；③能使系统性能达到指标要求和最优。因此，一旦系统的某些状态可以通过在线测量，则神经网络控制器完全满足自适应控制系统的三大要素，是实现自适应控制的一个重要手段。参照线性系统的模型参考自适应控制的思想，K. S. Narendra 和他的学生 K. Parthasarathy 最早提出基于神经网络模型的非线性模型参考自适应控制。由于神经网络自适应控制器可以通过不断地学习来获取对象的模型知识和环境的变化模型，因此，能用适当的学习算法来实现神经网络的自适应控制。经第三章讨论已经知道，常规的神经网络控制器本身也具有一定的自适应能力，它能利用被控对象实际输出与期望输出之差来调整控制器的行为。这种神经网络自适应控制是一种直接自适应控制技术。本节主要讨论常规线性多变量自适应控制技术在非线性系统控制中的推广应用。神经网络自适应控制器的设计与传统的自适应控制器的设计思想一样，有两种不同的设计途径：一是通过系统辨识获取对象的数学模型，再根据一定的设计指标进行设计；二是根据对象的输出误差直接调节控制器内部参数来达到自适应控制的目的。这两种控制设计思想又称为间接控制和直接控制。本节只介绍直接自适应神经网络控制技术。

二、神经网络的模型参考自适应控制

模型参考自适应控制在线性系统中已经得到了广泛的应用。它通过选择一个适当的参考模型和由稳定性理论设计的自适应算法，并利用参考模型的输出与实际系统输出之间的误差信号，由一套自适应算法计算出当前的控制量去控制系统，达到自适应控制的目的。线性多变量系统自适应控制算法的主要问题是稳定性和实时性。虽然基于不同的稳定性理论设计的自适应算法很多，但它们在实时性方面都没有重大进展，因此影响了自适应控制的进一步应用。基于神经网络的自适应控制方法是将传统线性系统的自适应控制思想推广到非线性系统控制中去，并利用神经网络的并行快速计算能力和非线性映射能力，实现了自适应控制算法的在线应用，同时也为非线性系统的自适应控制提供了契机。模型参考自适应控制的任务是确定控制信号 $\{u(k)\}$，使得相同参考输入下对象的输出 $y(k)$ 与参考模型的输出 $y_m(k)$ 之差不超过给定的范围，用公式表示为

$$\lim_{k \to \infty} \|y(k) - y_m(k)\| < \varepsilon \tag{6-37}$$

基于神经网络的模型参考自适应控制结构框图如图6-4所示。

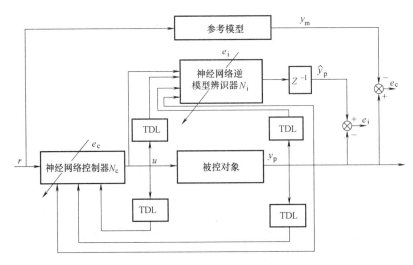

图6-4 基于神经网络的模型参考自适应控制结构框图

图6-4中，TDL表示时滞环节，其作用是将当前时刻的信号进行若干步延迟。神经网络逆模型辨识器 N_i 是对非线性被控对象进行在线辨识，其目的是利用一定数量的系统输入/输出数据来预报下一步系统的输出 $\hat{y}_p(k+1)$。预报的精确度用预报误差 $e_i(k+1) = \hat{y}_p(k+1) - y_p(k+1)$ 来衡量。同时为了保证辨识模型的辨识精度，在控制过程中还需要依据训练准则 J 进行不断的在线实时辨识

$$J = \sum_{k=0}^{T_i} \left\| e_i(t+k) \right\|^2 \tag{6-38}$$

引入神经网络后，第一种情况，当系统辨识模型中当前的控制量 $u(k)$ 能够显式地表示为非线性映射关系，即控制 $u(k)$ 可显式地表示成 $\hat{y}_p(k+1)$ $y(k),\cdots,y(k-n),u(k-1),\cdots,$ $u(k-n)$ 的函数时，可直接利用辨识模型构成模型参考自适应控制器。第二种情况，如果辨识模型中当前的控制 $u(k)$ 不能用 $\hat{y}_p(k+1)$，$y(k),\cdots,y(k-n),u(k-1),\cdots,u(k-n)$ 显式表示时，则情况就复杂多了。此时需再引入一个神经网络控制器来实现自适应控制的能力。下面先看第一种情况。

【例6-1】 非线性控制对象为

$$y(k+1) = \frac{y(k)y(k-1)\left[y(k)+2.5\right]}{1+y^2(k)+y^2(k-1)} + u(k) \tag{6-39}$$

参考系统的模型为

$$y_m(k+1) = 0.6y_m(k) + 0.2y_m(k-1) + r(k) \tag{6-40}$$

式中，$r(k)$ 为有界的参考输入。

解 记 $$f(y(k),y(k-1)) = \frac{y(k)y(k-1)\left[y(k)+2.5\right]}{1+y^2(k)+y^2(k-1)} \tag{6-41}$$

如果取 $$u(k) = -f[y(k),y(k-1)] + 0.6y(k+1) + 0.2y(k-1) + r(k) \tag{6-42}$$

则控制系统的误差方程为

$$e_c(k+1) = 0.6e_c(k) + 0.2e_c(k-1) \tag{6-43}$$

其中
$$e_c(k+1) = y_p(k+1) - y_m(k+1)$$

很显然，误差方程式（6-43）是渐渐稳定的。但是由于非线性方程 $f(\cdot)$ 是未知的，因此直接利用式（6-42）是难以进行控制的。基于神经网络的模型参考控制就是利用网络辨识模型取代未知的非线性方程 $f(\cdot)$，从而构成基于神经网络的模型参考自适应控制器。记 $N_i[y(k),y(k-1)]$ 是 $f[y(k),y(k-1)]$ 非线性函数的神经网络逼近函数，这一神经网络模型的建立和训练原理与第五章第二节中介绍的神经网络辨识原理完全相同。假设非线性方程 $f(\cdot)$ 已经由神经网络离线建模方法建立起来，即 $N_i[y(k),y(k-1)]$ 已知，则系统的实际控制输出为

$$u(k) = -N_i[y(k),y(k-1)] + 0.6y(k) + 0.2y(k-1) + r(k)$$

当参考输入 $r(k) = \sin(2\pi k/25)$ 时，基于神经网络的模型参考自适应控制的系统响应曲线如图6-5所示。图中，$t(s)$ 表示时间坐标 $2\pi k/25$（$k=0, 1, \cdots, 25$），单位为s。不难看出，单纯地依赖于神经网络模型进行模型参考自适应控制器的设计，其控制精度还不能达到较高的程度，主要原因在于受到神经网络模型的逼近精度和辨识模型缺乏自学习自调整机制的影响。尤其是在时变系统中，这样构成的控制方式更无法满足高精度的要求。因此，这里可以借助于在线辨识的思想，利用当前系统的输入/输出信息实现神经网络在线的辨识，从而可以达到高精度、自适应神经网络建模的目的。实现在线辨识的关键问题是确定导师信号。根据系统方程式（6-39）可得，非线性函数 $f[y(k),y(k-1)]$ 的神经网络逼近函数 $N_i[y(k),y(k-1)]$ 的期望输出应为 $t_j(k+1) = y_p(k+1) - u(k)$。设神经网络 $N_i[y(k),y(k-1)]$ 的输出为 o_j，则利用传统的反向传播学习算法就可以对 N_i 进行在线学习和辨识，以满足时变的、高精度控制的目的。图6-6给出了上述同一例子在实时在线辨识条件下神经网络模型参考自适应控制的结果响应曲线。由图很明显可见，其控制精度已大大改善。

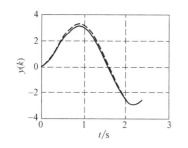

图 6-5　基于神经网络的模型参考
自适应控制的系统响应曲线

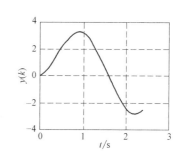

图 6-6　在实时在线辨识条件下神经网络模型
参考自适应控制的结果响应曲线

对于第二种情况，由于当前控制输出 $u(k)$ 不能直接用 $\hat{y}_p(k+1), y(k), \cdots, y(k-n)$，$u(k-1), \cdots, u(k-n)$ 显式表示出来，因此需对含当前控制项的非线性函数进行求逆。为了简单起见，不失一般性，设某一系统方程为

$$y(k+1) = f[y(k),y(k-1),u(k-1)] + g[u(k)] \tag{6-44}$$

当 $g[u(k)] \neq u(k)$ 时，$g(\cdot)$ 本身就是一个非线性函数，此时不能如上例那样简单地得到自适应控制率。为了实现自适应控制的目的，必须得到 $g(\cdot)$ 函数的逆模型。同样，这里用两个神经网络模型 N_f 和 N_g 来逼近函数 $f(\cdot)$ 和 $g(\cdot)$，则辨识模型为

$$\hat{y}_{\mathrm{p}}(k+1)=N_f\big[y(k),y(k-1),u(k-1)\big]+N_g\big[u(k)\big] \tag{6-45}$$

假设参考模型与上例完全相同，则自适应控制率为

$$u(k)=\hat{g}^{-1}\big\{-N_f\big[y(k),y(k-1),u(k-1)\big]+0.6y(k)+0.2y(k-1)+r(k)\big\} \tag{6-46}$$

神经网络 N_f 和 N_g 可以通过第五章第二节中介绍的神经网络辨识原理来获取。但是因为 N_g 太复杂，以致无法直接从 N_g 中得到 $\hat{g}^{-1}$。解决的方法是间接地采用另一神经网络模型来逼近 $\hat{g}^{-1}$。这种逼近方法通过选取控制 $u(k)$ 值域内不同取值下系统的响应情况使得 N_g 和 N_f，能广泛地工作在非线性的范围内达到充分逼近的目的，并使这一网络 N_c 满足 $N_g[N_c(r)]=r$，从而得到模型参考自适应控制率

$$u(k)=N_c\big\{-N_f\big[y(k),y(k-1),u(k-1)\big]+0.6y(k)+0.2y(k-1)+r(k)\big\}$$

若这个逆模型 $\hat{g}^{-1}$ 存在，则采用上述方法可以解决模型参考自适应控制的设计问题，一旦逆模型 $\hat{g}^{-1}$ 不存在，基于逆模型的神经网络的控制问题就会遇到相当大的困难。有时，即使逆模型 $\hat{g}^{-1}$ 存在但不是唯一时，也不能用上面方法来解决。所幸的是，采用动态 BP 学习算法，问题有望得到解决。

若 $g(u)=\big[u(k)+1\big]u(k)\big[u(k)-1\big]$，则当 $u=-1$、$u=0$、$u=1$ 时，都有 $g(u)=0$。那么问题就出来了，即当 $g(u)=0$ 时，控制量 $u(k)$ 应该取多少？可见单靠直接求逆的方法并不能解决这一逆模型不是唯一的系统设计问题。因此，可以采用动态 BP 学习算法通过神经网络辨识模型建立一套自适应学习机制来达到控制器自学习的目的。为了说明问题，这里以一阶系统为例

$$y(k+1)=f\big[y(k)\big]+g\big[u(k)\big]$$

假设函数 $f(\cdot)$、$g(\cdot)$ 的神经网络模型已经通过离线建模精确得到，从而使得模型 $\hat{y}(k+1)=N_f\big[y(k)\big]+N_g\big[u(k)\big]$ 以足够的精度逼近对象模型。动态 BP 学习算法的出发点不是直接产生系统的逆模型 $\hat{g}^{-1}$，而是根据辨识模型的输出 $\hat{y}_{\mathrm{p}}(k)$［注意不是对象的实际输出 $y_{\mathrm{p}}(k)$］与参考模型的输出 $y_{\mathrm{m}}(k)$ 之差 $e_c(k)=\hat{y}_{\mathrm{p}}(k)-y_{\mathrm{m}}(k)$ 信号的大小进行控制网络的学习。神经网络控制器 N_c 的训练准则为

$$J_c=\sum_{k=1}^{T_c}\big\|e_c(t+k)\big\|^2 \tag{6-47}$$

这种学习方法的 MRAC（模型参考自适应控制）系统的控制结构框图如图 6-7 所示。

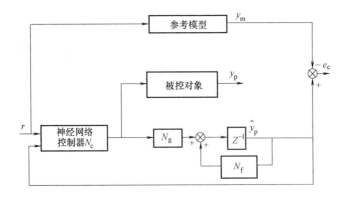

图 6-7　不可逆模型的神经网络控制结构框图

第三节 智能控制的优化算法

一、遗传学习算法

遗传算法（Genetic Algorithms）的提出是人们从生物界的进化理论中得到的启发。大家知道，在自然界，优秀的品种个体能够在贫乏的环境下生存，对环境的适应能力是每一物种生存的本能，而各种表征各自个体的独自特性决定了它本身的生存能力。这些特性是由其个体的遗传码决定的。确切地讲，每一特性是由称作基因的基本单元控制的。控制个体特性的基因集就是染色体，它是在竞争环境中个体生存的关键因素。虽然进化呈现出物种特性继承性的变化，但也正是物种遗传物质的变化才构成了进化的本质。换句话说，进化的驱动力来源于自然选择和繁殖及其它们重组的联合作用。在有限的资源，如在食物、空间等条件下，每一个物种为了生存只有进行竞争，其结果是适应能力强的个体优于弱者，而且，只有那些适应能力强的个体得到生存和繁殖。这种自然现象就是自然界的"适者生存"规律。因此，在自然选择中，强者的基因保存下来，弱者的基因渐渐消亡，适者生存。繁殖过程使得基因呈现多样性。进化是从父辈中的遗传物质（染色体）在繁殖中的重新组合时开始的，新的基因组合是从父辈基因中繁殖下来的，这一过程又称为"交叉"（Crossover）。交叉运算的本质是将两个父辈的基因的某一段进行交换，以便通过可能的正确结合产生更优秀的下一代，而不断地进行自然选择和交叉运算将使基因链不断地进化，最终产生更好的个体。

传统的优化理论都是通过调整模型的参数来得到期望的结果，例如，多层前向传播神经元网络的反向传播学习算法就是通过调节连接权系数来实现输入/输出的映射。然而遗传优化算法是根据生物界的遗传和自然选择的原理来实现的，它的学习过程是通过保持和修改群体解中的个体特性，并且保证这种修改能够使下一代的群体中有利于与期望特性相近的个体在整个群体份额中占有的比例越来越多。同自然选择一样，这一过程是概率收敛的，它并不完全是随机的。遗传算法中的遗传规则要求使那些与期望特性相近的个体具有迅速繁殖的最大概率。

与基于代数学的优化方法一样，遗传算法是通过连续不断地对群体进行改进来搜索函数的最大值的。要注意，这一搜索过程与搜索最优群体的概念是不一样的，而且，遗传算法搜索的结果也会有很大的差异。遗传学习的基本机理是使那些优于群体中其他个体的个体具有生存、繁殖以及保持更多的基因传给下一代的优势，这与许多人类的行为准则是一致的。例如，一个部队最优并不十分重要，赢得胜利的关键在于比敌人的部队更优秀。因此，遗传算法实质上是在群体空间中寻求较优解，而且是通过操作一组最优化问题潜在解的全体来实现的。具体来说，它们是通过问题解的编码操作来寻优的，而这种编码恰好等同于自然界物种的基因链。Holland 教授提出的遗传算法就是将问题的解用二进制位串来表示。在其算法中，与自然界的"适者生存"、物种的选择是通过有益于使较好的解具有生存权的这样一种机制来进行一样，每一个体都与反映自身适应能力相对强弱的"适应度"相联系的，较高"适应度"的个体具有较大的生存和繁殖机会，以及在下一代中占有更大的份额。在遗传算法中，染色体的重组是通过对两个父辈编码串之间相互交换这样一个"交叉"机制来实现的。遗传算法的另一个重要算子"变异"（Mutation），是通过随机地改变编码串中的某一位，以达到下一代能够呈现一定的分散性目的。从优化的角度来分析，"变异"的作用在于能够实现全局优化。总之，遗传学习算法的优点在于算法简单、鲁棒性强，而且无须知道搜索空间的先验知识。它同神经元网络优化模型一样具有强大的并行处理性能，因此，它的执行时间与优化系统的规模是一种线性关系，而不会随着系统复杂程度的增加带来计算量猛增的问题。一旦遗传学习算法在某一领域应用成熟，也可利用大规模集成电路芯片来实现这一具有继承特性的并行处理机制。

Holland 教授在 1962 年首次提出了建立在自然选择和自然遗传学机理上的迭代自适应随机搜索算法，实现了复杂问题的优化求解。他在 1970 年用计算机仿真进化过程时，通过对由染色体（即寻优参数）构成的种群进行操作，并利用一些简单的编码、选择、繁殖等机制，解决了一些极端复杂问题的寻优。和自然界中进化过程相类似，这些算法没有用到系统的任何先验知识，它们仅仅是利用一些简单的染色体操作算子，通过不断地重复这些操作过程，直至达到给定的准则指标或达到预定的最大重复次数为止。Holland 教授提出的遗传学习算法可以归结为以下几个步骤：

1) 群体（即所有由 0 或 1 组成的字符串染色体）的初始化。

2) 评价群体中每一个体的性能。

3) 选择下一代个体。

4) 执行简单的操作算子（如交叉、变异）。

5) 评价下一代群体的性能。

6) 判断终止条件是否满足。若不，则转 3) 继续；若满足，则结束。

要完成遗传学习算法，必须首先解决以下几个部分的选择问题：

1) 编码机制：遗传算法的基础是编码机制。编码解决的问题就是如何将最优化问题中的变量用某种编码方式构成一种遗传规则能够运算的字符串。编码规则与待求问题的自然特性相关，且必须满足每一个解对应于唯一的一个二进制字符串编码。

2) 选择机制：选择机制的基本思想取自于自然界进化论的"适者生存"。适应性强的个体得到生存，而适应性弱的个体将逐渐消失。在遗传学习算法中选择机制的操作思想是：适应能力强的个体将有更多的机会繁殖它们的后代，换句话说，在下一代中得出更多的生存机会。选择机制主要采用比例选择法。

3) 控制参数选择：控制参数主要含交叉率、变异率、群体规模大小等，这些参数对于遗传算法的收敛性与开拓性影响很大。交叉率 p_c 越大，在下一代中产生的新结构越多。变异率表明在群体中有 $p_m \times NQ$ 个基因发生变异，变异率越大，下一代个体与父辈的差异性就越大。

4) 适应度函数的计算：任何一个优化问题都是与一定的目标函数相联系的。适应度函数的大小反映了群体中个体性能的优劣，它的值域范围为 [0，1]。"适应度值"的计算直接将目标函数经一定的线性变换映射到 [0，1] 区间内的一个值。适应度值越大，个体的性能越优。

5) 遗传算子（交叉、变异）的定义：遗传算子主要用于繁殖下一代更加优秀个体的算子。

总之，遗传学习算法的优点在于简单、鲁棒性好，而且无须知道搜索空间的先验知识。关于遗传学习原理和算法，有兴趣的读者可以参考文献 [99]～[102]。

二、蚁群学习算法

蚁群算法（Ant Colony Algorithm，ACA）是近几年发展起来的一种模拟昆虫王国中蚂蚁群体智能行为的仿生优化算法，最早由学者 Dorigo、Maniezzo 和 Colomi 等人在 1991 年提出。根据仿生学家的研究，蚂蚁虽然没有视觉，但运动时，会在通过的路径上释放一种特殊的分泌物（信息素）来寻找路径。当它们碰到一个还没走过的路口时，会随机地选择一个路径，并在走过的路径上释放信息素，蚂蚁所走的路径越长，则释放的信息素量就越小。当后来的蚂蚁再次路过这个路径时，选择信息量较大的路径的概率相对较大，这样便形成了一个正反馈机制。最优路径上的信息素量随着积累会越来越大，而其他路径上的信息素量会随着时间的增加逐渐蒸发，最后，所有蚂蚁会沿着最优路径前进。当路径上突然出现障碍物时，蚂蚁也能够很快找到新的最优路径。

1. 蚁群算法的原理

蚁群算法是依照蚂蚁群体的觅食寻径规律而抽象成为一种仿生学智能算法，并已逐渐应用到优化计算中。实现该算法的智能优化需设置如下假设条件：

1）蚂蚁种群之间进行通信和信息交换是由信息素与所处环境决定的。每只蚂蚁在选择路径时是根据其周围的局部环境做出相应的反应，即只是对其本身经过的路径做反应，而不对其他蚂蚁所经过的路径信息素做任何反应。

2）蚂蚁做出的相应反应是由其内部状态决定的。蚂蚁个体虽简单，但作为一种基因生物，其内部状态中存储着许多自身过去的信息量，在路径选择上会依靠群体其他个体释放的信息素，选择最优路线。

3）对于每只蚂蚁来说，单个蚂蚁仅会对自身所处环境做独立选择；而对于整个蚂蚁种群来说，单个蚂蚁则会将路径中信息素多的作为优选，经过一段时间，最终整个蚁群会将有序地选择该最短路径。

由上述的基本假设条件进行分析可以得知，蚁群算法的基本机制分为两个阶段，即适应阶段和协作阶段。在适应阶段中，整个蚂蚁种群各自集合自身释放出的信息素，并且不断调整自身结构，经过的路径上蚂蚁数量越多则具有的信息素就越多，则该路径成为最佳路径的机率就越大；随着时间的推移，其他路径上的信息素数量逐渐降低，则被选概率也将减少。在协作阶段中，蚂蚁种群通过相互通信交流个体自身信息量的多少，以获取性能更加完善的最优解。

2. 蚁群算法的原始模型

蚁群算法最初应用于求解旅行商问题，就是在两城市之间寻找最优和最短路线。下面以旅行商问题为例，推导出蚁群算法。设 $b_i(t)$ 为 t 时刻位于元素 i 的蚂蚁数目，$\tau_{ij}(t)$ 为 t 时刻路径 (i,j) 上的信息量，n 表示为旅行商问题的规模程度，m 为蚁群中蚂蚁的总数量值。整个蚁群中蚂蚁的总数量值为

$$m = \sum_{i=1}^{n} b_i(t) \tag{6-48}$$

蚁群中的单个蚂蚁采用随机比例规则在整个运动过程中依照各条路径上具有的信息素量程度来决定其方向的选择。蚁群算法在寻优中人工蚂蚁通过以下路径转移公式来进行路径方向上的选择，即在 t 时刻，蚂蚁 $k(k=1,2,3,\cdots,m)$ 在城市 i 选择城市 j 的转移概率 $p_{ij}^k(t)$ 表示为

$$p_{ij}^k(t) = \begin{cases} \dfrac{\tau_{ij}^{\alpha}(t)\,\eta_{ij}^{\beta}(t)}{\displaystyle\sum_{s \in \text{允许}\,k} \tau_{is}^{\alpha}(t)\,\eta_{is}^{\beta}(t)} & j \in \text{允许}\,k \\[4mm] 0 & \text{否则} \end{cases} \tag{6-49}$$

式中，允许 $k = \{0, 1, \cdots, n-1\}$ 为蚂蚁 k 下一步允许选择的城市；α 为信息启发式因子，代表了轨迹的相对重要性，即蚂蚁运动过程中积累的信息素为其作抉择起的作用；β 为期望启发式因子，代表能见度的相对重要性；$\eta_{ij}(t)$ 为启发函数，$\eta_{ij}(t) = \dfrac{1}{d_{ij}}$；$d_{ij}$ 为相邻两个城市之间的距离。

为避免路径上过多残留信息素长时间被掩埋，每只蚂蚁在走完每一步路径或完成城市间所有路径后，会对残留信息进行进一步更新处理。因此，在 $t+n$ 时刻，路径 (i, j) 上的信息量需按照下式进行更新调整：

$$\tau_{ij}(t+n) = (1-\rho)\,\tau_{ij}(t) + \Delta\tau_{ij}(t) \tag{6-50}$$

$$\Delta\tau_{ij}(t) = \sum_{k=1}^{m} \Delta\tau_{ij}^k(t) \tag{6-51}$$

式中，ρ 为信息素挥发系数；$1-\rho$ 为信息素残留因子，ρ 的取值范围为 $[0, 1]$；$\Delta\tau_{ij}(t)$ 为本次循环中路径 (i, j) 上的信息素增量，初始时刻设 $\Delta\tau_{ij}(0) = 0$。$\Delta\tau_{ij}^k(t)$ 按照 M. Dorigo 提出的三种模型中一种 Ant-Cycle 模型进行更新，即

$$\Delta\tau_{ij}^k(t) = \begin{cases} \dfrac{Q}{L_k} & \text{若第 } k \text{ 只蚂蚁在本次循环中经过}(i,j) \\[3mm] 0 & \text{否则} \end{cases}$$

式中，Q 为信息素强度，其在一定程度上影响算法的收敛程度；L_k 为第 k 只蚂蚁在本次循环中所走路径的总长度。

蚁群算法（ACA）是近几年发展的一种具有群体智能行为的仿生优化算法，最早用于解决旅行商（TSP）问题，现在已经成功解决了广义分配、多重背包、网络路由等多个问题，其从单一应用范围研究开始，到如今已经应用于计算智能、控制科学、管理科学、电力电子、生命科学等多个领域，并取得了巨大的成果。

三、迭代学习算法

迭代学习（Iterative Learning）的基本思想在于总结人类学习的方法，即通过多次的训练，从经验中学会某种技能。作为机器，人们也期望机器本身通过学习即对外部信息的有效处理来达到有效控制的目的。这对于复杂系统或者是系统模型难以确定的对象是非常有效的。对于一类非线性动力学系统，当满足一定条件时可以通过迭代学习控制方法来实现对模型完全未知系统的有效控制。

考虑一个二阶非线性动力学系统

$$\ddot{x}_1(t) = f_1(x_1(t), \dot{x}_1(t), t) + g_1(x_1(t), \dot{x}_1(t), t)u(t) \tag{6-52}$$

引入变量 $x_2(t) = \dot{x}_1(t)$，则可以将方程式（6-52）转化为一阶微分方程组

$$\begin{pmatrix} \dot{x}_1(t) \\ \dot{x}_2(t) \end{pmatrix} = \begin{pmatrix} x_2(t) \\ f_1(x_1(t), x_2(t), t) \end{pmatrix} + \begin{pmatrix} 0 \\ g_1(x_1(t), x_2(t), t) \end{pmatrix} u(t) \tag{6-53}$$

其中 $$x_1(t) \in \mathrm{R}^n, x_2(t) \in \mathrm{R}^n, f_1(\cdot) \in \mathrm{R}^n, g_1(\cdot) \in \mathrm{R}^{n \times n}$$

记 $$x^\mathrm{T}(t) = (x_1(t), x_2(t))^\mathrm{T}$$

则式（6-53）可以简记为

$$\dot{x}(t) = f(x(t), t) + g(x(t), t) u(t) \tag{6-54}$$

设系统的期望输出为 $x_\mathrm{d}(t), t \in [0, T]$，控制的问题就归结为寻求一个控制输入 $u(t)$ 使得系统的输出 $x(t)$ 尽可能地逼近 $x_\mathrm{d}(t)$，$t \in [0, T]$。则控制输入可以用下述定理来表示。

定理 6-1 记控制输入 $u^j(t)$ 为第 j 次迭代中反馈控制和前馈控制两项的线性组合，即

$$u^j(t) = u_\mathrm{b}^j(t) + u_\mathrm{f}^j(t) \tag{6-55}$$

式中，$u_\mathrm{b}^j(t)$ 为反馈误差控制项，$u_\mathrm{b}^j(t) \in \mathrm{R}^n$，且 $u_\mathrm{b}^j(t) = K[x_\mathrm{d}(t) - x^j(t)]$；$u_\mathrm{f}^j(t)$ 为前馈学习控制项，$u_\mathrm{f}^j(t) \in \mathrm{R}^n$，由学习控制器产生。

当取 $K = [adb^{-1} I_{n \times n} : db^{-1} I_{n \times n}]$

则非线性动力学系统式（6-52）在控制方程式（6-55）的控制下，其系统的状态跟踪误差满足

$$|x_\mathrm{d}(t) - x(t)| \leqslant \sqrt{1 + 4a^2} \frac{\lambda_2 \ |u_\mathrm{d}(t) - u_\mathrm{f}^j(t)|_\mathrm{m}}{a(\mu - \nu)} \leqslant \varepsilon \tag{6-56}$$

式中， $$a > 0, b \geqslant \lambda_2, d \geqslant (\mu + a)\frac{b}{\lambda_1} \tag{6-57}$$

$\mu > v, \nu = a + (2 + 1/a)(\beta_\mathrm{m} + \alpha_\mathrm{m} |u_\mathrm{d}|_\mathrm{m})$。

定理 6-1 表明，系统的最大跟踪误差 $e^j(t) = x_\mathrm{d}(t) - x^j(t)$ 与 $|u_\mathrm{d}(t) - u_\mathrm{f}^j(t)|$ 的大小成正比。因此，只要控制序列 $\{u_\mathrm{f}^j(t)\}$ 在整个时间域 $[0, T]$ 内收敛于 $u_\mathrm{d}(t)$，则系统的跟踪误差可以达到任意精度。这样，系统的轨迹跟踪控制问题就归结为寻求在时间域 $[0, T]$ 上一致收敛于 $u_\mathrm{d}(t)$ 的前馈输入控制序列 $\{u_\mathrm{f}^j(t)\}$ 的问题了。为了求得 $u_\mathrm{f}^j(t)$ 的迭代计算公式，取性能指标函数

$$E_j = \frac{1}{2} \sum_t [u_\mathrm{d}(t) - u_\mathrm{f}^j(t)]^2 \qquad t \in [0, T] \tag{6-58}$$

应用梯度法得到第 j 次 $u_\mathrm{f}^j(t)$ 迭代计算的公式

$$u_\mathrm{f}^{j+1}(t) = u_\mathrm{f}^j(t) - \eta \frac{\partial E_j}{\partial u_\mathrm{f}^j(t)} = u_\mathrm{f}^j(t) + \eta [u_\mathrm{d}(t) - u_\mathrm{f}^j(t)] \tag{6-59}$$

式中，η 为学习因子，为了保证迭代算法式（6-59）的收敛性，η 的取值范围必须满足 $0 < \eta < 2$。

迭代学习控制的最成功应用是机械手的轨迹跟踪控制。多关节机械手系统是一个严重非线性、强耦合、时变系统，它的动力学方程相当复杂，利用常规的控制方法无法得到满意的控制效果。由于多关节机械手系统与本节研究的一类非线性系统完全耦合，因此多关节机械手系统的迭代学习控制具有控制算法简单、鲁棒性强、跟踪精度高、实时性好等优点，在重复周期作业的环境的跟踪控制是有明显的优势。

本 章 小 结

智能控制是一门新兴学科,它作为控制理论发展的第三阶段,有着广泛的发展前途。面对复杂的、时变的、不确定性的、非线性的被控对象,智能控制也必须朝着综合化、集成化方向发展。本章简单地介绍了智能控制的集成技术,尤其是模糊神经网络系统和神经网络的模型参考自适应控制。最后,着重分析了智能控制领域几个重要学习算法,包括遗传学习算法、蚁群学习算法和迭代学习算法。

第七章

深度学习

第一节　深度学习概述

一、什么是深度学习

深度学习（Deep Learning，DL）是第四章介绍的人工神经元网络模型的进一步深化。深度学习更接近智能控制中的终极目标——"用人工模拟人脑"需求。2006 年多伦多大学 Hinton 教授最早提出深度学习的相关证明，样本数据通过一定的训练方法可以得到包含多个层级的深度网络结构。在这里 Hinton 教授提出使用无监督预训练方法来优化传统神经权重初值，之后再进行基于统计学方法的权值微调，这是深度学习模型的雏形。

虽然深度学习和机器学习的本质都是学习样本数据的内在规律和表示层次，但是学习内在规律和表示层次的前提是样本数据的内在规律容量不超过样本数据的范围，当数据的维度很高时，非常多的机器学习方法将很难去应用求解，这个现象被称为"维度灾难"。维度灾难会带来统计挑战，特别是对于图像、声音、文本等高纬度抽象数据，机器学习无法做到合适的信息提取。这种特性不适用于现代高速发展的社会对大数据和高维数据的需求。为了更好地将模型部署在实际环境中，机器学习算法需要先验知识来引导样本数据学习什么样的函数。通俗来讲，机器学习算法已经确定了样本数据大致符合的函数样式，只需要去得到这个函数样式里的一些具体参数值。同时，先验知识本身还有另外一层含义：当使用机器学习时，人们本身对某一类函数范式的偏好也是存在的，比如偏好二次函数、对数函数等相对来说较为简单的函数。因此，在这种先验情况下，人们假设了所拟合的方程中函数学习目标是连续可微的，且该函数在小的领域范围内不应该有较大的变化。这样的结果使得在大数据和多复杂场景下，机器学习无法适应实际环境中的动态变化。

这样深度学习开始进入人们的需求范围内，它对原始多层感知机进行了进一步设计和优化，所扩展的模型复杂度远超从前。目前，深度学习在搜索技术、数据挖掘、机器翻译、多媒体学习和语音识别等领域取得了很多重要的成果。人工智能、机器学习和深度学习之间的关系如图 7-1 所示，可以看出三者是包含和被包含的关系。

二、深度学习模型中的优化

深度学习模型的规模和复杂度要远大于传统人工神经网络模型，因此传统模型中所用的优化方法无法满足目前深度学习的需求。深度学习模型在训练和应用过程中面临的问题如下：

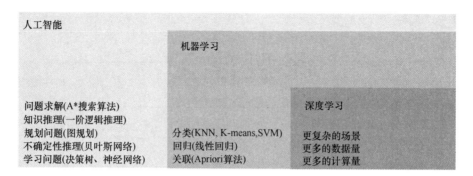

图7-1 人工智能、机器学习和深度学习之间的关系

1. 更多的局部最优解

类似于机器学习，深度学习模型中同样有损失和误差函数，这些误差用来反向传递更新网络中的节点参数。深度神经网络的一个重要特点就是训练的参数量非常多，并且具有一定的冗余。这导致其中单个参数对最终误差结果的影响都比较小，导致损失函数在局部最优解附近通常是"一片平坦地区"，称之为局部最小值。因此，当模型收敛到局部最优解时，即使参数变动比较剧烈也无法将模型运行点从这个局部最小值处抛出，这就是神经网络模型的"优化陷阱"，即虽然损失函数值在每一轮的训练过程中变化不大，但是此时的模型测试效果非常差。相比于机器学习，深度学习模型中的"优化陷阱"更多，非凸性更强，因此需要更加有效的优化方法来避免神经网络的"优化陷阱"问题。

2. 梯度爆炸

神经网络模型中的参数值是通过损失函数的变化来实现更新，损失函数的大小和方向决定了误差梯度更新的大小和方向。误差梯度使得网络参数以合适的幅度和方向变化。但是由于深度学习模型的特点之一就是模型的层数非常多，而不同层的误差梯度会在更新过程中累积。在累积过程中，误差梯度有可能会达到一个非常大的数值。这样的数值会导致神经网络某些节点的权重值大幅更新，进而导致网络参数和结构的不稳定。在某些极端情况下，过大的误差梯度有的时候会导致模型优化过程中模型参数超出计算机数值约束，造成内存溢出和非正常值解。当梯度爆炸发生时，由于神经网络各个层之间的数值传递，其他节点也会发生相应的连锁反应，造成神经网络模型训练的失败。

3. 长期依赖

神经网络的计算过程实际上也是信息的传递过程。输入信息将随着计算过程传递到每一层当中。对于深度学习模型来说，由于变深的结构使网络中更靠近输出层的模型结构丧失了学习到先前信息的能力，这让后端模型的参数更新变得极其困难，这一现象称之为"长期依赖"或者"梯度消失"。特别是有的时候为了减少深度学习模型中参数的训练量，模型中的部分结构参数将与其他层神经元实现参数共享，而这一技巧恰恰更加深了参数更新的困难程度。"梯度消失"问题使得模型训练者难以知道神经网络的某些层参数更新问题来源于训练数据本身还是模型构造问题，这会导致模型设计的不确定性。

4. 非精确梯度

大多数优化算法在对深度学习模型参数进行更新的时候都有黑塞（Hessian）矩阵的计算过程。在实际模型训练过程中，以上计算都会因为噪声的影响导致最后的结果并不如理论分析。而当损失目标函数不可微或者不可解的时候，通常对应的梯度计算也是非常困难的。此时需要对目标函数进行近似处理，但是这个过程也会带来梯度的损失，导致梯度估计缺陷。梯度缺陷会随着神经网络的计算过程在每个神经元节点处产生影响。对于深度学习模型来讲影响会更大，那么最终的结果会比较差。

5. 优化算法参数选择

深度学习神经网络训练需要对应的优化算法，而优化算法里有着各种各样可调整的参数，这些参数对最终的训练会产生不一样的影响。因此需要对具体的训练任务选择对应合适的优化算法。具体算法上可进行选择的参数如下：

（1）训练数据批量选择 深度学习模型的数据量非常大，因此对于模型训练来说所有的输入数据会分批次输入模型进行训练，而单次训练的数据量即为训练数据批量。批量大小一般不影响误差梯度的期望，但是会影响误差梯度的方差。批量越大，数据方差越小，引入的噪声也越小，训练也越稳定，但是数据量增加会带来训练时间的增加，因此可以设置较大的学习率；反之当批量较小时，需要设置较小的学习率，否则模型可能会不收敛。

（2）学习率更改规则 按照前文所说，优化算法学习率和训练数据批量有关。在实际训练模型开发过程中，比较常用的方法是线性缩放规则：当批量大小增加 m 倍时，学习率也增加 m 倍。但是这种线性缩放规则往往在批量还较小时适用，当批量非常大时，线性缩放会使得训练不稳定，模型不容易收敛。另一方面，在模型训练刚开始的时候，从经验上分析，优化算法要设置较大学习率，来加快训练进程。而当模型快收敛到最优解附近的时候需要减小学习率来控制模型稳定进入最优解附近区域。目前针对学习率更改规则有多种不同的方法，而不同学习率衰减方法的比较如图 7-2 所示。

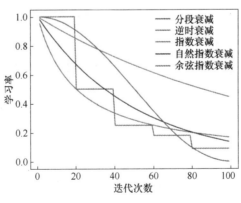

图 7-2 彩图

图 7-2 不同学习率衰减方法的比较

（3）修正梯度估计，优化训练速度 在神经网络训练的某些时刻，由于数据样本的问题，损失函数的下降值可能会随着时间振荡。在这个过程中，每次迭代的误差梯度估计与整个训练集的最优梯度方向不一致。目前针对该问题的常用处理办法是，通过使用最近一段时间内的平均梯度来代替此刻梯度作为参数更新方向，从而提高优化速度。

三、GPU 的重要性

首先需要明白什么是并行计算。并行计算是一种将特定计算分解成可以同时进行的、独立的较小计算程序的程序。在将特定计算分解为较小的独立计算后，将计算时间一致的计算结果再次组合为最终结果。任务可以分解成的任务数量取决于特定硬件上包含的内核数量。这里的核心是指给定处理器中实际执行计算的单元。而目前工业界所用设备中包含计算单元最多的是图形处理单元（Graphics Processing Unit，GPU）。GPU 是图像系统结构的重要元件，也是连接计算机和显示终端的纽带。早期的显卡只包括了简单的存储和缓冲功能，只能用来完成一些简单的显示任务，无法处理大规模复杂应用所需要的计算任务，也无法满足计算资源和存储的需求。但是随着芯片制程的提高，计算机处理能力的提升，计算机所承担的计算任务变得更加复杂。在合理的硬件架构支持下，目前 GPU 可以完成非常多复杂的任务。特别是，GPU 拥有成千上万个核心数，可以完全满足并行计算的需求。而深度神经网络拥有非常多的神经元，而每个神经元的权重更新很容易可以分解为更小的计算，且这些计算不会相互依赖。因此 GPU 可以加速神经网络的计算，减少模型更新和设计的时间。对于一个普通的深度学习模型，当不使用 GPU 时，训练周期可能长达几周甚至几个月。而基于 GPU 进行训练时，训练周期可以缩短为几小时或者几天。在以往的机器学习和人工神经元网络中，对计算机算力没有什么依赖，GPU 的应用空间较小。深度学习的出现导致模型对于 GPU 的需求暴涨，越深越复杂的网络对 GPU 的算力要求越高。因此对于未来信息社会，拥有越多 GPU 算力的组织，可以支撑更高级的功能，科技话语权更高。

第二节 模型范式

一、卷积神经网络

卷积神经网络（Convolutional Neural Networks，CNN）是深度神经网络的代表之一，适合处理空间数据，在计算机视觉领域应用非常广泛。一维卷积神经网络又被称为时间延迟神经网络（Time Delay Neural Network，TDNN）。与多层感知机网络类似，卷积神经网络也是由多层网络构成的。卷积神经网络中最重要的一个结构为卷积块结构。该结构主要由输入层、卷积层、激活函数层、池化（Pooling）层和全连接层组成。传统的神经网络使用矩阵乘法来建立输入与输出的连接关系。其中，参数权重矩阵中每个参数都描述了输入单元与输出单元间的交互，这意味着每一个输入神经元和输出神经元之间都会有一定的联系。但是针对图片等高维数据，如果每个输入与输出神经元之间建有参数矩阵，那么对应的矩阵将非常的大。因此为了解决这个问题，卷积神经网络拥有的第一个特点是：**稀疏连接**。卷积块两个重要结构包括卷积核和池化核。设定卷积核为 $m \times m$ 矩阵，池化核为 $n \times n$ 矩阵，输入矩阵为 $k \times k$，卷积操作和池化操作如图 7-3 所示。

卷积操作可以保持图像的空间连续性，同时还可以提取图像的局部特征。池化操作可以降低中间隐藏层的维度，减少卷积层之后神经网络节点的运算量。更重要的是，卷积神经网络将原始高维输入转化为了低维特征矩阵，从而减少了原始模型的参数量，同时没有损失过多的原始信息。池化操作使用某一位置相邻输出的总体统计特征来代替该位置在网络的输出。目前最常用的池化函数为最大池化和平均池化两种，其他方法包括 L^2 范数和基于基中心像素距离的加权平均函数。池化操作有两个优点：1）增加了网络对伸缩、平移、旋转等图像变换的不变形，提高了模型对输入数据的鲁棒性；2）可以将原始数据的大尺度信息转换为小尺度信息，使得大规模网络训练可行，可以减少模型训练参数量和训练时间。为了进一步减少训练时间，卷积神经网络另外一个重要的特点是**参数共享**。如图 7-3 所示的卷积

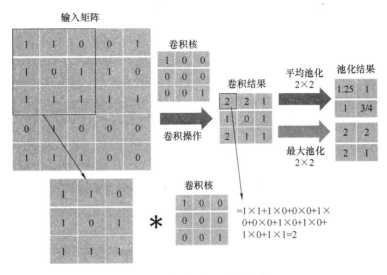

图 7-3　卷积操作和池化操作

核，不仅可以应用在当前输入，也可以应用在同一批量的其他输入矩阵。卷积运算中的参数共享保证了只需要学习一个参数权重，而不是每一个位置都有对应的参数权重。该操作虽然没有改变前馈传播的时间，但它把模型的存储需求从 $k×k$ 降低到了 $n×n$，且通常来讲 n 要比 k 小很多个量级。因为从图片的矩阵存储大小来讲，即使是压缩之后的图片，n 相对于 k 也非常小。因此卷积神经网络在存储需求和统计效率方面极大优于多层感知机模型。

　　卷积神经网络目前已经演变出了非常多的版本。1995 年 LeCun 构建了第一个明确具备卷积层、池化层和全连接层的神经网络 LeNet，该网络用于解决手写数字识别的视觉任务。局限于当时的计算机算力，此时的模型虽然只有 5 层但其训练时间也非常久。2012 年 AlexNet 的出现不仅打破了当时深度学习模型的性能记录，同时也证明了不同形式的激活函数和池化函数对模型训练有显著的作用与影响。2014 年牛津大学提出了 VGG-net 模型，进一步加深了模型深度，也证明了用很小卷积核也可以达到提升模型的效果，同时模型泛化能力也可以得到保证。同年 GoogleNet 也横空出示，相比 VGG-net 模型，GoogleNet 构建了新的网络结构 Inception 模块，减少了参数量和计算量的同时，也保证了模型分类准确度。2015 年何恺明团队推出的 ResNet 网络在结构上做出了大改进，创新式地构建了残差网络，解决了在网络层次比较深的情况下无法训练的问题。该网络的出现为未来更深层的模型提供了参考，目前论文累计引用已超过 1 万次，是卷积神经网络的里程碑式模型。以上模型在电力系统中也得到了广泛的应用，同时为了适应电力系统中的问题，研究者们在原有模型的基础上进行了相应的改进，如并联卷积神经网络、优化卷积神经网络、卷积深度神经网络、卷积循环神经网络等一系列改进型模型，并取得了相应的成果。

二、循环神经网络

　　循环神经网络（Recurrent Neural Network，RNN）是一类专门处理序列数据的神经网络。如同卷积网络专门用来处理矩阵式数据，循环神经网络对长序列的数据预测和建模非常有效。为了更有效地说明循环神经网络的功能，本文考虑动态控制系统的经典形式为

$$x(t) = f(x(t-1); \theta) \tag{7-1}$$

式中，$x(t)$ 定义为系统状态。式（7-1）是一个明显的递归方程，$x(t)$ 可以用 $x(t-2)$ 表示。因此对于有限时间步内，可以将式（7-1）展开为

$$x(t)=f(f(x(t-2);\theta);\theta) \tag{7-2}$$

用传统的有向无环计算图可以将式（7-2）表达为图 7-4 所示。

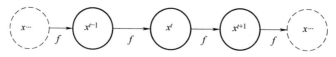

图 7-4　传统动态系统计算展开图

从图 7-4 中可以看出，对于动态控制系统未来时间步的状态量是可以通过迭代计算的方法依据过去时间步的状态量来计算的。进一步地，考虑有外部驱动信号的动态控制系统：

$$x(t)=f(x(t-1),r(t);\theta) \tag{7-3}$$

同样按照递归方程展开的思路，将式（7-3）展开为对应的有向无环计算图，见图 7-5。

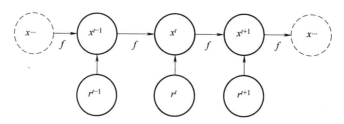

图 7-5　有外部驱动信号的计算展开图

由此可以总结出循环神经网络的主要特点：**输入序列信息，对应输出序列信息，同时内部的状态值会在各个时间步长中进行传递**。考虑动态系统的递归方程展开，循环神经网络的主要结构如图 7-6 所示。RNN 的前向传播公式以两个相邻神经元为例：

$$\begin{cases} n_{h,i}^t = W_{h,i}x^t + W_{hh,i}C^{t-1} \\ C^{t-1} = f_a(n_{h,i}^t) \\ y_{i+1}^t = W_{h,i+1}C^t \end{cases} \tag{7-4}$$

式中，x^t 是 t 时刻输入层的输入向量，C^{t-1} 是相邻神经元 $t-1$ 时刻的状态向量，$W_{h,i}$ 是输入对应的权重矩阵，$W_{hh,i}$ 是相邻两个神经元的隐含层权重矩阵，$W_{h,i+1}$ 的 t 时刻隐含层和输出层之间的权重矩阵，f_a 为非线性激活函数。由公式可知，循环神经网络可以将上一时刻隐含层的输出也作为这一时刻隐含层的输入，即代表历史时间的信息也可以利用在当前时刻的预测上。从以上分析可知，循环神经网络是一个有记忆能力的网络，但是其记忆能力大小取决于网络的深度和对应神经元激活函数的设计。

不同于卷积神经网络及多层感知机网络，循环神经网络的训练过程相对复杂，因此目前已经有的主流改进模型包括：

1. 长短期记忆模型（Long Short-Term Memory，LSTM）

传统循环神经网络虽然有记忆能力，但是当输入序列较长时，整个时间序列较早的信息无法被传递到后面，导致历史信息对未来神经元输出的参考作用越来越弱，导致最终模型无法学习到整段时间序列的信息。这样的缺陷导致循环神经网络无法处理长时间序列下的历史信息丢失问题，这个问题也被称为"长时间依赖"。因此 LSTM 模型被提出专门用来解决长

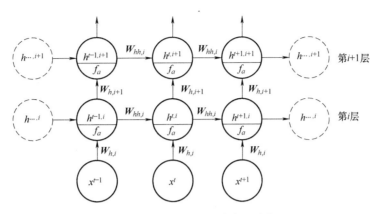

图 7-6 循环神经网络的主要结构

时间依赖问题。LSTM 模型网络结构与传统循环神经网络模型相同，不同点在于构建前者网络的神经元单元较传统神经元更为复杂。LSTM 神经元内包含输入门、输出门和遗忘门。这里所构建的"门"实际上是一个函数，通常使用的是 sigmoid 函数，该函数的特点是它的取值范围是 0 到 1，类似于一个门的功能。当 sigmoid 函数输出为 1 时，代表"门"完全打开，信息可以完全通过；当 sigmoid 函数输出为 0 时，代表"门"完全闭合，信息完全无法通过。遗忘门的存在是神经网络用来选择保留哪些历史数据，丢弃哪些历史数据；输入门的存在是神经网络在当前时间步输入新的信息；输出门的存在是综合考虑隐含层状态值和输入信息来决定该时刻的输出。LSTM 模型可以非常有效地保留那些有用的历史数据，是应用最为广泛的循环神经网络。但是多种门结构的存在也导致模型训练较为困难，参数设计需要有一定的经验，否则会出现无法收敛的问题。

2. 独立循环神经网络（Independent RNN，IndRNN）

独立循环神经网络是传统循环神经网络的变种，主要用来解决的问题是 LSTM 模型中存在的梯度衰减问题，而这些问题主要是 LSTM 模型中使用的 sigmoid 函数所导致的。相比之下，Relu 等非饱和激活函数可以堆叠在非常深的卷积神经网络中，同时当模型包含残差连接结构时，模型深度可以达到 100 层以上。因此独立循环神经网络相比 LSTM 模型可以保留更长期的记忆，可以处理更长的输入时间序列。同时由于独立循环神经网络中各层神经元相互独立，因此模型设计人员可以更好地调节每个神经元的行为和参数。

3. 双向循环神经网络（Bidirectional RNN，BiRNN）

双向循环神经网络的本质是每一个训练的时间序列向前和向后均有一个循环神经网络，且两者均连接着同一个输出层。这种结构可以提供给输出层的输入序列每一个点的完整过去和未来上下文信息。此模型的出现增加了网络可用的输入信息量，且不局限在固定的输入-状态-输出结构，可以应用到更广泛的任务中。特别的是当需要考虑整个输入序列信息的时候，双向循环神经网络的作用会更加明显。例如，在手写识别任务中，可以通过考虑前后字母的信息增加对当前字母的预测性能改变。

三、自动编码器

自动编码器（AutoEncoder，AE）本质上属于数据压缩的一种方法，但是它的结构是以深度学习模型来展现的。传统编码器一般用来数据降维或者特征学习，类似于 PCA，但是

159

自动编码器要比 PCA 灵活得多，因为它既可以表征线性变换也可以表征非线性变换。自动编码器可以看作是前馈神经网络的一个特例。

　　自动编码器属于无监督学习模型，结构上包括编码器和解码器两层结构。编码器的作用是将输入层的高维输入 X^r 编码为隐含层中的低维信息，从而实现原始数据的数据压缩。但是这个过程是一个有损过程，因此为了避免损失太多信息，解码器会将隐含层的低维信息还原到初始维度，在解码网络中去构建损失函数模型来保证解码器的输出能够完美或者非常近似恢复原来的输入，即 $X^r \approx X$。自动编码器的结构和工作原理如图 7-7 所示。在编码器侧输入数据经过模型处理得到了特征，之后在解码器侧特征经过解码模型得到了近似于原始输入的输出数据。

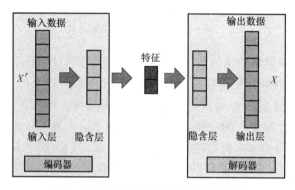

图 7-7　自动编码器的结构和工作原理

自编码器常用的两种模型如下：

1. 欠完备自编码器（Undercomplete AE）

欠完备自编码器的隐含层维度强制小于输入层，此模型将强制自编码器捕捉训练数据中最显著的特征，自编码器的学习过程就是最小化重构误差。设定自编码器编码部分为 $h=f(x)$，解码器部分为 $r=g(h)$。因此重构误差表示为 $L(x,g(f(x)))$。当误差函数为均方误差时，欠完备自编码器会学习到和 PCA 相同的子空间。以上分析可以得出，如果 f 和 g 所对应的非线性函数可以使得模型学习到更加深刻的特征，那么对应的欠完备自编码器可以视为 PCA 空间的非线性推广。但是如果非线性特征太强且范围太广的话，考虑到自编码器的压缩能力，非线性数据分布无法实现完全捕捉。前文介绍的自编码器模型是以单层隐含层作为例子，但实际上自动编码器中的隐含层可以继续增加，此时欠完备自编码器转变为欠完备多层自编码器。多层自编码器可以视为多个单层自编码器串联组成，它能够逐层提取数据特征。另一方面，自动编码器中的隐含层不仅可以使用全连接层，针对二维以上的数据类型，全连接层可以换为卷积层。此时自动编码器转变为卷积自编码器，可以用来对图像特征进行提取，多应用在图像增强与缺失补齐上。

2. 正则编码器（Regular AE）

除了设置比输入维度小的隐含层，自编码器的特征提取也可以通过其他方式来进行。正则编码器使用的损失函数可以激励模型学习除了输入与输出映射关系的其他特性，而不必限制使用低纬度的隐含层神经元数量或者层数较少的编码器和解码器来限制模型学习空间容量。这些特性中较为重要的是模型稀疏表示和模型噪声。在正则编码器中，即使模型容量很大，也可以从原始数据中学习到关于数据分布的有用信息。在实际应用中，最常用的两种正则编码器为稀疏编码器和去噪编码器。

稀疏编码器在损失函数中加入稀疏惩罚项后，使得编码器的输入结果稀疏。设定编码器网络隐含层的第 i 个神经元平均激活度为所有训练样本激活函数的均值，并记为 $\hat{\rho}_i$。同时设定一个人工指定活跃度 ρ_0，已知 ρ_0 是一个接近于 0 的值。通过相对熵函数构建惩罚项为

$$\sum_{i=1}^{n}\left[\rho\ln(\rho/\hat{\rho}_i) + (1-\rho)\ln\left(\frac{1-\rho}{1-\hat{\rho}_i}\right)\right] \tag{7-5}$$

加上惩罚项之后稀疏自编码器的损失函数表达为

$$L(x,g(f(x))) + \sum_{i=1}^{n}\left[\rho\ln(\rho/\hat{\rho}_i) + (1-\rho)\ln\left(\frac{1-\rho}{1-\hat{\rho}_i}\right)\right] \tag{7-6}$$

以该损失函数来训练时，可以学习到输入数据的数据分布信息。

去噪编码器不同于额外增加了罚函数的稀疏编码器，它在训练样本中加入随机噪声，将训练样本进行重构。具体的方法为：对每个样本向量 x 随机选择部分分量，将它们的值置 0。此时其他分量保持不变，即得到带噪声向量为 $\tilde{x}$。那么损失函数将变为

$$L(x,g(f(\tilde{x}))) \tag{7-7}$$

通过向训练数据加入噪声，并使自编码器学会去除这种噪声来获得没有被噪声污染过的真实输入。这就迫使编码器学习提取最重要的特征，同时在训练数据的同时也必须保持学习过程的鲁棒性。

3. 变分自编码器

变分自编码器（Variational auto-encoder，VAE）是以自编码器结构为基础的深度生成模型。相比于传统自编码器，变分自编码器有三个不同点：

1）变分自编码器假设编码器内部的特征是服从正态分布的随机变量。这样可以使得解码过程具有生成能力而不是仅有模型映射能力；

2）变分自编码器的目标函数是使输入样本的概率分布和重构样本的概率分布尽量接近，但输入样本的概率是未知的，因此变分自编码器引入了建议分布，通过变分下界将数据概率分布的数学期望转化为了建议分布的数学期望；

3）变分参数的计算需要在后验分布中抽样，但直接抽样得到的是离散变量，无法进行反向传播。因此变分自编码器对编码器输出的均值和方程进行了线性变换，解决了训练过程的最后一步。变分自编码器的结构图如图 7-8 所示。

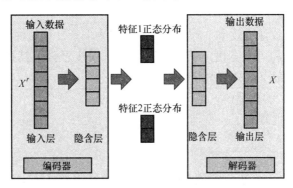

图 7-8 变分自编码器的结构图

四、注意力模型

深度学习来源于人类对记忆的认知过程，因此深度学习有很多模型结构但是其原理大多是相同的。网络中的每个单元都可以负责接收和处理信息，然后将处理好的信息传递到后者。但由于人脑的运算力也是有限的，因此人类对外部输入信息的判断是有着重点的，即人类对信息的后期处理过程与传统的神经网络是有所区别的。以视觉的成像过程为例，人类观察外部环境时总有"前景"和"后景"的区别，即注意区域的不同。对于图像的不同位置和不同色彩，人类的注意力分配是不一样的。为了模拟以上的机制，深度学习领域提出了注意力机制。所以严格来说，注意力不能称之为模型，但是由于其在深度学习的应用领域重要性，因此本节单独把它作为一种模型进行分析。注意力模型可以以高权重去聚焦重要信息，以低权重去忽略不相关的信息，并且还可以不断调整权重，来适应在不同的情况下对重要信息的提取过程。因此具备注意力模型的深度学习具有更好的扩展性和鲁棒性。注意力模型基本框架如图 7-9 所示。图中所示的不同输入对应的权重不一致。除了对输入信息的权重分配，各个神经元之间可以通过注意力模型共享选定信息，来实现重要消息的传递。

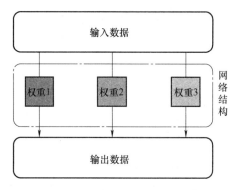

图 7-9　注意力模型基本框架

注意力模型能够在深度学习中迅速发展的原因主要有三方面：

1）注意力模型的本质就是关注重点信息而忽略不相关的信息，直接建立输入和输出之间的依赖关系，从而提高模型运行速度。从这一方面来说，注意力模型实际上是一种较弱的先验行为。

2）注意力模型克服了传统神经网络中的一些局限，如随着输入长度增加系统的性能下降、输入顺序不合理导致计算效率下降、特征工程能力弱等。同时注意力模型能够很好地建模可变长度的序列数据和可变宽度的网格化数据，进一步增强了其捕获远程依赖信息的能力，减少模型层次的同时又有效提高了精度。

3）由于注意力模型的权重模式是训练之前定义的，对每个输入数据对应的权重模型可以单独设置和训练，因此提高了模型训练过程的并行化程度，使得模型的预测性能、分类性能更高。

注意力模型早在 20 世纪 90 年代就已经提出，也有一些研究者提出了很多不同的应用。但是 2017 年 Vaswani 提出的自注意力模型是第一次提出完整的注意力模型与应用方法。自注意力模型结构如图 7-10 所示。以下内容将说明自注意力模型中的计算过程。

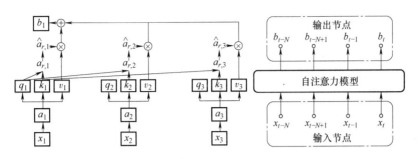

图 7-10 自注意力模型结构

　　自注意力模型的核心是计算向量之间的相关性，假设存在输入向量 $X=\{x_1,x_2,x_3\}$，而输出向量为 $B=\{b_1,b_2,b_3\}$，输出 b_1 和 $X=\{x_1,\ x_2,\ x_3\}$ 之间的相关性将由自注意力模型计算。计算两个向量之间的相关性是求向量之间的点积（Dot-Product）。首先将各个输入向量乘以对应的权重矩阵得到初始输出 $a_i=W_i x_i$，之后基于查询权重矩阵得到查询向量 $q_i=W^q a_i$，同理基于键矩阵得到键向量 $k_i=W^k a_i$。然后计算两个向量的注意力分数为 $S_i=\mathrm{softmax}(q_i^T k_i / d(q_i,k_i))$。最后基于值权值矩阵 W^v，得出输出信息与输入向量的关系 $b_i=\sum_{i=1}^{n}\mathrm{softmax}(q_i^T k_i / d(q_i,k_i))W^v x_i$。从这里可以看出，对于输出向量的任何一项，输入向量均有参与计算，这样输出向量与输入向量所有内容相关，样本信息得到了充分利用。但是由于注意力分数 S_i 的存在，分数越高的向量参与计算的程度就越高，最终的结果将越靠近该向量，因此这样的自注意力机制可以做到既关注全局，又聚焦重点。为了进一步加快计算速率，研究者又提出了多头机制如图 7-11 所示。在多头机制下，查询向量、键向量和值向量将分裂为更小的矩阵。这样可以更适用于基于 GPU 的并行计算方法，从而真正利用到多达上千个核心的计算能力，目前已经证明多头机制下的自注意力模型是更能加快计算速度和减少训练时间的。

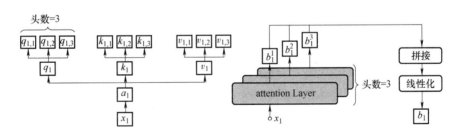

图 7-11 多头注意力模型

第三节 深度学习在智能电网中的应用

　　随着社会经济的不断发展，电网规模持续增加，电网的内生属性正逐渐朝着智慧化与清洁化转型，根本功能从传统的单一供配电逐渐发展为能源与信息的交互平台。新一代的人工智能技术兴起也引导了以能源革命和数字革命相融合的特点。在这一背景下，为了发挥海量数据对电网运行的作用，改善能源结构，并提高能源的综合利用效率，国家提出"智能电网"的概念，通过现代化、信息化、数字化的手段融合人工智能技术和互联网，实现能量和信息的互联互通。而人工智能技术的代表——深度学习，在智能电网中也发挥了重要的作用。深度学习在电网中的应用可以用图7-12表示。从电网运行中所取得的数据作为模型训练样本，经过一定的数据处理后输入模型中进行训练，得到的模型将在实际环境中进行验证，同时验证结果将反馈到模型设计中指导模型的再次更新。这样一步步地将模型与实际统一起来，实现针对性地解决问题。

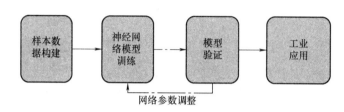

图 7-12　电网中深度学习应用具体步骤

一、电力设备及系统故障诊断

电力系统是一个非常庞杂的系统，内部涉及了非常多的智能设备，包括智能电表、电容器、柔性负载和变压器等。智能电网的一个重要功能就是在发生故障时可以自我恢复，而恢复过程需要大量数据。传统方法可以通过时频特性分析、熵谱分析等手段获取故障特征，目前已经可以发挥一些比较重要的作用。但是在光伏、电动汽车等设备接入电网越来越多之后，传统方法的诊断能力和适用范围已经变窄，特别是当数据量越来越大的时候，传统方法处理这些故障已经非常困难且费时，无法满足电网实时运行的要求。深度学习在故障分析及定位中常用的方式是将被研究的问题转化为分类问题或者回归问题，并建立相应的模型。分类问题需建立分类模型，指定某些输入属于哪一类。模型将向量所代表的输入分类到输出所代表的类别。分类模型既可以解决二分类问题，也可以求解多分类问题。在故障分析及定位中，分类模型一般用于故障类型识别、故障定位以及部分故障监测和诊断中。回归模型用于预测输入变量和输出变量之间的关系。回归模型表示从输入变量到输出变量之间映射的函数，并利用这个映射函数尽可能准确地预测出新输入变量的相应输出变量。回归模型通常用于故障测距以及部分故障监测和诊断等。下文将对深度学习在故障分析及定位中的应用进行了详细的综述。

如图 7-13 所示，故障定位是在故障发生后，根据故障传播特性、暂态特性、电气量变化特性等，判断故障所在的线路和区段。深度学习技术在输电线路故障定位、配电线路故障定位和选线方面应用较多。输电线路上判断故障区段可以辅助提升保护的选择性。比如利用迁移学习训练网络，对多端直流输电线路进行故障类型和故障区段的判别，在保证定位识别效果的同时，极大地缩短了网络训练时间。在配电线路中的定位通常是针对单相接地故障、短路故障等进行故障分析。部分文献采用母线电压来实现定位故障区段，因此可以利用配电网不同母线上的量测数据，结合图形卷积网络进行故障区段判定，获得了较高的故障区段判别精度。部分研究区段仍然采用电流来实现故障区段的判别，比如基于双端零序电流可以对配电网故障区段进行定位。参考文献［103］利用三相电流波形信息，训练 CNN，实现对故障类型和故障区段的判别。参考文献［104］采用故障电流的时频分布图，结合 CNN 对单相接地故障情况下的配电线路进行故障相和故障区段的判别。深度学习在故障定位中主要应用在端到端模型和迁移学习的使用。端到端模型有助于改善故障定位的效率，迁移学习的应用利于减少机器学习网络模型的样本需求。相比于传统故障分析及定位方法，现有研究表现出了更加准确的定位效果。

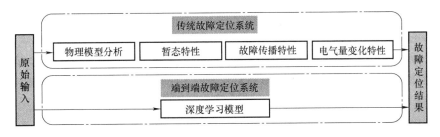

图 7-13　不同故障定位模型对比

本节针对电力系统的故障定位系统给出具体的应用实例。针对多端直流输电（Multiterminal DCtransmission，MTDC）线路故障时存在故障电流上升速度快、峰值大、不易定位等特点，建立一种兼顾快速性与准确性的 MTDC 线路故障诊断方法。目前常见的四端直流输电系统拓扑如图 7-14 所示。

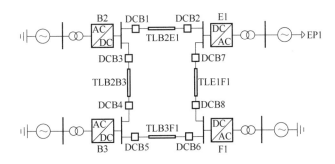

图 7-14　四端直流输电系统拓扑

1. 样本数据提取

当 MTDC 系统发生故障时，电气量波形的幅值变化能比较明显地区分出各个故障，然而实际系统故障距离的变化不能明显地反映在幅值上，使得仅仅依靠幅值变化不能可靠地区分故障的类别和位置。可应用频率分析的小波包分析方法进行数据预处理，同时给神经网络输入幅值特征和频率特征，全面捕捉故障特征。在故障的幅值确定方面，幅值特征在于确定电气量幅值变化信息，确定故障波形与正常波形的不同之处。利用信号波形进行 MTDC 线路故障诊断时，把故障信号波形和正常信号波形首尾相连排列成新信号，如此实现了新信号波形前后幅值特征变化提取。具体合成公式为

$$x(i) = \left[x_{T-1}, x_{T-1+\Delta t}, x_{T-1+2\Delta t}, \cdots, x_{T-1+m\Delta t} \right] \tag{7-8}$$

式中，$x(i)$ 为合成后的数据；T 为发生故障的时刻；Δt 为采样点时间间隔，$\Delta t = 0.1\text{ms}$；m 表示采样点的个数，$m = 19$。

在故障的频率分析方面，同样可采用小波包分析的方法，对直流端两极电压、正/负极电流、正/负极电压 5 种电气量进行 3 层小波包重构，提取各频段频率特征，实现频率特征提取。式（7-9）和式（7-10）分别为小波包分解过程和重构过程，重构后的数据可以作为

样本的特征。具体公式如下

$$\begin{cases} d_{j,l,2n} = \sqrt{2} \sum_k h_{0,k-2l} d_{j+1,k,n} \\ d_{j,l,2n+1} = \sqrt{2} \sum_k h_{1,k-2l} d_{j+1,k,n} \end{cases} \tag{7-9}$$

$$d_{j+1,l,n} = \sum_k \left(h_{0,k-2l} d_{j,l,2n} + h_{l,k-2l} d_{j,l,2n+1} \right) \tag{7-10}$$

式中，$d_{j+1,k,n}$ 为上一层小波包分解的结果；$d_{j,l,2n}$ 和 $d_{j,l,2n+1}$ 为下一级小波包分解结果；j 为尺度指标；n 为频率指标；l 为位置指标；k 为变量；$h_{0,k-2l}$ 和 $h_{1,k-2l}$ 为分解采用的第 $k-2l$ 个多分辨率滤波器系数。

2. 模型构建

在故障的幅值特征与频率特征都得到了对应的数据之后，构建并联卷积神经网络（Parallel Convolutional Neural Network，P-CNN），P-CNN 可以在人为干预下将两个支路分别训练成为有专一功能的神经网络，然后再依靠全连接层结合在一起。目前基于 CNN 的深度学习方式在工业界得到了广泛的应用。在涉及故障定位时，可以利用 P-CNN 在图像识别领域的优势，将直流系统故障幅值和频率特征形成灰度图后，使用 P-CNN 进行识别。P-CNN 的双支路结构可以让故障诊断过程更加有序和快速。2 条支路分别提取 MTDC 故障分类特征和故障定位特征，并且依靠 P-CNN 的特殊性质同时进行计算，提高故障诊断快速性。因为 P-CNN 的 2 条支路故障特征提取的目的不同，所以神经网络的训练过程也分别进行。由于只是单独做故障分类和定位的特征提取，神经网络的训练过程比较迅速，效果也很好。将训练完成的神经网络的隐藏层权重和偏置提取出赋给 P-CNN 的双支路。最后在训练赋值后 P-CNN 时，保持隐藏层各层权重和偏置不更新，直至其他层神经网络全部训练完成。训练过程如图 7-15 所示。

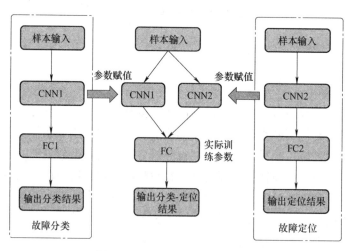

图 7-15　P-CNN 训练过程简图

3. 模型验证

在模型训练完成后，考虑到基于模型方法的故障诊断与定位准确性受所选阈值的影响比较大，避免了人为造成的不确定因素，将传统人工智能方法与深度学习方法在 MTDC 故障定位领域的对比进行了分析，结果见表 7-1。从结果可以看出，在 MTDC 线路故障诊断方面，有着更多的神经元串联结构 CNN 和 P-CNN 的准确性比 KNN，SVM 和单支路 CNN 高。在快速性方面，结构简单的 KNN、SVM 及单支路 CNN 表现更加优秀，但是整体均满足快速性的要求。虽然单支路 CNN 的故障诊断时长优于 P-CNN，但是准确性不足，如果在增加故障类型和故障位置导致输出数量激增的情况，单支路 CNN 故障诊断的适应能力会进一步下降。在故障定位模型训练来看，P-CNN 算法故障定位时长在 2ms 以内满足快速性要求。

表 7-1　智能算法故障诊断结果

神经网络	故障诊断准确率（%）	诊断时间/ms	训练时长/min
KNN	90.82	0.704	21
SVM	95.23	0.800	57
单支路 CNN	90.45	1.243	28
串联结构 CNN	95.61	1.864	79
P-CNN	99.24	1.856	5.73

二、光伏功率预测

自 2002 年以来，光伏发电已成为发展最快的新能源技术。主要光伏利用模式从早期的分布式离网光伏系统变为大型并网光伏电站。在这个过程中，光伏电站功率有了非常显著的提高，在电力系统中起到的作用也越来越大。然而，根据太阳能电池的原理，光伏发电受到环境因素的影响较大，如太阳辐射、环境温度、湿度和风速等。因此光伏发电具有波动特征和断续性。如果光伏电站连接至大规模的电网，将给电网稳定运行造成影响。光伏发电预测技术被认为是解决这个问题的关键。根据预测时间分类，光伏预测技术分为中期、长期、短期和超短期预测。中长期预测时间尺度为年或月，短期预测的时间尺度为天，而超短期光伏功率预测的时间尺度为小时甚至是分钟。按照预测技术分类，光伏预测可以大致分为两类：物理模型法和数据统计方法。物理模型法虽然是基于光伏发电的物理特性建立的，但是考虑到光伏电站运行过程中，其光伏面板的物理特性会随着时间发生改变，历史物理特性无法反应当前时间段的光伏功率发电能力。同时，考虑到光伏电站大多建在较为偏远的地区，人工维修成本较高，不能保证每天实时的物理特性检测。因此物理模型法无法真正应用在光伏功率预测上。而随着计算机能力的提升，和信息技术的发展，深度学习的优势提现了出来。基于深度学习的光伏功率预测不再拘泥于物理模型，且以程序为核心的技术可以促使光伏电站运行全自动化。只需要有数据采集和信息传递，基于深度学习的光伏功率模型就可以进行不断的迭代，使得光伏预测模型可以与当前光伏电池状态保持一致。东北大学提出了一种新型的深度学习模型，这个模型结合了玻尔茨曼机和状态回波算法，并且用准牛顿法代替了梯度下降来求得最优参数网络。中国农业大学提出了一种基于遗传算法-模糊径向基（Genetic Algorithm-Fuzzy Radial Basis Function，GA-FRBF）的预测网络，并且针对不同的天气建立了不同模型来提高预测精度。该模型还基于最小欧几里得距离法对天气进行了归类，输入变量为对应时间点的温度和太阳辐射度。以下内容将针对目前应用较为广泛的长短周期记忆模型和注意力模型对超短期光伏功率预测进行具体案例分析。

1. 数据处理

首先需要确定光伏功率预测的相关数据。通常来讲，光伏功率的数据包括功率数据和气象数据。功率数据即为光伏发电功率数据，气象数据包括直接辐照度，散射辐照度、总辐照度、温度、湿度、风速、风向。由于目前工业界数据采集设备的缺陷，直接利用传感器在光伏的逆变器侧测得的数据在传输和保存过程中会出现误差。因此首先要对原始数据进行处理，原始数据的异常情况包括：缺失、重复和异常值。针对缺失数据采用数值插值的方法将该时间段领域的数据进行平均来作为该时间的预测数据。重复和异常值通过对历史数据中同样是该时间段的数据进行统计并画出频率分布直方图。将频率分布直方图中出现频率最低的两个区间内的数据剔除，之后同样利用插值的方法将剔除后的数据缺失位填补完整。数据预处理后，将光伏功率数据和相关的气象数据进行相关度分析。分析方法为皮尔逊相关系数分析法等可以量化光伏功率与气象数据相关性的方法。计算公式为

$$r = \frac{\sum\limits_{i=1}^{n}(x_i - \bar{x})(y_i - \bar{y})}{\sqrt{\sum\limits_{i=1}^{n}(x_i - \bar{x})^2 \sum\limits_{i=1}^{n}(y_i - \bar{y})^2}} \tag{7-11}$$

按照式（7-11）计算到的即为光伏功率与气象数据相关性数据。皮尔逊相关系数分析法对应的相关性范围为 $[-1, 1]$。相关数越接近1，相关性越大；相关数越接近-1，相关性越小；相关数越接近0，相关性越弱。从此得到光伏功率与气象数据相关性后，为了提高光伏功率的预测精度，可以将相关性低于0.4的数据类型去除，这样一方面达到了提高数据质量的目的，另一方面也减小了输入向量维度，从而减少了模型复杂度。

由于输入数据均有其物理意义，因此不同数据之间的单位和数据范围是不一样的。对于深度学习模型来说，如果数据分布极度不均衡，会导致预测性能大打折扣。因此在进行数据预处理之后，一般要进行数据的归一化。数据归一化方法常用的是极差归一化法和标准归一化法。极差归一化法的计算公式为

$$x^* = \frac{x - \min(x)}{\max(x) - \min(x)} \tag{7-12}$$

标准归一化法的计算公式为

$$x^* = \frac{x_i - \text{mean}(x)}{\sigma(x)} \tag{7-13}$$

不同归一化法有对应的优缺点。极差归一化法计算较为简单，但是由于极值化方法在对变量无量纲化过程中仅仅和变量的最小值和最大值两个极端值有关，因此导致极差归一化法对极值非常敏感，改变各个输入数据权重时过分依赖两个极端取值。标准归一化法虽然在无量纲化过程中利用了所有的数据信息，但是该方法在无量纲化过程不仅使得转换后的各个变量均值相同，且标准差也相同。因此变量之间的差异大小被重塑，可能会导致预测能力的下降。

2. 模型构建

本节针对光伏功率预测项目构建的是考虑多头注意力机制的长短周期记忆模型。长短周期记忆模型是序列预测模型，因此首先要确定序列预测模型的输入序列长度和输出序列长度。针对超短期光伏功率预测，输出序列可以为单个时间步也可以为多个时间步长。而预测方式也分别对应了滚动预测和直接预测。而为了进一步提高预测精度和计算效率，在长短周期记忆模型的基础上又增加了多头注意力模型。滚动预测和直接预测对应的预测模型结构如图7-16和图7-17所示。滚动预测相比直接预测，除了模型结构不同外，还有一点就是滚动预测的预测模型输出，会作为下一个时间步预测的模型输入。这样滚动

预测模型理论上可以预测任意长度的时间序列。但是不可否认的是，基于滚动预测方法的预测结果，会随着预测时间尺度的增加而下降，而直接预测方法该特点并不明显，各个尺度的预测结果相对平均。因此在实际光伏功率预测的实际应用中，要根据实际情况来选择合适的预测模型。

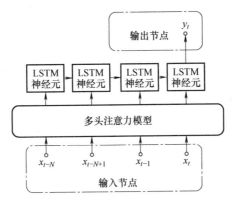

图 7-16 滚动预测模型结构

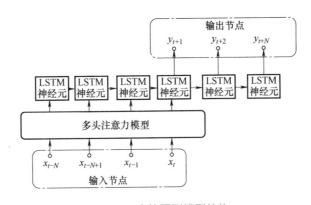

图 7-17 直接预测模型结构

3. 结果验证

在训练过程中，训练数据要比测试数据多至少两倍。由于超短期光伏功率预测时间尺度为 15min~4h，因此在预测模型性能分析时，选取 15min、1h15min、2h15min 和 4h 作为典型代表。预测误差计算指标主要有两个，一个是平均绝对百分比误差（Mean Absolute Percentage Error，MAPE），另一个是均方根误差（Root Mean Square Error，RMSE）。计算方法分别为

$$\text{MAPE} = \frac{1}{m} \sum_{i=1}^{m} \frac{|y_i - \hat{y}_i|}{y_i} \tag{7-14}$$

$$\text{RMSE} = \sqrt{\frac{1}{m} \sum_{i=1}^{m} (y_i - \hat{y}_i)^2} \tag{7-15}$$

下面选择滚动预测模型作为例子，预测结果如图 7-18 所示。

从图 7-18 可以看出，随着时间的增加，模型精确度逐渐下降。本节所提方法与其他方法的效果对比见表 7-2。

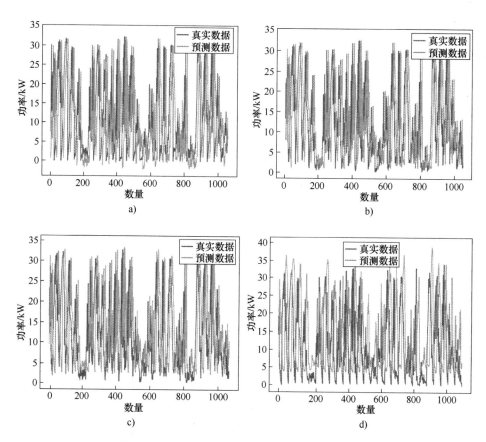

图 7-18 超短期光伏功率不同时间尺度预测结果

a) 15min b) 1h15min c) 2h15min d) 4h

表 7-2 不同算法对应的预测结果

方法	15min		1h15min		2h15min		4h	
误差	MAPE	RMSE	MAPE	RMSE	MAPE	RMSE	MAPE	RMSE
BP	0.40	11.2	0.49	14.4	0.60	15.6	0.67	19.4
LSTM	0.32	9.3	0.41	11.3	0.47	13.8	0.52	15.2
注意力机制 LSTM	0.22	6.4	0.33	9.5	0.40	11.2	0.43	12.6
多头注意力机制 LSTM	0.11	2.9	0.16	4.6	0.20	5.8	0.28	7.8

三、电力系统快速潮流计算

潮流计算是对给定的运行条件(如负荷需求、电网拓扑结构、可再生能源出力等)确定系统的运行状态,如节点电压(幅值与相角)、线路传输功率等。潮流计算是电力系统许多分析任务的基础,如网损分析、安全分析、电压控制、经济调度等。最优潮流计算指的是单时段、仅考虑连续优化变量的最优潮流问题。该问题最早由学者 Carpentier 提出，经过国内外十几年的研究和发展，最优潮流已在电力系统规划、无功优化、电力市场等领域得到了广泛应用，在电力系统安全稳定经济运行中发挥了极为重要的作用。最优潮流问题可以通过构建等式和不等式约束对应的优化问题，这导致了最优潮流的计算非常复杂，以至于一般来说无法得到实时潮流。而针对最优潮流求解时间过长问题，人们已经完成了大量的研究工作。现有的研究工作主要通过基于迭代计算的优化技术来降低最优潮流求解过程的复杂度。文献［108］提出了一种基于功率-电流混合不匹配公式的内点法，以获得更好的收敛性能和更高的计算效率。文献［109］提出了一种基于自动微粉技术的直角坐标系下内点法。上述方法采用严格的交流最优潮流模型，包含了交流潮流方程和所有电网运行约束，这样可以保证获得的最优解精度很高。然而，交流潮流的非线性导致最优潮流非凸，计算复杂度高。因此部分研究人员将原始模型进行凸松弛操作来实现快速计算。随着泛在电力物联网、信息技术的不断推进，数据驱动算法为潮流计算耗时问题带来了新的契机。现有数据驱动方法的核心思路是利用机器学习方法学习潮流输入和输出之间的映射关系，从而对新的潮流输入直接映射到潮流结果，这样无需迭代即可进行计算。本节将通过具体实例来展现深度学习模型如何对潮流计算实现快速处理。

1. 数据提取

在交流潮流计算中，母线通常分为三类：PQ 母线、PV 母线和松弛母线。其中 PQ 母线的有功和无功功率，PV 母线的电压幅值、有功功率以及松弛母线的电压幅值和相位角均是已知参数。而 PQ 母线的电压幅值和相角是需要通过求解潮流方程来计算的参数。该实例介绍一种新型深度学习模型——基于物理信息系统的图神经网络模型，来实现潮流的快速计算。与传统计算方法类似，基于图神经网络的潮流计算目的是计算在给定稳态条件下 PQ 母线的电压幅值和相角。从广义上来讲，它是一个半监督回归问题，因为母线的一些特征是已知的，而另外一些是需要计算的。图神经网络的输入可以表示为一个特征矩阵 $H^{(0)}$ 和一个相邻矩阵 $A^{(0)}$，具体的参数关系如下所示

$$H^{(0)} = [S, V, T_{PQ}, T_{PV}, T_{SL}] \tag{7-16}$$

$$A^{(0)} = Y \tag{7-17}$$

$$S = [P_1 + jQ_1, \cdots, P_i + jQ_i, \cdots, P_n + jQ_n]^T \circ T_{PQ} + [P_1, \cdots, P_i, \cdots, P_n] \circ T_{PV} \tag{7-18}$$

$$V = [V_1, \cdots, V_i, \cdots, V_n] \circ (T_{PV} + T_{SL}) \tag{7-19}$$

$$T_{type} = [T_{type}^{(1)}, \cdots, T_{type}^{(i)}, \cdots, T_{type}^{(n)}] \tag{7-20}$$

式中，$\circ$ 代表逐元素乘法；n 是电网中的总线数；P_i 和 Q_i 分别是母线 i 注入电网的有功功率和无功功率，V_i 是母线电压幅值；$T_{type}^{(i)}$ 是二进制变量，1 代表总线 i 是 type 所指代的总线类型，0 代表相反类型，其中 type $\in$ {PQ, PV, 松弛}；Y 是电网的导纳矩阵，在给定电网结构时已经被确定。图神经网络的输出是 PQ 母线的电压实部和电压虚部虚部，预测的电压向量 $\hat{V}$ 可以表示为

$$\hat{V} = \hat{V}_{real} + j\hat{V}_{imag} \tag{7-21}$$

式中，$\hat{V}_{real}$ 和 $\hat{V}_{imag}$ 是图神经网络的输出。

2. 模型构建

对于机器学习模型，可解释的目标是以人类可以理解的方式描述这种模型的内部结构。用于潮流计算的机器学习模型，最核心的目的是机器学习模型解与潮流方程的满足程度，而不是该解与标准解的接近程度。因此当将物理信息模型融入图神经网络里时，潮流方程的不

满足程度作为本模型的损失函数，而非与牛顿-拉夫逊潮流求解器的输出的偏差值。物理信息损失函数表示为

$$LOSS = \sum_{i=1}^{3} w_i loss_i \tag{7-22}$$

$$loss_1 = \frac{1}{n} \sum_{i=1}^{n} |\boldsymbol{S}^{-1}| \circ \left[|\hat{\boldsymbol{S}} - \boldsymbol{S}| \circ \boldsymbol{T}_{PQ} + |\mathrm{Real}(\hat{\boldsymbol{S}} - \boldsymbol{S})| \circ \boldsymbol{T}_{PV} \right] \tag{7-23}$$

$$loss_2 = \frac{1}{n} \sum_{i=1}^{n} ||\hat{\boldsymbol{V}}| \circ (\boldsymbol{T}_{PV} + \boldsymbol{T}_{SL}) - \boldsymbol{V}| \circ |\boldsymbol{V}^{-1}| \tag{7-24}$$

$$loss_3 = \frac{1}{n} \sum_{i=1}^{n} |\mathrm{Imag}(\hat{\boldsymbol{V}}) \circ (\boldsymbol{T}_{SL})| \circ |\boldsymbol{V}^{-1}| \tag{7-25}$$

为了最小化模型损失函数，Adamax 作为本模型训练优化器。损失函数的值反应了基于物理信息系统的图神经网络得到计算结果的准确性。当 $LOSS$ 的值等于 0 表示计算没有错误，潮流模型方程完全满足，而较大的 $LOSS$ 表示计算结果不可信，潮流模型基本不满足。本文提出的 $loss$ 组合与电网结构一致，因此可以用来说明预测结果的可解释性。与其他简单地模仿传统潮流求解器的输出相比，本模型更具有计算解释性。为了提高神经网络的性能，需要仔细设计它们的结构和超参数。基于目前应用最为成功的 transformer 模型，图注意力网络替换了原模型的多头注意力层，使用密集连接网络来替换原来的残差连接网络。因此，改进后的模型具有处理图结构数据的能力。模型具体如图 7-19 所示。

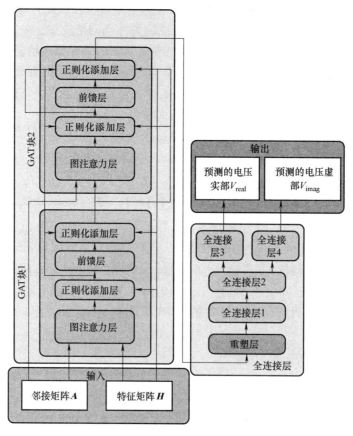

图 7-19 基于物理信息系统的图神经网络模型

针对该模型提出针对性的求解算法流程图如图 7-20 所示。

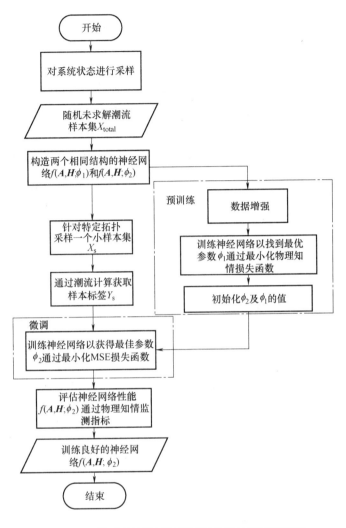

图 7-20 针对图神经网络模型所设计的算法流程图

流程主要可分为以下几步。

1）对系统状态进行采样。为了保证采样数据包括了系统不同的运行状态，系统负荷乘以在 $[2-\gamma, \gamma]$ 范围内均匀分布因子，实现负荷平均值的随机变化。γ 决定负荷变化程度的因素。为了在级联故障的不同阶段对系统进行采样，本模型考虑了电网中随机某段跳闸。不同工况下的系统运行状态构成总样本集 X_{total}，其形式为特征矩阵 $\boldsymbol{H}$ 和邻接矩阵 $\boldsymbol{A}$。

2）构建神经网络 $f(\boldsymbol{H}, \boldsymbol{A}; \phi)$，它接受输入 $\boldsymbol{H}$，$\boldsymbol{A}$，并输出 $\hat{\boldsymbol{V}}_{\text{real}}$ 和 $\hat{\boldsymbol{V}}_{\text{imag}}$。$\phi$ 是神经网络 $f(\boldsymbol{H}, \boldsymbol{A}; \phi)$ 中所有权重矩阵和偏置向量的集合。

3）预训练神经网络以满足潮流方程和边界条件（仅针对 PV 总线和松弛总线）。物理信息损失函数在式（7-19）、式（7-20）中定义。但是必须说明的是所提损失函数是高度非线性的和非凸的。考虑到这一点，本模型选取 Adamax 用作优化器，该优化器在处理非凸优化问题时有着良好的性能。本模型的预训练集中集中考虑了 $N-3$ 故障下的所有拓扑，就是为了提高针对某些特定拓扑的模型预测性能。

4）将特定拓扑从原数据集中提取出来，神经网络将针对该类型数据进行微调训练。

3. 模型验证

接下来将本节所提出的方法和传统的牛顿-拉夫逊方法进行算法复杂度对比。表 7-3 中显示了所提方法与传统方法在算法时间复杂度上的比较。由于牛顿-拉夫逊方法需要在每次迭代中求解雅可比矩阵，所以当迭代次数为常数时，其时间复杂度为 $O(n^3)$。对于所提出的图神经网络模型，其训练过程是离线进行的，因此只考虑其前向计算的时间复杂度。所提模型的每一层算法复杂度见表 7-4。n 是所测试电力系统中的节点总数，m 是该测试系统中的网络分支数。由于电力系统中的分支数通常与节点数有直接关系，因此 GAT 的算法复杂度也可以看成 n。可以看出，所提出的图神经网络算法在算法复杂度方面优于牛顿-拉夫逊方法。

表 7-3　时间复杂度比较

算法	时间复杂度
PIGNN	$O(n^2)$
牛顿-拉夫逊方法	$O(n^3)$

表 7-4　计算复杂度比较

层名称	每层计算复杂度	连接操作复杂度
GAT	$O(m+n)$	$O(1)$
FC	$O(n^2)$	$O(1)$

针对不同节点系统，本文与其他方法的运行结果进行了对比。对比结果见表 7-5。由表 7-5 所知，本节所提方法不管是在小系统和大系统上均表现出了非常良好的计算效果。本节所提方法与其他神经网络如全连接神经网络，图卷积神经网络等新型网络有着类似的性能表现，因此为了进一步说明本文所提方法的优越性，在模型验证过程中增加一个指标，即设定同一故障率下，模型计算时间对比。对比结果如图 7-21 所示。实验结果表示，在以关键故障率 1% 为容忍极限时，所提方法的平均计算市场显著小于现有方法。

表 7-5　不同模型对比结果　　　　　　　　　　　　　　（单位：ms）

模型方法	39 节点	118 节点	300 节点	2868 节点
牛顿-拉夫逊方法	13.5	15.9	24.0	208.4
所提方法	2.7	2.9	3.4	12
全连接神经网络	1.9	1.9	2.6	10.5
图卷积神经网络	1.6	1.7	2.2	9.8
编码-解码器	0.9	1.0	1.5	7.8

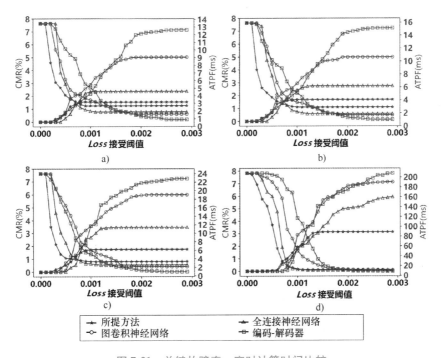

图 7-21　关键故障率一定时计算时间比较

a) 39 节点系统　b) 118 节点系统　c) 300 节点系统　d) 2868 节点系统

本 章 小 结

　　深度学习的动机在于更为深刻地建立、模拟人脑进行分析和学习，与机器学习、模糊学习等智能学习方法相比，深度学习可以学习到更多高纬度特征。结合大数据和计算机算力迅猛增长的背景，深度学习在电力系统等领域得到了广泛的应用。本章首先介绍了深度学习的发展历程和一些基本概念，然后重点介绍了卷积神经网络、循环神经网络、自动编码机和注意力机制等典型模型。最后，以深度学习在智能电网中的应用为例，重点介绍了不同模型在电力系统问题中的应用方法和应用步骤，展示了其中的重点和难点，为读者更加深入了解和解决问题提供了非常好的思路。

第八章

强化学习

第一节　强化学习概述

一、强化学习的产生与发展

强化学习是机器学习、人工智能领域的一大重要分支。通常，强化学习被定义为一种"通过智能体与环境的交互动作来获得最大化收益"的学习机制。从数学角度出发，强化学习也被认为是一种近似动态规划（Dynamic Programming，DP）方法。动态规划最先是由贝尔曼（Bellman）等人针对最优控制问题提出的一种解决方法，即在运动方程和允许控制范围的约束下，对以控制函数和运动状态为变量的性能指标函数求取极值。贝尔曼通过动态规划方法将此类问题的解决范式定义为求解"贝尔曼方程"。在现代机器学习的视角中，样本和数据是解决现实问题的重要因素，缘于现实中的问题往往难以被数学模型精确定义，粗略地讲，在此背景下通过样本和数据，或利用交互式学习求解贝尔曼方程以解决最优控制问题的方法即是强化学习。区别于上述数学问题的视角，试错学习同样是强化学习的一大基础。以动物训练为例，训练师往往通过"奖励"或"惩罚"来训练动物执行其所定义的正确动作，试错是强化学习的一大显著特征，即通过反复的交互来选择出正确且最优的动作。

强化学习理论自 20 世纪 60 年代以来得到了长足的发展，从 Klopf 提出"广义强化"的概念，到 TD 学习概念的发展完善，以及 1989 年 Watkins 结合 TD 学习和最优控制提出 Q 学习（Q-learning），强化学习已经形成了一套具有数学支撑的理论体系，并在之后得到了一定范围内的应用，但囿于传统强化学习方法本身可解决的问题维数较低，且限于当时数据运算和数据存储的技术壁垒，并没有得到广泛的应用，这同样也是当时机器学习的一大障碍。随着深度学习技术的快速发展，研究者们提出了深度强化学习这一新的工具。深度学习自身强大的函数逼近和数据处理学习能力，为强化学习处理高维复杂的最优控制问题带来了新的解决方案。从 Deepmind 团队首次在《自然》上提出深度 Q 学习算法，到 AlphaGo 在人机围棋比赛取胜，强化学习一跃成为最受关注的人工智能技术之一，同时也再度引起大众对于"机器智能"的讨论。随着强化学习算法更为深入的发展，强化学习在工业控制、医学、心理学包括人机对抗等方面的应用日益增加，在数字化和去人工化发展为主流的现代社会已经随处可见强化学习的身影。接下来将通过介绍强化学习理论中的关键要素帮助读者全面地理解强化学习的基本思想。

二、强化学习的关键要素

强化学习的基本思想在于交互式学习，其中涉及智能体（Agent）、环境（Environment）两个主体概念。交互式学习框架如图 8-1 所示，智能体指代与环境交互的主体，其存在两个关键要素，即观测状态（State）与执行动作（Action）。其中状态是描述环境信息的一种概念，可以是复杂的图像信息，视频信息，也可以是非常简单的二进制变量；状态在充分体现环境特征的同时，也会因为智能体的动作而发生相应的变化，对状态的观测是智能体执行动作的重要依据；当状态变量只因智能体的动作而发生改变时，称环境是平稳环境，而如果状态因

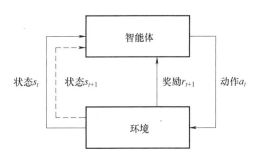

图 8-1　交互式学习框架

时间推移或其他非动作因素而发生改变，则该环境是非平稳的。环境的平稳与否影响到智能体的决策效果，这是显而易见的。

动作是智能体与环境交互的核心要素，智能体根据对于状态感知以及自身的行为策略采取一个动作，动作将对环境造成影响并产生新的状态，这一流程被称为状态转移，而动作造成的结果（新的状态）将会通过事先定义的评价机制或函数运算之后反馈给智能体，一般被称为奖励（Reward）或者收益。智能体在观测到状态后采取动作的依据，或智能体在给定时间内的行为方式被称之为"策略"，即策略是从感知的环境状态到在这些状态下要采取的行动的映射，可以简单理解为神经或心理学等方面的刺激-反射。策略可以是某种函数或者查表确定动作的表格，值得指出的是，在强化学习中策略对采取动作的描述往往是概率分布，而且指定每个动作的概率可以是随机的。

奖励可认为是状态和动作的函数，其本质是一种激励机制，用于指示智能体的动作是否正确，所以奖励可以是正向奖励也可以是负向奖励，即惩罚；奖励不一定与状态或动作符合严格数学函数关系，如在机器人运动问题中，机器人执行了正确的动作，可以赋予其"+1"的奖励数值，或者"+2""+10"都是有效的。在每次智能体对环境发出动作并观测到新的状态时，都会获得一个奖励，智能体的唯一目标就是最大化长期收到的奖励值，智能体能够根据奖励的高低，调整自己的策略以便于获取更多的奖励，即奖励赋予了智能体判断动作好与坏的依据，亦即策略调整的依据。然而，奖励只能反映某一状态下采取某些动作的即时奖励，而智能体的目标是最大化长期奖励。简单来说，对于实际问题而言，往往更想知道在智能体采取一个动作后，对整个问题带来的长期影响，而不仅仅是短期的奖励为何，动作的选择即策略，不应该只局限于当前的奖励，而应该站在使整体问题最优的视角。这就产生了强化学习中另一关键要素——"价值"（Value）。

粗略地说，价值是智能体在未来可以预期累积的奖励总额。价值可以包括状态价值和动作价值，状态价值反映了从某一状态开始，智能体未来可以获得的奖励总和，而动作价值可以反映在某一状态下采取某一动作所能获得的未来奖励总和。假定某一状态下总是导致较低的即时奖励，但这一状态可能仍具有较高的价值，奖励与价值的区别可以用远见来描述，价值对于智能体而言是相对于奖励更具有远见的策略制定依据。奖励的数值是由当下的状态和动作计算得到的，确定奖励的大小将非常容易，然而价值是对未来可能得到的奖励总和的估

177

计，估计价值比确定奖励要困难许多。但是在制定和评估行动策略时，价值又是最核心的要素，因为只有价值才能反映出长远角度的最高奖励，对价值的有效估计或预测是强化学习算法中最重要的组成部分之一，价值估计可以说是过去几十年中强化学习研究中最重要的一环。

智能体的经验影响到智能体能否做出最优的选择，所谓经验即智能体已经采取过的动作或观测到的状态，对于价值估计和动作选择具有相当重要的作用。正如"吃一堑，长一智"，或是"行万里路"，智能体必须要进行足够多的尝试，才能发现可能存在的更好的动作，从而累积足够的经验，这对于强化学习智能体来说是非常关键的。然而正如上面所提到的，智能体的唯一目标在于获取最大的奖励总和，从智能体的角度来看，会存在一个行为模式上的矛盾：为了获得大量奖励，强化学习智能体必须倾向于过去已经尝试过并且能够有效获益的动作；但是要发现这样的动作，必须尝试以前没有选择过的动作。强化学习中将这两种行为称为探索（Exploration）与开发（Exploitation）。简单来说，即智能体必须尝试各种动作，并逐步地选择那些目前最好的动作，并在此基础上继续尝试其他可能的动作。探索与开发的困境，目前仍未得到真正意义上的解决，即尚未出现完全平衡探索和开发的学习范式，但这二者的相对平衡对于强化学习算法的性能具有相当关键的作用，如今的强化学习算法无一不对于该二者具有独特的平衡方法。

第二节　强化学习理论基础

一、马尔可夫决策过程

马尔可夫决策过程（Markov Decision Process，MDP）是对本章第一节中所提到的交互式学习的一种数学描述，也是强化学习的研究对象，在阐述马尔可夫决策过程的定义和属性之前，本节先简单地使用数学语言描述本章第一节中描述的交互式学习的过程，以及形象化前述强化学习相关的诸多抽象概念，从而使得 MDP 更容易被读者理解。如图 8-1 所示，强化学习智能体与环境的交互过程为：通过观测环境状态，执行一定策略驱动下的动作，而环境受到动作的影响发生状态转移，新的状态再次被智能体观测到，同时根据某种预先设定的评估机制计算出奖励，完成一次交互式学习。那么可以定义时刻 t 时，智能体观测到环境状态 $s_t \in S$，S 为环境拥有的状态集合，并在此基础上选择执行了动作 $a_t \in A$，A 为智能体所能采取的动作集合，并接收到了奖励 r_{t+1}，同时观测到新状态 S_{t+1}，从而得到一个状态-决策序列：

$$s_0, a_0, r_0, s_1, a_1, r_1, \cdots, s_t, a_t, r_t, s_{t+1}, \cdots \tag{8-1}$$

对于一个确定性的环境而言，从直观的角度可以理解 $t+1$ 时刻观测的新状态 S_{t+1} 和获得的奖励 r_{t+1} 是与之前的动作和状态紧密相关的，或是之前一切行为的结果，那么可以使用概率的形式来描述这一状态转移的过程，即

$$p(s', r \mid s, a) = \Pr\{s_{t+1} = s', r_{t+1} = r \mid s_0, s_1, \cdots, s_t = s, a_0, a_1, \cdots, a_t = a\} \tag{8-2}$$

这里的条件概率符号，只是为广义的表示 s'，r 与以往的事件相关。至此整个交互式学习的过程已经由数学形式完整表示，那么此时定义如果状态变量包含之前时刻智能体和环境交互的所有方面的信息，并且这些信息对 S_{t+1} 有一定影响，那么该状态具有马尔可夫性；换句话说，如果 S_{t+1} 和 r_{t+1} 出现的所有可能性及概率分布仅仅与 t 时刻的状态和动作相关，而与

更早之前的因素完全无关，就认为状态具有马尔可夫性。

当状态具备马尔可夫性时，整体的环境也被认为具有马尔可夫性。马尔可夫性对于序贯决策非常重要，因为它限定了下一状态仅仅和上一状态和动作相关，那么通过迭代就可以推知过去的完整过程，或者预测未来的预期奖励以及综合价值，为当前时刻的动作选取提供有效的依据。马尔可夫性初看可能是反直觉的，因为现实问题的因果关系并非仅与前一时刻相关，所以在此必须再次强调，马尔可夫性的限制仅仅是针对状态而非针对决策过程，即过去的一连串动作当然会对环境造成连续的影响，但本时刻的状态可以反映过去所有事件所带来的影响，这是马尔可夫性状态的思想核心。

由马尔可夫性很容易引出马尔可夫决策过程的概念，即满足马尔可夫性的状态-决策序列就是马尔可夫决策过程，如果 S、A 集合具有有限个元素，那么称该马尔可夫决策过程是有限的。因此，结合式（8-2）和马尔可夫性，可以用概率的形式定义任何状态 s 及动作 a，其下一时刻的状态 S_{t+1} 和奖励 r_{t+1} 的情况：

$$p(s',r\,|\,s,a)=\Pr\{s_{t+1}=s',r_{t+1}=r\,|\,s_t=s,a_t=a\} \tag{8-3}$$

式（8-3）为每一状态 s 和动作 a 的影响都赋予了一个状态分布，显然该概率完全反映了整个环境系统，或 MDP 的动态特性，这是 MDP 最核心的表征，根据该四参数动态函数，可以很方便地表示出关于环境的任何其他的相关内容，比如状态转移概率：

$$p(s'\,|\,s,a)=\Pr\{S_{t+1}=s',R_{t+1}=r\,|\,S_t=s,A_t=a\} \tag{8-4}$$

某一状态下采取某一动作的预期奖励

$$r(s,a)=\mathrm{E}[R_{t+1}\,|\,S_t=s,A_t=a]=\sum_{r\in R}r\sum_{s'\in S}p(s',r\,|\,s,a) \tag{8-5}$$

在 MDP 提出之后，强化学习所解决的任务将是完整的马尔可夫决策过程，如果该决策过程存在终止条件，即智能体达成目标后该任务结束，或智能体执行了错误的动作后该任务失败，且重新开始任务时，该任务的初始状态与上次任务的终止状态完全无关，则该强化学习任务称为分幕式的（Episodic）；如果该目标是长久性的、持续性的，或者该任务永远不会结束，则该任务被称为持续性的（Continuing）。在定义了任务或 MDP 的时间特性之后，就可以明确的从数学层面定义强化学习的目标。值得指出的是，对于智能体而言，任何时刻的目标均是最大的未来奖励总额，而对于任务本身而言有其独立的目标，这二者相关并相互独立，例如寻物机器人的任务目标是寻找到相关的物品，而对于智能体而言仅仅是最大化奖励和，最大的奖励总和将会引导机器人寻找到物品，这是首先需要明确的一点。那么对于分幕式任务，智能体的"目标"被定义为未来时刻奖励加权求和的形式，则对于 t 时刻的智能体有

$$G_t=R_{t+1}+\gamma R_{t+2}+\gamma^2 R_{t+3}+\cdots=\sum_{k=0}^{\infty}\gamma^k R_{t+k+1} \tag{8-6}$$

式中，目标 G_t 也被称为回报；γ 是一个 0~1 之间的参数，被称为折扣率。折扣率是一个关键的参数，从数学意义上考虑，如果 $\gamma<1$，只要奖励序列 $\{r_k\}$ 有界，则式（8-6）的回报就具有有限值，否则在持续性的任务中，某时刻的状态价值将是无穷的数值。在分幕式任务中，奖励序列本身就是有限个，式（8-6）同样适用。同时 γ 对于智能体性能也有显著的影响，如果 $\gamma=0$，那么智能体是"短视"的，只关注最大化当前奖励；当 γ 接近 1 时，智能体更多地考虑未来的收益，即智能体变得更有远见。回报使得智能体在某种意义上在每个时刻执行动作时都能为整体任务的目标做出考虑，是制定智能体策略的重要依据。

【例 8-1】 考虑图 8-2 描述的机器人简单运动问题，初始机器人位于某一位置，需要移动尽可能少的步数到达指定地点，可定义该问题的状态、动作、奖励以及环境动态特性，从而转化为 MDP。

该机器人任务具有明确的结束目标，即为分幕式任务。任务初始机器人处于某一位置，到达目标地点即完成任务，假设该机器人每次可以选择前后左右四个方向其中之一前进一个单位，选择的概率相等。因此，该机器人的状态和动作可以直观的定义为

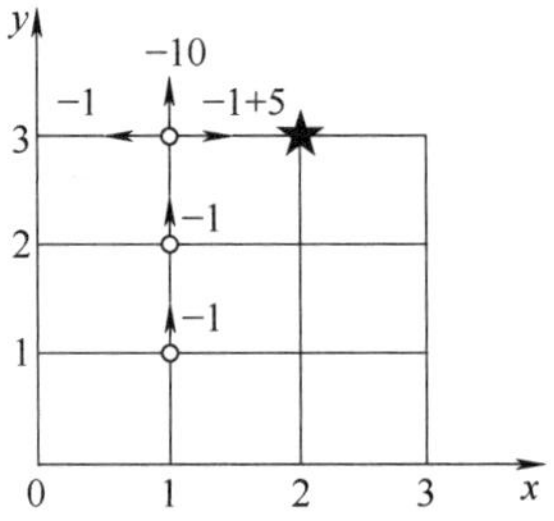

状态 s：机器人的位置坐标，如 $s = (2,3)$ 代表终点坐标。

动作 a：机器人每次的前进方向，如 $a = $ "up" 代表机器人向上前进一格，$A = \{up, down, left, right\}$。下一步需要定义奖励形式，该任务最终目标是以最少的步数到达终点。此目标可以拆解为两个子目标，即到达终点与步数最少。未到达终点时，可以不给予正向奖励，到达目标地点时奖励+5；为使步数最少，每行动一次可给奖励-1，机器人将不倾向于使用更多的步数完成任务。另外，如果机器人撞墙，则给予较大的惩罚。机器人问题的 MDP 的特征描述见表 8-1。

图 8-2　机器人运动示意图

表 8-1　机器人问题的 MDP 的特征描述

s	a	s'	$p(s' \mid s, a)$	$r(s, a, s')$
(0, 0)	left	(0, 0)	1	-10
(0, 0)	right	(1, 0)	1	-1
(1, 3)	·right	(2, 3)	1	-1+5
...	...	...	...	...

值得指出对于机器人运动这个确定性问题，在状态 s 时刻选择 a 转移到 s' 的关系是准确对应的，所以 $p(s' \mid s, a)$ 始终为一，如果假设机器人存在故障，行驶时可能会有原地不动的概率，那么 $p(s' \mid s, a)$ 值将不再为一。

二、基于价值函数的强化学习方法

1. 价值函数与贝尔曼方程

上一小节已经阐述了有限马尔可夫决策过程的定义与要素，接下来基于上述对强化学习要素和对象的认识，介绍强化学习的算法思想。限于篇幅，在此仅介绍强化学习中关键的两种算法思想以及典型的算法，其余具体算法和算法思想，读者可以参考其他强化学习的相关书籍。

在 MDP 中已经定义了状态转移以及奖励函数，强化学习智能体在某一状态时需要根据预期的回报高低，而非即时的奖励大小来选择更优的动作，这涉及两个强化学习中的核心问题：如何计算某一状态下采取一定动作之后未来的预期回报，以及假如已经得知在某个状态下执行各个动作的预期回报，将以何种策略选取更好的动作以平衡上一小节内容中所阐述的"探索"和"开发"的矛盾。

本小节首先介绍策略与价值函数的概念。策略在本章第一节强化学习的概述中已经有所提及，策略作为强化学习的术语，本质上是智能体对于动作的特定选择方式，更具体地说，策略是从状态到每个可能动作的选择概率的映射。如果智能体在时刻 t 遵循策略 π，则可以将智能体在状态 s 时采取动作 a 的概率表示为 $\pi(a|s)$。策略并非指代一种选择动作的规则，而只是指代了智能体选择动作的倾向性，强化学习算法会指导智能体在不断地与环境交互期间改变自己的策略，最终收敛到最优策略。

定义 8-1　　对于当下时刻遵循某一策略 π 的智能体，定义其从状态 s 开始按照策略 π 进行决策所获得的回报的概率期望值为策略 π 的状态价值函数，记为 v_π，数学形式为

$$v_\pi(s) = E_\pi[G_t | s_t = s] = E_\pi\left[\sum_{k=0}^{\infty} \gamma^k r_{t+k+1} \Big| s_t = s\right], \text{ 对所有 } s \in S \tag{8-7}$$

式中，E_π 表示随机变量的期望值，t 可以是任意时刻，终止状态的价值为 0。

定义 8-2　　类似地，对于当下时刻遵循某一策略 π 的智能体，定义其在状态 s 下采取动作 a 之后所有可能的决策序列的期望回报为策略 π 的动作价值函数，记为 q_π，数学形式为

$$q_\pi(s,a) = E_\pi[G_t | S_t = s, A_t = a] = E_\pi\left[\sum_{k=0}^{\infty} \gamma^k R_{t+k+1} \Big| S_t = s, A_t = a\right] \tag{8-8}$$

依回报的递推关系对于任何策略 π 和任何状态 s，s 的状态价值与其后续状态价值之间存在以下关系

$$
\begin{aligned}
v_\pi(s) &= E_\pi[G_t | S_t = s] \\
&= E_\pi[R_{t+1} + \gamma G_{t+1} | S_t = s] \\
&= \sum_a \pi(a|s) \sum_{s'} \sum_r p(s',r|s,a)[r + \gamma E_\pi[G_{t+1} | S_{t+1} = s']] \\
&= \sum_a \pi(a|s) \sum_{s',r} p(s',r|s,a)[r + \gamma v_\pi(s')]
\end{aligned}
\tag{8-9}
$$

式（8-9）即是 v_π 的贝尔曼方程，实际上是状态价值函数的一种递归形式，表达了状态价值和后续状态价值的关系。贝尔曼方程对所有可能性采用出现概率进行加权平均，这说明起始状态的价值一定等于后继状态的（折后）期望值加上对应收益的期望值。价值函数 v_π 是其贝尔曼方程的唯一解。

结合上述定义，再次聚焦于先前提到的强化学习的两大核心问题，即如何估计价值函数与如何据此选择更优的动作或者说迭代更新更好的策略。考虑式（8-8）的贝尔曼方程，如果环境的动态特性完全已知，那么理论上该方程就是一个有着 $|S|$ 个未知数以及 $|S|$ 个等式的联立线性方程组，并且可以直接解出状态价值函数，然而求解的复杂度较高，在动态规划领域该问题已经有基于迭代法的解决方案。强化学习往往不知道环境具体的动态特性，而是依靠交互性学习的方式来估计状态价值函数，至此本小节将介绍强化学习中最核心且最新颖的思想——时序差分学习（Temporal-Difference，TD）。

2. 时序差分学习与 Q 学习

首先从策略评估开始，即估计策略 π 的价值函数 v_π。在交互式学习中，智能体能够从学习经验中估算价值函数，智能体遵循策略 π，并且对每个遇到的状态 s 都记录该状态后的实际回报平均值，那么随着状态出现的次数接近无穷大，依据大数定律，这些平均值会收敛到每个状态的状态价值函数。考虑增量型更新状态价值函数的估计值，策略评估的数学形式可表达为

$$v(s_t) \leftarrow v(s_t) + \alpha [G_t - v(s_t)] \tag{8-10}$$

这个方法被称为常量 α 蒙特卡洛方法，然而从式（8-10）中可以看出，蒙特卡洛方法必须要等到某一幕（Episode）彻底结束，才能更新一次状态 s 的状态价值函数，这是因为 G_t 需要等到这一幕结束才能被计算出来。蒙特卡洛方法的理论正确性是明显的，但它并不是一个足够高效的方法，而且在面对持续性问题时，由于问题不存在一个终止条件，蒙特卡洛方法可能无法使用；而且当一幕任务时间非常长，状态价值函数的更新效率较低。TD 方法有效地弥补了蒙特卡洛方法的不足。TD 方法的核心是能够基于其他状态的价值估计值来实现自身的状态价值函数更新，表示为

$$v(S_t) \leftarrow v(S_t) + \alpha [R_{t+1} + \gamma v(S_{t+1}) - v(S_t)] \tag{8-11}$$

式（8-11）实际上是对回报的单步展开，TD 方法在接收到下一时刻的奖励值时，能够立刻使用该值结合下一时刻的状态价值函数估计值，来更新自身的状态价值函数估计。TD 方法结合了动态规划自举法的思想和蒙特卡洛的思想，因为它更新时利用了现有的估计值，同时它不依靠具体的环境模型，而是从样本经验中学习并估计状态价值函数。理论上有多种方式可以证明 TD 方法的收敛性以及收敛点为真实的状态价值函数，同时实际中 TD 方法的效率也被证明要明显优于蒙特卡洛方法。

接着着眼于策略寻优问题，简单来说，策略改进的一种非常直观的方法是先让智能体按照某一策略 π 执行动作，并用策略评估计算出该策略下的价值函数，之后只改变该策略下某一状态的某一个动作，再次进行策略评估与先前的价值函数对比，很轻松地就能判断出新动作的好坏，之后仅仅改变这一个动作，而其余的动作选择继续遵循策略 π，如果新动作优于原先动作，那么包含新动作的策略 π' 就优于原先策略 π，这种思想被表示为策略改进定理。

定理 8-1 策略改进定理：给定两个任意确定的策略 π 和 π'，对于任意 $s \in S$ 满足

$$q_\pi(s, \pi'(s)) \geq v_\pi(s) \tag{8-12}$$

那么一定有

$$v_{\pi'}(s) \geq v_\pi(s) \tag{8-13}$$

依据策略改进定理的思路，对于一个强化学习任务可以首先通过前述的 TD 方法，估计出策略 π 下所有对应的动作价值函数 $q_\pi(s,a)$，即

$$Q(S_t, A_t) \leftarrow Q(S_t, A_t) + \alpha [R_{t+1} + \gamma Q(S_{t+1}, A_{t+1}) - Q(S_t, A_t)] \tag{8-14}$$

之后只需要依据动作价值函数，改变某个或某些动作后重新计算新的动作价值函数，并据此选择价值最高的动作来优化原有的策略 π，不断迭代获得最优策略。一般而言，强化学习的大多数算法中采用 ε-贪心方法来实现这一目标，即智能体在每次执行动作时，有 $1-\varepsilon$ 的概率选择当前动作价值最高的动作，或有 ε 的概率随机选择一个新的动作。综合上述思路和方法，这个结合 TD 估计和 ε-贪心策略改进方法的算法被称为 Sarsa 算法。显然，只有当所有的动作都被智能体无限多次地尝试到，同时 ε 在极限情况下收敛，Sarsa 算法才以 1 的概率收敛到最优策略。

Sarsa 算法的劣势在于为了保证找到最优动作，智能体自身需要不断地尝试非最优的动作与环境交互，以至于策略中始终包含试探性的成分，即 Sarsa 要求 ε 贪心方法本身能在极限情况下收敛，而此需要合理的调整 ε 参数，智能体不容易平衡"探索"和"开发"的关系，类似于 Sarsa 模式的策略算法被称为同轨策略（on-policy），而相对应的有离轨策略

（Off-Policy）。离轨策略的思想在于区分行动策略和学习策略（目标策略），具体来说即智能体的学习目标与用于生成智能体决策序列轨迹的行动策略无关。Sarsa 算法以动作价值函数为学习目标，动作价值函数与智能体的行动策略是相关的，因为从式（8-14）中可以看出动作价值函数的更新涉及下一时刻的具体动作。接下来，本小节将介绍基于时序差分思想的离轨策略算法，即 Q 学习。Q 学习基于时序差分思想，不再是通过增量式更新单步回报学习动作价值函数，而是以最优动作价值函数的估计值作为学习目标

$$Q(S_t,A_t) \leftarrow Q(S_t A_t) + \alpha [R_{t+1} + \gamma \max_a Q(S_{t+1},A_t) - Q(S_t A_t)] \qquad (8-15)$$

智能体仍然可以按照 ε 贪心方法去选择动作，每当一次与环境的交互完成后立即更新 Q 函数，同时 Q 函数更新不再受智能体下一时刻动作的影响，即与智能体的行动策略无关。Q 学习的收敛性是可以通过随机逼近理论证明的，在此不做赘述，只给出以下定理

定理 8-2 当 Q 学习满足 $\sum\limits_{k=0}^{\infty}\alpha_k$ 的值为无穷大，而 $\sum\limits_{k=0}^{\infty}\alpha_k^2$ 为一个有限值；且所有的状态-动作对能够被无限次的访问到（采样到），那么随着迭代次数增加，Q 函数将以 1 的概率收敛到最优价值函数 q^*。

【例 8-2】 ε 贪心方法下的 Q 学习算法流程（分幕式任务）

Input：折扣因子 γ，学习率 α，探索参数 ε

初始化 Q 函数，$Q_0 = m$

环境状态初始化，s_0

for $t = 0,1,2,\cdots$：

$a_t = \begin{cases} \arg\max_a Q(S_t,a) \\ a \in A, \text{ 以概率 } 1-\varepsilon_k \text{ 等概率从动作集合中选择动作} \end{cases}$

执行 A_t，观测下一状态 S_{t+1} 和奖励 R_{t+1}

$Q(S_t,A_t) \leftarrow Q(S_t A_t) + \alpha [R_{t+1} + \gamma \max_a Q(S_{t+1},A_t) - Q(S_t A_t)]$

end for

Q 学习是比较基础且原始的强化学习形式，但是它是许多基于价值函数的复杂强化学习方法的基础。

三、基于策略梯度的强化学习方法

策略梯度（Policy Gradient，PG）是不同于价值函数方法的另外一类强化学习方法。基于价值函数的方法核心在于先学习估计动作价值函数，并以此优化策略。而策略梯度方法将直接将策略参数化，动作选择不再直接依赖于价值函数，核心思想在于通过利用梯度更新带有参变量的策略以最大化预期回报。假定 $\pi(a|s,\theta)$ 是以某种方式参数化的策略，且 $\pi(a|s,\theta)$ 对参数可导，同时对于所有 s，a，θ，有 $\pi(a|s,\theta) \in (0,1)$。

定义 8-3 考虑分幕式任务，策略梯度方法的目标称为性能指标，记作 J；对于初始状态为 S_0 的分幕式任务，其性能指标为策略 π 下初始状态的状态价值函数，即

$$J(\theta) = v_{\pi_\theta}(s_0) \qquad (8-16)$$

　　初始状态的价值函数本身代表了整个任务的奖励总额，因此强化学习的目标为最大化、参数化的性能指标，不难想到假设调整策略参数能保证实现性能指标的改进，那么策略的梯度将能够表征性能指标的改进方向，这一假设由策略梯度定理严格保证。

　　定理 8-3　策略梯度定理对于分幕式任务中，由 θ 参数向量表示的策略 π 与性能指标 J，则策略关于策略参数 θ 的梯度正比于性能指标对于策略参数的梯度，即

$$\nabla J(\theta) \propto \sum_s \mu(s) \sum_a q_\pi(s,a) \, \nabla\pi(a \mid s,\theta) \tag{8-17}$$

式中，$\mu(s)$ 是状态分布，指代了对于不同状态估计误差的关注度。

　　策略梯度定理表明策略参数 θ 的梯度正比于性能指标对于策略参数的梯度，具体来说如果利用随机梯度上升方法更新策略 π 的参数，那么性能指标同样也会得到提升，即 REINFORCE 算法。该算法使用式（8-18）更新策略参数：

$$\theta_{t+1} = \theta_t + \alpha \left[G_t \, \frac{\nabla\pi(A_t \mid S_t,\theta)}{\pi(A_t \mid S_t,\theta)} \right] \tag{8-18}$$

　　可见，每一次增量式更新都与回报 G_t 和选取一个动作 a 的概率梯度与其概率的商成正比。该商代表了参数空间中使得将来智能体在状态 S_t 时重复选择 A_t 的概率增加最大的方向。增量式更新后使得策略参数沿着这个方向增加，更新大小与回报成正比，与选择该动作的概率成反比。该更新方式即使参数向更有利于产生最高回报的动作的方向更新，又避免了频繁被选择的动作占据优势地位。

　　值得注意的是，REINFORCE 使用的是时刻 t 开始的完整回报 G_t。在这个意义上，REINFORCE 是一个蒙特卡洛算法，那么如果将 TD 思想引入到策略梯度中，利用 TD 误差代替回报，这就形成了行动器-评判器（Actor-Critic，AC）方法：

$$\theta_{t+1} = \theta_t + \alpha \left[R_{t+1} + \gamma \hat{v}(S_{t+1},w) - \hat{v}(S_t,w) \right] \frac{\nabla\pi(A_t \mid S_t,\theta)}{\pi(A_t \mid S_t,\theta)} \tag{8-19}$$

该方法的特点在于同时学习策略和价值函数，"行动器"指代学习到的策略，用于为智能体决策动作；"评判器"为学习到的价值函数，一般为状态价值函数，用于评估特定情况下的价值。图 8-3 所示为 AC 方法的架构。

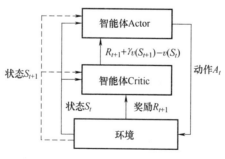

图 8-3　AC 方法的架构

　　AC 方法相对于价值函数方法具有较为显著的优势，包括面对无限大的动作空间，如连续动作空间，基于价值函数的方法必须从无限大空间中搜索动作并选择最优动作，实现难度非常大。而 AC 方法由于采用了参数化策略，可以不去计算单个动作的概率，而是学习概率分布的统计量，如利用正态分布参数化策略，则每一个动作都有相对应的概率表征，且只需

改变策略参数就能够形成动作偏好。

【例 8-3】 AC 方法的算法流程

Input：可微的参数化策略 $\pi(a \mid s,\theta)$ 与状态价值函数 $v(s,\omega)$

折扣因子 γ，学习率 α_θ 与 α_ω，探索参数 ε

初始化状态 S_0，初始化策略参数 θ 与状态价值函数参数 ω

for t = 1，2，…：

基于策略 $\pi(\cdot \mid s_t,\theta)$ 采取一个动作 A_t，观察到 S_{t+1}，R_{t+1}

依策略梯度更新公式及函数逼近价值函数（下一节中将会提到）更新权重：

$$\omega \leftarrow \omega + \alpha_\omega [R_{t+1} + \gamma v(S_{t+1},\omega) - v(S_t,\omega)] \nabla v(S_t,\omega)$$

$$\theta \leftarrow \theta + \alpha_\theta [R_{t+1} + \gamma v(S_{t+1},\omega) - v(S_t,\omega)] \nabla \ln \pi(A_t \mid S_t,\theta)$$

end for

第三节　深度强化学习

上一节介绍了强化学习算法的基本思想，以及两大核心强化学习方法，即基于价值函数以及策略梯度的方法。其中策略梯度相对于价值函数方法给出了一种应对无限大动作空间的解决方案，然而现实问题中往往状态空间的规模也可能是无限大的，这将导致状态价值函数难以估计。仿照策略梯度的解决思路，这一问题将在状态参数化面前迎刃而解。

一、基于函数逼近器的强化学习

无论是基于价值函数的方法，或是 AC 方法的"评判器"都涉及对价值函数的估计，当状态空间连续或规模巨大时，无论是状态-动作对的存储或是遍历都变得相当困难，此时利用函数拟合的方法将状态空间参数化，从而把相当数量的状态变成较少的状态参数。然而，与直接存储状态价值函数的估计值不同，由于利用函数逼近的方法需要使用较少的参数拟合所有状态价值函数的估计值，在拟合时可能就存在相当的误差。因此首先需要定义函数拟合的误差目标。

定义 8-4　记利用参数 w 拟合的近似状态价值函数为 $\hat{v}(s,w)$，其与真实价值函数差的平方和为均方价值误差，记作 $\overline{VE}$，即

$$\overline{VE}(w) = \sum_{s \in S} \mu(s) [\hat{v}(s,w) - v_\pi(s)]^2 \qquad (8-20)$$

式中，$\mu(s)$ 代表了对不同状态的关注度。

值得指出的是，$\overline{VE}$ 并不一定是强化学习任务的性能目标，强化学习的目标在于选择最优的策略使智能体获得最大的奖励总额，而最小化 $\overline{VE}$ 仅仅代表着近似价值函数与真实价值函数的误差最小，此时真实价值函数并不一定是最优价值函数。但目前强化学习中的函数逼近器仍以最小化 $\overline{VE}$ 等指标作为目标。性能较好的函数逼近器比如线性函数逼近、多项式逼近、傅里叶基函数、径向基函数、核函数等。深度神经网络技术的发展，为强化学习的函数逼近

185

器带来了新的思路，利用非线性逼近器如卷积神经网络（CNN）、循环神经网络（RNN）等，深度学习强大的函数拟合和回归能力，使得强化学习能够在实际中广泛存在的连续空间问题中得到应用。

二、深度 Q 学习算法

深度 Q 学习，顾名思义是将深度学习与 Q 学习相结合的强化学习方法，即一种深度强化学习方法（Deep Reinforcement Learning，DRL）。传统的 Q 学习使用表格型的方法，如 Q 表来记录并学习动作价值函数，或是利用函数拟合的方式来参数化动作价值函数并梯度更新，在状态空间连续或规模较大的情况下，参数化几乎成为唯一的手段，而使用神经网络拟合 Q 函数，并利用神经网络权重进行参数化更新学习，就构成了深度 Q 学习，也被称为深度 Q 网络（Deep Q Network，DQN）的方法。本小节将基于价值函数方法以及前述介绍策略梯度时所利用到的函数逼近的思想介绍 DQN 的算法原理。

回顾 Q 学习的动作价值函数更新公式：

$$Q(S_t, A_t) \leftarrow Q(S_t, A_t) + \alpha [R_{t+1} + \gamma \max_a Q(S_{t+1}, A_t) - Q(S_t, A_t)] \tag{8-21}$$

Q 学习的目标即是通过智能体与环境交互的经验样本，增量式的更新学习最优动作价值函数，即目标在于使得 Q 函数的估计值尽可能地逼近最优动作价值函数，那么当 Q 函数用监督学习的神经网络参数化表示，神经网络的损失函数自然是神经网络的输出与最优动作价值函数之间的误差，可以用均方误差来描述

$$L(\theta) = E[(r + \gamma \max_{a'} Q(s', a'; \theta^-) - Q(s, a; \theta))^2] \tag{8-22}$$

其中，$Q(s,a;\theta)$ 是利用权重 θ 参数化的 Q 网络，即 Q 函数的估计值；$\max_{a'} Q(s', a'; \theta^-)$ 代表最优动作价值函数的估计值，θ^- 表示该参数属于另一网络，即之后提到的双网络模式。

接着，一般利用随机梯度下降法（SGD）来优化损失函数，即

$$\nabla_\theta L(\theta) = E_{s,a,r,s'}[(r + \gamma \max_{a'} Q(s', a'; \theta^-) - Q(s, a; \theta)) \nabla_\theta Q(s, a; \theta)] \tag{8-23}$$

智能体的行动策略仍然可以采用 ε 贪心方法，即每次迭代时观测到一个环境状态后，利用神经网络计算出所有动作的价值，并选择一个动作价值最高的动作与环境交互，或等概率的随机选择一个动作，并获取新的奖励，同时利用该交互样本再次更新神经网络权重。到此为止，DQN 的整体逻辑、框架和 Q 学习基本上是一致的，差异仅仅在于 Q 函数是由非线性的函数逼近器深度神经网络拟合的。实际上，这种简单的组合神经网络和 Q 学习早在 20 世纪 90 年代就已经有研究人员做过尝试，但并没有取得很好的效果，抛开当时计算能力的约束，神经网络和强化学习结合还存在着以下几个问题：深度学习往往要求训练样本之间相互独立，而强化学习产生的样本序列通常是高度相关的状态；另外一个非常重要的问题在描述 Q 学习时就可以发现，当使用上一时刻的样本作为神经网络的学习样本之后，神经网络的参数发生变化，而下一时刻的样本又经神经网络生成，因为动作的选择是由神经网络计算出的 Q 函数的估计值来决定的，这导致当前参数会影响下一时刻的参加参数训练的样本，意味着如果神经网络受到某些样本影响而效果变差，后续的样本都会受到影响，而神经网络再次使用这些样本训练参数，容易使得训练变得不稳定、不收敛，或是陷入局部的最小值之中。DQN 为了解决这两个比较显著的问题，不仅仅是单纯结合神经网络与 Q 学习，还提出了"经验复用池"或"经验回放池（Experience Replay Buffer）"以及双神经网络的训练框架，即在线网络（Online Network）与目标网络（Target Network），如图 8-4 所示。

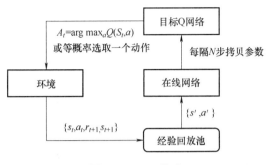

图 8-4　DQN 模式

经验回放池技术指在每个时刻 t，将智能体与环境交互得到的状态转移序列 $\{s_t, a_t, r_{t+1}, s_{t+1}\}$ 存储下来，在每次训练时从回放池抽取小批量的样本，并使用随机梯度下降法等更新网络参数 θ。经验回放既使得原先的经验样本能够再次被使用，同时由于随机从回放池中采样的经验样本相互之间一般是独立的，而非高度关联，满足神经网络训练对样本独立的要求，也使算法更加稳定。

双网络的基本思想在于，避免 Q 网络随着智能体不断交互而每次更新。DQN 设置了在线网络正常地利用梯度下降更新神经网络参数，但并非每次都更新目标网络的参数，即在目标网络更新之前，损失函数中关于最优价值函数的估计值 q^* 的参数始终为上次更新时的 θ^-，而在线网络一直以其为目标更新自身的参数，当智能体与环境交互一定次数以后，再拷贝在线网络的参数给目标网络以更新其参数。双网络有效地避免了前述训练不稳定的问题，也成为了之后深度强化学习通用的技术。

DQN 的出现使得深度强化学习成为人工智能领域的热门话题，随后基于 DQN 的改进算法层出不穷，包括竞争 DQN（Dueling DQN）、平均值 DQN（Averaged-DQN）、双 DQN（Double DQN）等。然而 DQN 的劣势也是明显的，即无法处理大规模的动作空间，比如连续动作。因为除离散化外，一般 DQN 并没有一种很好的对动作的描述方法，限制了 DQN 在实际问题中的应用。而基于策略梯度的强化学习方法能够很好地表征连续空间动作，同时由于 DQN 结合深度学习和强化学习成功的经验为研究者们带来了新的思路，结合深度学习与 AC 方法的深度强化学习方法自然而然应运而生，包括深度确定性策略梯度（Deep Deterministic Policy Gradient，DDPG）算法、柔性行动器-评判器（Soft Actor-critic，SAC）算法等，这些算法在实际问题中展现出更强的能力。接下来，本小节将以 DDPG 算法为例介绍基于策略梯度的深度强化学习算法。

三、深度确定性策略梯度算法

首先根据深度确定性策略梯度算法的相关特征，定义以下相关参数。

定义 8-5　智能体的确定性行为策略为参数化的函数，记作 $\pi(a\,|\,s;\theta)$。该函数由深度神经网络表示，其权重参数为 θ。

同时 DDPG 算法的性能指标 $J(\theta)$ 按照前述策略梯度可取首状态的状态价值函数，在此按照一般的习惯以动作价值的方式表示：

$$J(\theta) = E[v_\pi(s_0)] = E_{s\sim\mu(s)}[Q(s,\pi(\,\cdot\,|\,s;\theta))] \tag{8-24}$$

根据上一节介绍的策略梯度的基本原理，策略梯度旨在通过交互样本更新策略参数，从而最大化性能指标；DDPG算法属于AC方法的一种，需要同时学习价值函数与策略，所以DDPG算法总共含有二组神经网络，即actor网络与critic网络，权重分别为θ和ω。其中actor网络根据策略梯度原理更新策略以最大化J：

$$\nabla_\theta J(\theta) = E_{s \sim \mu(s)} \big[\nabla_a Q(s,a;\omega) \cdot \nabla_\theta \pi(a \,|\, s;\theta) \big] \tag{8-25}$$

而critic网络的损失函数类似于DQN中的Q网络，但采用的是类似于Sarsa的价值函数更新方式，DDPG算法处理的对象是批量的样本，因此损失函数表示为N个样本的均值形式：

$$L = \frac{1}{N} \sum_t \big[R_{t+1} + \gamma Q(S_{t+1}, A_{t+1}; \omega^-) - Q(S_t, A_t; \omega) \big]^2 \tag{8-26}$$

与DQN所遇到的两大问题相同，DDPG算法也需要克服样本的相关性问题和后序样本受前序参数的影响问题。因此，和DQN类似，DDPG算法采用了行动网络（主网络）和目标网络双网络结构，同时使用了经验回放技术，DDPG算法框架由图8-5所示。值得指出的是，DDPG算法与DQN的每隔一段时间将行动网络参数拷贝到目标网络来更新（硬更新，Hard Update）不同，采用了被称为软更新（Soft Update）的更新策略，同时双网络结构下由于AC算法本身就含有两组网络，所以DDPG算法一共含有两组四个神经网络，见图8-5。软更新策略区别于硬更新的每隔一段时间更新目标网络，每次迭代时都会更新目标网络，但利用主网络参数和目标网络参数的凸组合来更新目标网络，即

$$\begin{cases} \theta^- = \tau\theta + (1-\tau)\theta^- \\ \omega^- = \tau\omega + (1-\tau)\omega^- \end{cases} \tag{8-27}$$

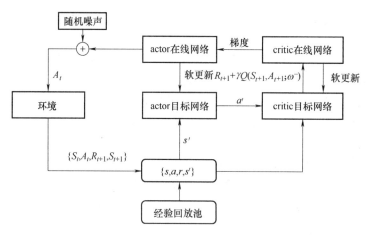

图8-5　DDPG算法框架

DDPG算法由于动作是以策略参数化的方式表达，所以与Q学习采用ε贪心方法不同，采用一种为策略网络添加随机噪声的探索方式。与DQN相比，DDPG算法的优势在于可以完整的用于高维空间问题，如连续状态动作问题，因为DDPG算法同时参数化了动作和状态，使得DDPG算法被广泛地用于实际的复杂的控制问题之中。随着深度强化学习近些年迅猛的发展，更为优秀的算法层出不穷，如各种SAC算法变体、多智能体深度强化学习（Multi-agent Deep Reinforcement Learning，MADRL）以及结合联邦学习（Federal Learning）或图神经网络等强化学习算法，DQN与DDPG算法越来越少被应用，但是两种算法仍然体现了强化学习的核心思想，同时也是后续算法发展的基础。

第四节　深度强化学习在智能电网中的应用

　　深度强化学习在工业控制中的应用十分广泛，一般考虑在这样几种实际问题中使用深度强化学习：实际问题的数学建模非常困难，或建模的精度非常有限；实际系统存在大规模的数据积累；实际系统的问题规模利用数学方法较难求解等。从另一角度考虑，存在着较为明确的交互学习行为的实际问题，如机器人控制；或存在明显的决策序列行为的问题，如各种棋类游戏，适合使用深度强化学习探索最优策略或实现最优化控制。近些年来，结合深度强化学习解决实际工业生产中的问题的尝试层出不穷，其中在智能电网中的应用得到了人们广泛的关注。电力系统随着新能源的分布式接入以及负荷的多样性演变，逐步向全面感知和数字化管理模式发展。在此背景下，电力系统传统的数学模型构建的理论难度越来越高，利用原先的数学优化方法实现最优控制的技术难度越来越大，与此同时随着数字化程度的提高，电力系统积累了相当体量的有效数据信息，为数据挖掘、人工智能技术的应用提供了良好的基础。因此，近些年不仅是传统电力系统优化的研究者们，甚至包括计算机、人工智能领域的诸多工作者们均投身其中，促使深度强化学习在电力系统中得到了相当广泛且成熟的应用。在此背景下，本小节不再介绍强化学习在其经典领域内的应用，如棋类游戏或神经科学等，而主要介绍深度强化学习在智能电网中的应用以及在工业问题中的应用模式与应用要点。本小节在介绍强化学习在具体电网问题中如何应用的同时，也体现了如何以交互学习的视角看待实际问题。

一、深度强化学习在理论研究阶段的应用

　　随着物联网技术的发展与电网数字化程度提高，智能电网中丰富的数据资源为数据驱动、人工智能方法的使用奠定了重要的基础。强化学习源于最优控制问题的一种解决方案，区别于一般的寻优算法，主要用于序贯决策问题。随着可再生能源的发展和分布式电源接入，可再生能源和用户负荷处理的双重不确定性，以及多能源带来的多主体问题等，大大增加了电网优化问题的随机性和维度，导致原本的混合整数规划问题面临高维非线性求解缓慢困难的问题，同时在配电网中也广泛存在节点信息非完全可观，线路阻抗未知等信息模糊缺失问题，以及新型能源主体如天然气、氢气等物理模型的模型复杂度高、机理不明确等问题，限制了传统优化方法的应用。上述的电网清洁发展路径打破了电网原本的运行模式，导致电网模型不再精确、控制对象增加以及实时性需要增加等新问题，使得基于数据驱动的无模型交互学习模式的强化学习算法在电网中有了用武之地。例如电网调频是维持电网频率、平衡发电与用电的重要环节，传统的方法基于电网的数学潮流模型安排发电机组工作以及灵活负荷用电，然而新能源的随机性和波动性较强，电网的潮流模型也更难建立，同时传统的控制器以及控制算法难以应对该背景下带来的通信和运算压力。强化学习具有的无模型能力、易于分布式部署、实时性较强的特点有效地解决了类似于电网调频的调度优化问题，如无功电压控制、综合能源能量管理、电力市场交易、电网安全防护以及设备实时控制等电网问题。

　　然而，强化学习方法并非是全能且完美的方法，在实际问题应用时往往会遇到较为严重的阻碍。以深度强化学习在电力系统中的应用为例，电力系统是社会发展和日常生活的极为重要的支撑要素，因此对于电力系统的稳定性、可靠性有着极为严格的要求，而当深度强化学习算法替代了传统的优化控制或调度方法，或是去人工化之后，电力系统的可靠性正受到

严峻的挑战。

如在线强化学习训练过程中包含着不可或缺的策略探索，反映在电网中即是采取各式各样的调度指令、控制指令或改变并网单元的工作状态，任意的随机采取试探行为极大可能会导致电网工作状态不安全或出现故障，因此在线强化学习使用并不多，目前的研究方向大多都集中于离线训练、在线执行的模式，避免智能体执行试探动作。离线训练的数据来自于电力系统产生的历史运行数据，即稳定运行数据，智能体难以从其中学习到有效的策略，因为历史的稳定运行数据并不包含所有可行的动作集合，智能体往往只能学习到跟给定的历史策略差不多的更优策略，限制了强化学习的性能，但是这种方法仍然发挥了强化学习方法依靠数据驱动而不依靠精确的数学模型的优势，在优化线路拓扑、线路阻抗等模型信息不明的配电网时起到了很好的效果，有研究人员据此尝试利用强化学习的另一分支"模仿学习（Imitation Learning）"学习已经运行在某一策略的配电网调度行为，实现了配电网的优化运行。然而在目前的离线强化学习训练时，更多受到关注的仍是基于模型仿真的方法，即构造电网的仿真模型，让智能体在仿真软件中自由地尝试各种可能的动作并寻优，最大程度上发挥强化学习的优势。显然，仿真的方法明显与强化学习无模型交互学习的思想相违背，从而失去使用强化学习的意义，或者说仅依靠决策速度较快一个方面的优势不能成为使用强化学习的核心考量；从另一方面来说，建立准确且可靠的仿真模型也是现在智能电网的一大难题。据此有研究者尝试将深度学习潮流计算与强化学习相结合提出全过程无模型的优化方法，即强化学习的交互环境本身是由深度神经网络利用电网历史数据构成的数据模型，或是利用较为新颖的"数字孪生（Digital twins）"的方式，实现仿真模型与实际电网数据信息的在线迭代更新，从而减小两者的误差。从另一方面考虑强化学习的安全训练问题，如果能构造一个稳定域或者可行域，限制强化学习智能体在线试探动作的范围使其始终不会采取比较"危险"的动作，并在该域内寻优，就能够实现强化学习的在线学习目标。这一思想促使了约束型强化学习的发展和应用，即为传统的马尔可夫决策过程增加约束，使得电网的某些硬性安全运行约束能够始终成立，从而电网不会因为智能体的试探动作而崩溃。然而这种方法并没有完全解决可靠性的问题，缘于此类算法的优化结果往往非常保守，并且难以处理电网系统的约束数量繁多或更加复杂的情况。

训练时的其他问题同样值得关注，如电网系统的规模问题。在电网规模非常庞大，可调节的要素众多，电网所处于的状态和可能采取的动作都极大，可定义的智能体数量也较多的情况下，强化学习算法也不可避免地遇到"维数灾难问题"，在收敛性和最优性上都无法保证；同时根据深度强化学习的原理，电网很多连续状态由深度学习拟合表征，其中深度学习的泛化能力显著地影响了整体强化学习的能力，而在电网数据较为单一或数量不足的情况下，深度强化学习算法也将不会取得较好的效果。训练速度也是一大限制，在大规模的电网应用时，强化学习算法对于算力的需求是庞大的，否则强化学习的训练时间将非常漫长，而强大的算力必然要求在计算资源上的投资。同时，强化学习训练所需要的数据量也是庞大的，大量数据的存储问题、预处理问题、调用问题、质量问题同样为强化学习的实际应用带来了很大的限制。

强化学习算法训练完成之后，将被部署在电网的控制器、调度系统等指令平台上，观测电网的状态并做出正确的决策，因此决策的可靠性和鲁棒性也是强化学习的一大挑战。利用数据进行决策的智能体必须面对通信的可靠性和数据安全性问题，强化学习决策首先需要观测环境的状态，一旦出现通信故障或信息缺失将导致智能体无法决策或无法判断执行何种动作；然后则是数据安全领域的问题，如果收集到的信息是伪造的或被攻击过的，强化学习智能体也将失去决策能力，甚至做出错误的动作或者做出攻击者诱导的动作，严重威胁电网安全运行。为解决信息安全问题，强化学习研究者利用数据安全领域使用较多的一种神经网络方法——生成对抗神经网络（Generative Adversarial Network，GAN）提出对抗强化学习方法（Adversarial Reinforcement Learning，ARL），由另外的智能体扮演网络攻击者（Cyber attack）模拟真实攻击，在对抗中提升算法的鲁棒性；至于通信可靠性方面，研究更着重于改变强化学习的训练或决策框架来解决降低通信故障带来的影响，如取代原本集中式在云端进行的单智能体算法，使用分布式训练的多智能体算法，或采用分区或边缘计算的方式缩小每一智能体所负责的范围，从而当智能体出现通信故障时，所影响的范围不至于波及整个电网。

总而言之，强化学习在智能电网的控制、优化和调控等方面得到了广泛的应用，并取得了阶段性的良好效果。然而强化学习乃至于数据驱动方法在实际工程中的应用还主要处于理论研究阶段，可靠性和鲁棒性因素仍然是制约其广泛投入实践的主要因素。要使得强化学习实际应用于电网在未来仍需要着眼于上述提到的数据量及训练速度、自由探索以及通信与数据安全可靠等方面的更深入的研究。

二、深度强化学习在实际优化问题中的应用

本小节将以电网中的无功优化问题为例，介绍强化学习在实际优化问题应用的思想和方法。

1. 电力系统无功优化问题介绍

配电网的无功优化的目标就是在充分满足电网安全运营约束下，调节相关的无功补偿设备和分布式电源，有效地保证各个节点电压的稳定，减轻电压波动和减少电网的网损。配电网的无功优化往往包含了多类型变量和非线性约束，通常被认为是非线性规划问题。数学优化模型一般包括无功调度成本函数与潮流模型以及部件容量约束。

调度成本函数一般包括线路损耗与电压偏差量：

$$\text{Min } F = \sum_{t}^{T} \left(C_{loss} P_{Loss,t} + C_{\beta} VVR_t \right) \tag{8-28}$$

$$VVR_t = \sum_{(j \in L)} \left[\text{ReLU}^2 \left(\underline{V} - V_{j,t} \right) + \text{ReLU}^2 \left(V_{j,t} - \overline{V} \right) \right] \tag{8-29}$$

式中，P_{Loss} 为配电网中线路的损耗之和，C_{loss} 为边际网损系数，C_{β} 为电压越限附加成本系数；VVR_t 为 t 时刻节点电压越限量，$\overline{V}$ 和 $\underline{V}$ 为系统中电压安全运行的上/下限，ReLU 为线性整流函数，定义为 $\text{ReLU} = \max(0,x)$。其中，有功网损的计算公式如下

$$P_{Loss} = \sum_{i,j \in N_L} g_{ij} \left(V_i^2 + V_j^2 - 2V_i V_j \cos\theta_{ij} \right) \tag{8-30}$$

式中，V_i 和 V_j 分别是节点 i 和 j 的电压幅值；$\cos\theta_{ij}$ 是节点 i 和 j 之间的相角差；N_L 为支路集合。

无功优化的约束分别包括：

1）有功和无功潮流的等式约束

$$\begin{cases} P_{DGj} - P_{Lj} = \sum_{v \in j} \left(P_{jv} + l_{jv} r_{jv} \right) - \sum_{i \in j} P_{ij} \\ Q_{DGj} + Q_{VVEj} - Q_{Lj} = \sum_{v \in j} \left(Q_{jv} + l_{jv} x_{jv} \right) - \sum_{i \in j} Q_{ij} \end{cases} \tag{8-31}$$

式中，P_{DGj}、P_{Lj} 分别为节点 j 分布式电源及负荷有功功率值，Q_{DGj}、Q_{VVEj}、Q_{Lj} 分别为节点 j 的分布式电源、无功调节设备、负荷无功功率值。P_{ij}、Q_{ij} 即节点 i 流向节点 j 的有功功率和无功功率。

2）分布式电源的无功出力约束：

$$|Q_{DGi}| \leqslant \sqrt{S_{DGi}^2 - P_{DGi}^2} \tag{8-32}$$

3）无功补偿设备的无功出力约束：

$$Q_{VVE,\min} \leqslant Q_{VVEj} \leqslant Q_{VVE,\max} \tag{8-33}$$

4）节点电压的安全约束：

$$V_i^{\min} \leqslant V_i \leqslant V_i^{\max} \tag{8-34}$$

式中，S_{DGi} 表示分布式电源逆变器的视在功率值；$Q_{VVE,\min}$ 和 $Q_{VVE,\max}$ 分别是武功补偿设备无功出力的上/下限；$V_i^{\min}$ 和 $V_i^{\max}$ 表示节点电压的上/下限。

无功优化问题基于模型可构造为混合整数规划问题，建模时需要对于问题的数学模型有详细的了解以及传统优化求解的知识，显然模型需要精确的潮流模型。

2. 强化学习问题构建

在无功优化问题中，可将配电网视为环境，同时分布式电源的逆变器控制单元和无功调节设备被自然定义为具备与环境交互能力的智能体。问题中定义配电网的实时可量测信息为状态空间 S，实时无功电压控制装置的调度指令集合为动作空间 A，从而将原本的无功优化问题转化为马尔可夫决策过程。

于是定义智能体 m 在第 t 时刻的状态观测为 $s_{m,t} \in S$，其中量测得到的节点电压向量 V_t 记作 $s_{m,t} = [V_{1,t}, V_{2,t}, \cdots, V_{j,t}]$。$N$ 个智能体第 t 时刻状态集合 $s_\tau = [s_{1,t}, s_{2,t}, \cdots, s_{m,t}, \cdots, s_{N,t}]$。

定义智能体 m 在 t 时刻的动作为 $a_{m,t} \in A$，其中包括分布式电源智能体、无功补偿设备智能体的无功出力值，记作 $a_{m,t} = [a_{DG,m}^t, a_{VVE,m}^t]$。$N$ 个智能体第 t 时刻动作集合 $a_t = [a_{1,t}, a_{2,t}, \cdots, a_{m,t}, \cdots, a_{N,t}]$。据式（8-33）、式（8-34）可定义分布式电源智能体的无功出力值为 $Q_{DG,j}^t = a_{DG}^t \sqrt{S_{DGi}^2 - P_{DGi}^2}$，其中动作 $a_{DG}^t \in [-1,1]$，无功补偿设备同理。

在学习过程中，多智能体将基于当前的状态 s 和最新动作 a 的共享观察结果来选择最优动作或者向环境提供新的控制动作，无需考虑繁复的潮流约束，交互过程中电网运行约束将自然满足。

定义智能体 m 在第 t 时刻的观测奖励为 $r_{m,t}$，N 个智能体第 t 时刻奖励集合 $r_t = [r_{1,t}, r_{2,t}, \cdots, r_{m,t}, \cdots, r_{N,t}]$，每个智能体通过共享合作的方式协调处理无功优化问题。强化学习算法以最大化奖励为目标，因此可根据式（8-28）、式（8-29）将目标函数转化成强化学习马尔可夫决策过程中的单步奖励时，设计为目标函数的相反数，如下式所示：

$$r_{m,t} = -C_{loss} P_{Loss,t} - C_\beta VVR_t \tag{8-35}$$

智能体在与环境交互时将最大化该奖励，即使得无功调度下系统运行成本最低。

3. 算例分析

深度强化学习的过程需要在智能体与环境进行交互的情况下完成训练。因此使用 MATLAB 仿真环境来代替深度强化学习中实际配电网的环境。多智能体强化学习训练对采集的数据进行采样和分析的整个过程中，假定所有动作都同时完成。在训练开始时，每个回合需要初始化每个智能体的状态，仿真环境将根据网络给出的动作指令计算潮流，并完成动作集，之后根据每个智能体的奖励函数获得实时奖励，整体交互模式如图 8-6 所示。设定算法训练步长为 100000 并将一天 24h 的时长设定为一个训练的幕，智能体的动作时间间隔 t 为 5min。在修改后的 IEEE-33 配电网系统中根据式（8-35）计算累积奖励并进行更新。分别采用多智能体 DDPG 算法、DDPG 算法、DQN 算法以及基于模型的启发式求解算法对比强化学习的效果。

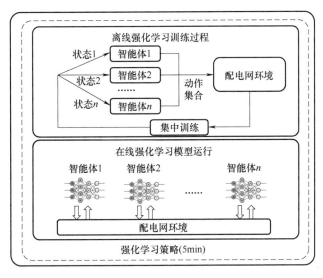

图 8-6　整体交互模式

在同样的 IEEE-33 节点配电网系统仿真环境下进行训练，训练的累计奖励结果如图 8-7 所示。实心曲线表示使用不同随机种子的 5 次实验的平均性能，浅色曲线表示误差范围。基于模型的方法采用了粒子群方法，于图 8-7 中以虚直线标记。可以看出，强化学习的奖励值逐渐提升，前期以试探为主，后期逐渐收敛至最优策略，且性能高于一般的启发式搜索算法。值得提出的是，如果使用传统优化算法求解，如分支定界法，求出的解将为最优解，必然优于上述所有算法，但对于模型精确度的要求更高，求解时间也将更长。

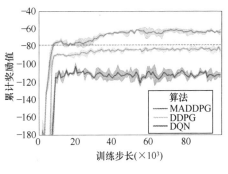

图 8-7　累计奖励结果

本 章 小 结

强化学习算法为一种解决序贯决策问题的无模型算法，结合深度学习方法和数据驱动的特点在工业控制等领域得到了广泛的应用。本章首先介绍了强化学习的发展历程与交互式学习的概念，之后重点介绍了贝尔曼方程、TD 方法、函数逼近等强化学习算法中的核心思想以及基于价值函数与策略梯度的强化学习方法。在深度强化学习方面，结合深度学习与强化学习的基本思想解释了深度强化学习的基本原理，并介绍了典型的两种经典 DQN 算法与 DDPG 算法。最后，以强化学习在智能电网中的应用为例，阐释了强化学习在工业问题中的应用方法，介绍了强化学习的应用要点和难点，并展望了未来强化学习的发展。

参 考 文 献

[1] HARRIS C J, MOORE C G, BROWN M. Intelligent control: aspects of fuzzy logic and neural nets [M].
     State of New Jersey: World Scientific Publishing, 1993.

[2] 蔡自兴. 智能控制 [M]. 北京: 电子工业出版社, 2004.

[3] RAO M. Integrated system for intelligent control [M]. New York: Springer-Verlag, 1992.

[4] KANDEL, LANGHOLZ. Hybrid architectures for intelligent system [M]. New York: CRC Press, 1992.

[5] FU K S. Learning control systems and intelligent control system: An intersection of artificial intelligence and
     automatic control [J]. IEEE Trans. AC, 1971, 16 (1): 70-72.

[6] SARIDIS G N. Towards the realization of intelligent control [J]. Proc. of the IEEE, 1979, 67 (8):
     1115-1133.

[7] ÅSTRÖM K J, ANTON J J, ÅRZÉN K E. Expert control [J]. 1986, 22 (3): 277-286.

[8] 钟义信, 等. 智能理论与技术: 人工智能与神经网络 [M]. 北京: 人民邮电出版社, 1992.

[9] 秦世引, 等. 智能控制研究中的几个问题 [J]. 信息与控制, 1996, 25 (3): 137-142.

[10] 罗公亮, 等. 智能控制与常规控制 [J]. 自动化学报, 1994, 20 (3): 324-332.

[11] 蔡自兴. 机器人原理及其应用 [M]. 长沙: 中南工业大学出版社, 1988.

[12] ZADEH L A. Fuzzy sets [J]. Information and control, 1965, 8 (3): 338-353.

[13] ZADEH L A. Fuzzy algorithm [J]. Information and control, 1968, 12 (2): 94-102.

[14] ZADEH L A. A rational for fuzzy control [J]. Trans. ASME J. dynamical system measure control, 1972,
     94 (1): 3-4.

[15] ZADEH L A. Outline of a new approach to the analysis of complex systems and decision processes [J].
     IEEE Trans. S. M. C. 1973, 3 (1): 28-44.

[16] MAMDANI E H, ASSILIAN S. An experiment in linguistic synthesis with a fuzzy logic controller: Int. J.
     Man Math [J]. International journal of man-machin studies, 1975, 7 (1): 1-13.

[17] BRAAE M, RUTHERFORD D A. Fuzzy relations in a control setting [J]. Kybernetes, 1978, 7 (3):
     185-188.

[18] BRAAE M, RUTHERFORD D A. Seltion of parameters for a fuzzy logic controller [J]. Fuzzy sets. Syst,
     1979, 2 (3): 185-199.

[19] KOMOLOV S V, et al. Optimal control of a finite automation with fuzzy constrints and a fuzzy target [J].
     Cybernetics, 1979, 16 (6): 805-810.

[20] TONG R M. A retrospective view of fuzzy control systems [J]. Fuzzy sets. Syst. , 1984, 14 (3): 199-210.

[21] FUKAMI S, MIZUMOTO M, TANAKA K. Some considerations on fuzzy conditional inference [J]. Fuzzy
     sets. Syst. , 1980, 4 (3): 243-273.

[22] HIROTA K, PEDRYCZ W. Analysis and synthesis of fuzzy systems by the use of probabilistic sets [J].
     Fuzzy sets. Syst. , 1983, 10 (1-3): 1-13.

[23] TAKAGI T, SUGENO M. Derivation of fuzzy control rules from human operator's control actions [J].
     IFAC proceeding volumes, 1983, 16 (3): 55-60.

[24] YASUNOHU S, et al. Fuzzy control for automatic train operation system [J]. IFAC proceeding volumes,
     1983, 16 (4): 33-39.

[25] KISZKA J B, et al. Energetisitic stability of fuzzy dynamic systems [J]. IEEE Trans. Syst. Man, and Cy-
     bernetics, 1985, 15 (6): 783-792.

[26] TOGAI M, WATANABE H. Expert system on a chip: An engine for real-time approximate reasoning [J].

IEEE expert, 1986, 1 (3): 55-62.

[27] YAMAKAWA T. High speed fuzzy controller hardware system: The mega-FIPS machine [J]. Information Sciences, 1986, 45 (2): 113-128.

[28] DUBOIS D, PRADE H. Possibility theory: An approach to computerized processing of uncertainty [M]. New York: Plenum Press, 1988.

[29] CZOGALA. Probabilistic fuzzy controller as a generalization of the concept of fuzzy controller [J]. Fuzzy sets. system, 1988, 26 (1): 215-223.

[30] DE NEYER, et al. Fuzzy control using internal models [C]//France: Proc. IMACS Symp. MCTS, 1991.

[31] JOSÉ R, MICHEL L. Fuzzy logic control [J]. Int. Systems Sci, 1993, 24 (10): 1825-1848.

[32] 窦振中. 模糊逻辑控制技术及其应用 [M]. 北京: 北京航空航天大学出版社, 1995.

[33] 诸静. 模糊控制原理与应用 [M]. 北京: 机械工业出版社, 1995.

[34] 戎月莉. 计算机模糊控制原理及应用 [M]. 北京: 北京航空航天大学出版社, 1995.

[35] 肖位枢. 模糊数学基础及应用 [M]. 北京: 航空工业出版社, 1992.

[36] 王学慧, 田成方. 微机模糊控制理论及其应用 [M]. 北京: 电子工业出版社, 1987.

[37] LEE C C. Fuzzy logic in control system: Fuzzy logic controller. I & II [J]. IEEE Trans. on S. M. C., 1990, 20 (2): 404-435.

[38] MOORE C G, HARRIS C J. Indirect adaptive fuzzy control [J]. Int. J. Control, 1992, 56 (2): 441-468.

[39] HEBB D O. The organization of behavior [M]. New York: Wiley, 1949.

[40] MISKY M, PAPERT S. Perceptrons [M]. Cambridge: M. I. T Press, 1969.

[41] CROSSBERG S. Competitive learning: from interactive to adaptive resonance [J]. Coginitive Science, 1987, 11 (1): 23-63.

[42] WIDROW B, LEHR M A. 30 years of adaptive neural networks: peceptron [J]. Proc. IEEE, 1990, 78 (9): 1415-1442.

[43] LIPPMANN R P. An introduction to computing with neural nets [J]. IEEE ASSP Magazine, 1987, 4 (2): 4-21.

[44] FUKUDA T. Theory and application of neural networks for industrial control systems [J]. IEEE Trans. IE, 1992, 39 (6): 472-489.

[45] WERBOS P J. Backpropagation through time: what it does and How to do it [J]. Proceedings of the IEEE, 1990, 78 (10): 1550-1560.

[46] RUMELHAT D E, MCCLELLAND J L. Parallel distributed processing: Explorations in the microstructure of cognition 1: Foundations [M]. Cambridge: M. I. T Press, 1986.

[47] WARWICK K, IRWIN G W, HUNT K J. Neural networks for control and system [M]. London: Peter Pergrinus. Ltd, 1992.

[48] HUSH D R, HOME B G. Progress in supervised neural networks [J]. IEEE singal processing magazine. 1993, 10 (1): 8-39.

[49] CHEN S, BILLINGS S A, GRANT P M. Non-linear system identification using neural networks [J]. Int. J. control, 1990, 51 (6): 1191-1214.

[50] CHEN S, BILLINGS S A. Neural networks for nonlinear dynamic systems modelling and identification [J]. Int. J. control, 1992, 56 (2): 319-346.

[51] HUNT J, et al. Neural networks for control systems: a survey [J]. Automatica, 1992, 28 (6): 1083-1112.

[52] CYBENKO C. Continous value neural networks with two hidden layers are sufficient [J]. Math. Contr., Sign. & Sys. 1988 (2): 303-314.

[53] HORNIK K, STINCHCOMBE M, WHITE H. Muhilayer feedforward networks are universal approximators [J]. Neural Network, 1989, 2 (5): 359-366.

195

[54] 杨行峻，郑君里. 人工神经网络 ［M］. 北京：高等教育出版社，1992.

[55] 李孝安，张晓缬. 神经网络与神经计算机导论 ［M］. 西安：西北工业大学出版社，1994.

[56] KARAYLANNIS M, et al. Artificial neural networks-learning algorithms, performance, evalution, and application ［M］. Bonn：the kluwer inter national series in engineering and computer science, 1992.

[57] WASSERMAN P D. Advanced methods in neural computing ［M］. New York：John. Wiley & Sons, Inc, 1993.

[58] HOPFIELD J J. Neural networks and physical systems with emergent collective computation ability ［J］. Proc. Natl. Acad. Sci., U. S. A. 1982, 79 (8)：2554-2558.

[59] HOPFIELD J J. Neurons with graded response have collective computational properties like those of twostate neurons ［J］. Proc. Natl. Acad. Sci., U. S. A. 1984, 81 (10)：3088-3092.

[60] ALBUS J S. A new approach to manipulator control：the cerebellar mode articulation controller (CMAC) ［J］. Journal of dynamic systems, measurement, and control, 1975, 97 (3)：220-227.

[61] ALBUS J S. Data storage in the Cerebellar Mode Articulation Controller (CMAC) ［J］. Journal of dynamic systems, measurement, and control, 1975, 97 (3)：228-233.

[62] NARENDRA K S, PARTHASARATHY K. Gradient methods for the optimization of dynamical systems containing neural networks ［J］. IEEE Trans. N. N. , 1991, 2 (2)：252-262.

[63] NARENDRA K S, PARTHASARATHY K. Identification and control for dynamic system using neural networks ［J］. IEEE Trans. NN, 1990, 1 (1)：4-27.

[64] CHU S R, et al. NNs for system identification ［J］. IEEE control systems mag. 1990, 10 (3)：31-35.

[65] ANTSAKLIS P J. NNs for control systems ［J］. IEEE Trans. N. N., 1990, 1 (2)：242-244.

[66] MILLER W, WERBOS P J. Neural networks for control ［M］. Cambridge：M. I. T Press, 1995.

[67] PSAHIS D, SIDERIS A, YAMAMURA A A. A multilayered neural network controller ［J］. IEEE control system magazine, 1988, 8 (2)：17-21.

[68] GRAMMER J E, WOMACH B F. Adaptive control using neural networks ［J］. IEEE Conference, 1992：681-686.

[69] 冯纯伯，等. 神经网络控制的现状及问题 ［J］. 控制理论及应用，1994, 11 (1)：103-106.

[70] 韦巍，等. 非线性系统的多神经网络自学习控制 ［J］. 信息与控制，1995, 24 (5)：294-300.

[71] KOSKO B. Neural Networks and Fuzzy systems：A dynamical systems approach to machine intelligence ［M］. prentice-hall. Inc, 1991.

[72] LIN C T, LEE C S G. Neural-network-based fuzzy logic control and decision system ［J］. IEEE Trans. on computer, 1991, 40 (12)：1320-1336.

[73] SUGENO M, NISHIDA M. Fuzzy control of model car ［J］. Fuzzy Sets. Syst. , 1985, 16 (2)：103-113.

[74] HORIKAWA S I, FURUHASHI T, UCHIKAWA Y. On fuzzy Modelling using fuzzy neural networks with the back-propagation algorithm ［J］. IEEE Trans. N. N., 1992, 3 (5)：801-806.

[75] WANG C H, et al. Fuzzy B-spline membership function and its applications in fuzzy-neural control ［J］. IEEE Trans. on S. Y. C., 1995, 25 (5)：841-851.

[76] ISHIBUSHI H, et al. Neural networks that learn form fuzzy iF-tHEN rules ［J］. IEEE Trans. on fuzzy systems. 1993, 1 (2)：85-97.

[77] OMIDVAR O M, WILSON C L. Optimization of neural network topology and information content using Bohtzmann methods ［J］. IEEE IJCNNS, 1992, 4：594-599.

[78] KRUSCHKE J K. Improving generalization in back-propagation networks with distributed bottleneck ［J］. International 1989 joint Conference on neural networks, 1989, 1：443-448.

[79] FOGEL D B. An information criterion for optimal neural network selection ［J］. IEEE Trans. on N. N. 1991, 2 (5)：490-497.

［80］ MURATA N, et al. Network information criterion-determining the number of hidden units for an artificial neural network model ［J］. IEEE Trans. on N. N. 1994, 5（6）：865-872.

［81］ HIROSE Y, YAMASHITA K, et al. Back-propagation algorithm which varies the number of hidden units ［J］. Neural networks, 1991, 4（1）：61-66.

［82］ LIN C T, LEE C S G. Neural-network-based fuzzy logic control and decision system ［J］. IEEE Trans. on computer, 1991, 40（12）：1320-1336.

［83］ SUGENO M, NISHIDA M. Fuzzy control of model car ［J］. Fuzzy sets. Syst., 1985, 16（2）：103-113.

［84］ ANGELINE P J, SAUNDERS G M, POLLACK J B. An evolutionary algothms that constructs recurrent neural networks ［J］. IEEE Trans. on neural networks, 1994, 5（1）：54-65.

［85］ 方剑，等. 神经网络结构设计的准则和方法 ［J］. 信息与控制, 1996, 25（3）：156-164.

［86］ GILES C L, et al. Constructive learning of recurrent neural networks: limitations of recurrent cascade correlation and a simple solution ［J］. IEEE Trans. on N. N. , 1995, 6（4）：829-836.

［87］ NABHAN T M, ZOMAYA A Y. Toward generating neural network structures for function approximation ［J］. Neural networks, 1994, 7（1）：89-99.

［88］ BARTLETT E R. Dynamic node architecture learning: an information theoretic approach ［J］. Neural networks, 1994, 7（1）：129-140.

［89］ LEVIN E, TISHIHY N, et al. A statistical approach to learning and generalization in layered neural networks ［J］. Proceedings of the IEEE, 1990, 78（10）：1568-1574.

［90］ ANGELINE P J, SAUNDERS G M, POLLACK J B. An evolutionary algorithm that constructs recurrent neural networks ［J］. IEEE Transaction on Neural Networks, 1994, 5（1）：54-65.

［91］ 胡建元，等. 采用单个神经元的 PID 学习控制 ［J］. 控制与决策, 1993, 3, 8（2）：135-138.

［92］ 焦李成. 神经网络的应用与实现 ［M］. 西安：西安电子科技大学出版社, 1993.

［93］ LJUNG L, SODERSTROM T. Theory and practice of reeurisive identification ［M］. Cambridge：MIT Press, 1983.

［94］ 薛嘉庆. 最优化原理与方法 ［M］. 北京：冶金工业出版社, 1983.

［95］ HOLLAND J H. Adaptation in natural and artificial systems ［M］. Ann Arbor：University of Michigan Press, 1992.

［96］ GOLDBERG D E. Gentic algorithms in search, optimization and machine learning ［M］. Ma：Addison Wesleg, 1989.

［97］ DAVIS L. Handbook of genetic algorithms ［M］. New York：Van Nostrand Reinhold, 1991.

［98］ SRINIVAS S, PATNAIK LALIT M. Genetic algorithms：A survey ［J］. Computer, 1994, 27（6）：17-26.

［99］ 黄安埠. 深入浅出深度学习 ［M］. 北京：电子工业出版社, 2017.

［100］ 焦李成，杨淑媛，刘芳，等. 神经网络七十年：回顾与展望 ［J］. 计算机学报, 2016, 39（8）：1697-1716.

［101］ 周志华. 机器学习 ［M］. 北京：清华大学出版社, 2016.

［102］ 胡侯立，魏维，胡蒙娜. 深度学习算法的原理及应用 ［J］. 信息技术, 2015（2）：175-177.

［103］ BUKHARI S B A, KIM C H, MEHMOOD K K, et al. Convolutional neural network-based intelligent protection strategy for microgrids ［J］. IET Generation, Transmission & Distribution, 2020, 14（7）：1177-1185.

［104］ DU YING, SHAO QINGZHU, LIU YADONG, et al. Detection of single line-to-ground fault using convolutional neural network and task decomposition framework in distribution systems ［C］. Australia：2018 condition monitoring and diagnosis（CMD）, 2018.

［105］ 王浩，杨东升，周博文，等. 基于并联卷积神经网络的多端直流输电线路故障诊断 ［J］. 电力系统自动化, 2020, 44（12）：84-92.

［106］　BO Y, TANG J, YU M, et al. Ultra-short-term PV power forecasting based on LSTM with PeepHoles connections ［C］//2019 IEEE sustainable power and energy conference (iSPEC). New York：IEEE 2019.

［107］　JIANG Q Y, CHANG H D, GUO C X, et al. Power-current hybrid rectangular formulation for interior-point optimal power flow ［J］. IET generation transmission distribution, 2009, 3 (8)：748-756.

［108］　JIANG Q Y, GENG G, GUO C, et al. An efficient implementation of automatic differentiation in interior point optimal power flow ［J］. IEEE transactions on power systems, 2010, 25 (1)：147-155.

［109］　YU T, WANG H Z, ZHOU B, et al. Multi-agent correlated equilibrium Q (λ) learning for coordinated smart generation control of interconnected power grids ［J］. IEEE transactions on power systems, 2014, 30 (4)：1669-1679.

［110］　CHEN X, QU G, TANG Y, et al. Reinforcement learning for selective key applications in power systems：Recent advances and future challenges ［J］. IEEE transactions on smart grid, 2022, 13 (4)：2935-2958.

［111］　李琦, 乔颖, 张宇精. 配电网持续无功优化的深度强化学习方法 ［J］. 电网技术, 2020, 44 (4)：1473-1480.

［112］　GAO S, XIANG C, YU M, et al. Online optimal power scheduling of a microgrid via imitation learning ［J］. IEEE transactions on smart grid, 2021, 13 (2)：861-876.

［113］　YANG Q, WANG G, SADEGHI A, et al. Two-timescale voltage control in distribution grids using deep reinforcement learning ［J］. IEEE transactions on smart grid, 2019, 11 (3)：2313-2323.

［114］　胡丹尔, 彭勇刚, 韦巍, 等. 多时间尺度的配电网深度强化学习无功优化策略 ［J］. 中国电机工程学报, 2022, 42 (14)：5034-5045.

［115］　张沛, 朱驻军, 谢桦. 基于深度强化学习近端策略优化的电网无功优化方法 ［J/OL］. 电网技术, 2023 (2)：1-11 ［2022-10-05］. DOI：10. 13335/j. 1000-3673. pst. 2022. 0728.

［116］　CAO D, ZHAO J, HU W, et al. Data-driven multi-agent deep reinforcement learning for distribution system decentralized voltage control with high penetration of PVs ［J］. IEEE transactions on smart grid, 2021, 12 (5)：4137-4150.

［117］　MA S, DING W, LIU Y, et al. Digital twin and big data-driven sustainable smart manufacturing based on information management systems for energy-intensive industries ［J］. Applied energy, 2022, 326 (15)：119-986.

［118］　WANG W, YU N, GAO Y, et al. Safe off-policy deep reinforcement learning algorithm for volt-var control in power distribution systems ［J］. IEEE transactions on smart grid, 2019, 11 (4)：3008-3018.

［119］　PAUL S, NI Z, MU C. A learning-based solution for an adversarial repeated game in cyber-physical power systems ［J］. IEEE transactions on neural networks and learning systems, 2019, 31 (11)：4512-4523.

［120］　PAN A, LEE Y, ZHANG H, et al. Improving robustness of reinforcement learning for power system control with adversarial training ［EB/OL］. (2021-08-19) ［2023-03-01］ arXiv. org/abs/2110. 08956.

［121］　OMNES L, MAROT A, DONNOT B. Adversarial training for a continuous robustness control problem in power systems ［C］//2021 IEEE Madrid PowerTech. Madrid：IEEE, 2021.

［122］　HU D, YE Z, GAO Y, et al. Multi-agent deep reinforcement learning for voltage control with coordinated active and reactive power optimization ［J］. IEEE transactions on smart grid, 2022, 13 (6)：4873-4886.

［123］　ZHAO J, ZHANG Z, YU H, et al. Cloud-edge collaboration-based local voltage control for DGs with privacy preservation ［J］. IEEE transactions on industrial informatics, 2023, 19 (1)：98-108.